工业和信息化精品系列教材

U0691994

软件工程

第4版

陆惠恩 ◉ 主编

SOFTWARE ENGINEERING

人民邮电出版社

北 京

图书在版编目（CIP）数据

软件工程 / 陆惠恩主编. -- 4版. -- 北京：人民
邮电出版社，2023.1
工业和信息化精品系列教材
ISBN 978-7-115-58979-8

Ⅰ.①软… Ⅱ.①陆… Ⅲ.①软件工程－教材 Ⅳ.
①TP311.5

中国版本图书馆CIP数据核字(2022)第047736号

内 容 提 要

本书从实用的角度，介绍软件工程的基础知识和技术方法，力求做到结合实际、注重应用、便
于教学，体现内容的新颖性和系统性。

本书内容包括软件工程概述，可行性研究与软件工程开发计划，需求分析，概要设计，详细设
计，软件实现，软件维护，面向对象方法、UML 及应用，WebApp 软件工程，软件重用和再工程，
软件工程管理，实例——网上商品竞拍系统。

本书可作为高等院校"软件工程"课程的教材，也可供软件开发人员、软件项目管理人员阅读
参考。

♦ 主　　编　陆惠恩
　　责任编辑　初美呈
　　责任印制　王　郁　焦志炜
♦ 人民邮电出版社出版发行　　北京市丰台区成寿寺路 11 号
　　邮编　100164　电子邮件　315@ptpress.com.cn
　　网址　https://www.ptpress.com.cn
　　大厂回族自治县聚鑫印刷有限责任公司印刷
♦ 开本：787×1092　1/16
　　印张：16.75　　　　　　　　　2023 年 1 月第 4 版
　　字数：414 千字　　　　　　　2025 年 7 月河北第 7 次印刷

定价：59.80 元

读者服务热线：(010)81055256　印装质量热线：(010)81055316
反盗版热线：(010)81055315

前言
Preface

党的二十大报告提出：我们要坚持教育优先发展、科技自立自强、人才引领驱动，加快建设教育强国、科技强国、人才强国。"软件工程"是计算机类专业的核心课程之一。本书讲述软件工程的基本概念、原理和方法，系统地介绍目前流行的和较成熟的软件工程技术，通过理论教学与实践教学相结合，让学生能基本掌握结构化方法和面向对象方法等软件开发方法，对软件工程管理等内容有总体了解；能系统、规范地开发和维护软件，规范地编写软件工程的文档资料，合理地安排软件开发与维护；能提高软件开发与维护的能力，以及软件开发过程的效率和质量。

针对应用型计算机工程技术人才培养的要求，本书第 4 版适当删减了理论讲解方面的内容，增加了一些易于理解的例题。本书第 1 版于 2007 年出版，得到了广大师生的认可。第 2 版、第 3 版增加了一些较新颖、较重要的内容以及应用实例。第 4 版删除了较陈旧的内容，增加了软件工程实例——网上商品竞拍系统等新内容。

本书的特点如下。

（1）深入浅出，详略得当，实用性强，易于理解。

（2）尽可能采用软件工程国家标准所建议的术语和规范讲解软件工程的基本概念、技术、方法等。

（3）引入软件工程的新技术。例如，本书较详细地介绍统一建模语言（UML）及其在面向对象技术中的应用，介绍 WebApp 的设计模式、需求分析、设计过程和测试方法等。

（4）每章给出小结，并配有适量精选的例题和习题。部分例题贯穿于各章，可作为实践环节的示例，有助于学生对内容的理解和掌握。

（5）书中介绍软件工程各阶段所需的文档的规范，使学生在编写文档时有参考依据。

（6）书中给出软件工程实例——网上商品竞拍系统，详细介绍该系统开发的全过程。

（7）附录含部分习题参考答案和试题类型示例。

本课程适合在程序设计语言、数据库原理与应用、数据结构、计算机网络技术等专业课之后，毕业实习、毕业设计之前开设。

学习"软件工程"课程，建议理论学习占 45～54 学时，并适当安排实践环节。通过软件开发的实际训练来培养和提高学生开发、维护软件的能力；实践环节可要求学生完成一个难度适当的软件设计课题，可集中 2～4 周进行课题设计；也可在每章结束时安排实践环节，分阶段逐步完成课题。

本书由陆惠恩担任主编，参与本书编写的还有曹辉、张成姝、陆培恩等。书中难免存在不足之处，敬请读者批评指正。

编者
2023 年 5 月

目录
Contents

第1章

软件工程概述

随着计算机应用的日益普遍，计算机软件的开发、维护工作越来越重要。如何以较低的成本开发出高质量的软件？如何开发出用户满意的软件？怎样使所开发的软件易于维护，以延长软件的使用时间？这些都是软件工程学研究的问题。软件工程学是指导计算机软件开发和维护的工程学科。

本章将介绍软件工程的产生、软件工程的定义、软件工程学的主要内容、软件工程的基本原理、软件生命周期、软件过程模型。

1.1 软件工程的产生

在计算机软件生产的发展过程中，产生了软件危机，为了解决软件危机，产生了软件工程。软件工程形成和发展的过程，实际上是软件生产的发展过程。本节介绍软件生产的发展过程，软件危机的主要表现形式、产生原因和解决途径。

1.1.1 软件生产的发展

自从 20 世纪 40 年代电子计算机问世以来，计算机软件即随着计算机硬件的发展而逐步发展。软件和硬件一起构成计算机系统。最初只有程序的概念，后来才出现软件的概念。软件生产的发展，大体经历了程序设计、软件、软件工程及第 4 代技术等阶段。

1. 程序设计阶段

在程序设计阶段（20 世纪 40 年代中期到 20 世纪 60 年代中期），电子计算机价格昂贵，运算速度慢，存储量小；计算机程序主要描述计算任务的处理对象、处理规则和处理过程。早期的程序规模小，往往是个人设计、自己使用。在进行程序设计时，通常要注意如何节省存储单元、提高运算速度，除了程序清单之外，没有其他任何文档资料。

2. 软件阶段

在软件阶段（20 世纪 60 年代中期到 20 世纪 70 年代中期），采用集成电路制造的计算机的运算速度大大提高，内存容量大大增加。随着程序数量的增加，人们把程序区分为系统程序和应用程序，并把它们称为软件。随着计算机技术的发展，计算机软件的应用范围也越来越广泛，当软件需求量大大增加后，许多用户去"软件作坊"购买软件。人们把软件视为产品，确定了软件生产的各个阶段必须完成的，为描述软件的功能、设计和使用而编制的文字或图形资料，并把这些资料称为"文档"。软件是程序以及描述程序的功能、设计和使用的文档的总称，没有文档的软件，用户是无法使用的。

软件产品交付给用户使用之后，为了纠正错误或适应用户需求的变化，对软件进行的修改称为软件维护（Software Maintenance）。以前，由于软件开发过程中很少考虑到将来的维护问题，软件维护费用以惊人的速度增长。软件不能及时满足用户要求，质量得不到保证，所谓"软件危机"就是由此开始的。人们由此开始重视软件的"可维护性"问题，软件开发采用结构化程序设计技术，规定软件开发时必须编写各种需求规格说明书、设计说明书、用户手册等文档。

1968年，北大西洋公约组织（North Atlantic Treaty Organization, NATO）的计算机科学家召开国际会议，讨论软件危机问题，正式提出了"软件工程"（Software Engineering）这一术语，从此一门新兴的工程学科诞生了。

3. 软件工程阶段

在软件工程阶段（20世纪70年代中期到20世纪90年代），计算机采用大规模集成电路，功能和性能不断提高，个人计算机已经成为大众化商品，计算机应用空前普及。软件开发生产率提高的速度远远跟不上计算机应用迅速普及的趋势，软件产品供不应求，软件危机日益严重，为了维护软件要耗费大量的资金。美国当时的统计数据表明，对计算机软件的投资占计算机软件、硬件总投资的70%，到1985年，软件成本大约占软件、硬件总成本的90%。为了解决软件危机，软件工程学把软件作为一种产品进行批量生产，运用工程学的基本原理和方法来组织和管理软件生产，以保证软件产品的质量和提高软件生产率。软件生产使用数据库、软件开发工具等，软件开发技术有了很大的进步，开始采用工程化开发方法、标准和规范以及面向对象技术。

4. 软件的第4代技术

计算机软件的第4代技术（20世纪90年代至今）不再是针对单台计算机和计算机程序，而是面向由复杂的操作系统控制的强大的桌面系统，连接局域网和互联网，高带宽的数字通信与先进的应用软件相互配合，产生综合的效果。计算机体系结构从主机环境转变为分布式的客户端－服务器端环境。

随着移动通信技术的快速发展和智能终端的普及，人们进入了"移动互联网时代"。移动通信是指利用无线通信技术，完成移动终端与移动终端之间或移动终端与固定终端之间的信息传送，即通信双方至少有一方处于运动状态。移动互联网通过智能移动终端，采用无线通信的方式获取移动通信网络服务和互联网服务，包含终端、软件和应用3个层面。终端层包括智能手机、平板电脑、移动互联网设备（Mobile Internet Device, MID）等；软件层包括操作系统、中间件、数据库和安全软件等；应用层包括休闲娱乐类、工具媒体类、商务财经类等不同应用与服务。移动互联网时代的软件开发和维护工作有新的特点，光计算机、化学计算机、生物计算机和量子计算机等新一代计算机的出现，必将给软件工程技术带来一场"革命"。

1.1.2　软件危机

软件危机是指在计算机软件开发和维护时所遇到的一系列问题。软件危机主要包含两方面的问题：（1）如何开发软件以满足社会对软件日益增长的需求；（2）如何维护数量不断增长的已有软件。

1. 软件危机的主要表现形式

（1）软件的发展跟不上硬件的发展和用户的需求，软件成本高。

硬件成本逐年下降，软件应用日趋广泛，软件产品供不应求，与硬件相比，软件成本越来越高。

（2）软件的成本和开发进度不能预先估计，用户不满意。

由于软件的应用范围越来越广，很多应用领域是软件开发人员所不熟悉的，加之开发人员与用户之间的信息交流不够，导致软件产品不符合用户要求，不能如期交付。因而，软件的开发成本和进度都与原计划相差太大，引起用户不满。

（3）软件产品质量差，可靠性不能保证。

软件质量保证技术没有应用到软件开发的全过程，导致软件产品质量问题频频发生。

（4）软件产品可维护性差。

软件设计时不注意程序的可读性，不重视可维护性，程序中存在的错误很难改正。用户需求发生变化时，软件维护相当困难。

（5）软件没有合适的文档资料。

软件开发时文档资料不全或文档与软件不一致，使用户不满意，同时会造成软件难以维护。

2. 软件危机产生的原因

软件危机产生的原因与软件的特点有关，也与软件开发的方法、技术和软件开发人员本身的素质有关。

（1）软件是计算机系统中的逻辑部件，软件产品往往规模庞大，给软件的开发和维护带来客观的困难。

（2）软件一般要使用 5～10 年，在使用期间，很可能出现开发时没有预料到的问题。例如，当系统运行的硬件、软件环境发生变化，或者系统需求发生变化时，需要及时地维护软件，使软件可以继续使用。

（3）软件开发技术落后，生产方式和开发工具落后。

（4）软件开发人员忽视软件需求分析的重要性，对软件的可维护性不重视。

3. 解决软件危机的途径

计算机硬件的基本功能只是做简单的运算与逻辑判断，主要适用于数值计算。随着计算机应用得日益广泛，许多企事业单位的大部分计算机用于管理方面。对于这样的非数值计算问题，要设计计算机软件来进行处理，因而使得软件复杂、庞大。

要解决软件危机问题，有以下途径。

（1）使用好的软件开发技术和方法。

（2）使用好的软件开发工具，提高软件生产率。

（3）有良好的组织、严密的管理，各方面人员相互配合共同完成任务。

为了解决软件危机，既要有技术措施（好的方法和工具），也要有组织管理措施。软件工程正是从技术和管理两方面来研究如何更好地开发和维护计算机软件的。

1.2　软件工程

本节介绍软件工程的定义、软件工程学的主要内容及软件工程的基本原理。

1.2.1　软件工程的定义

要知道什么是软件工程，首先要知道什么是软件。

1. 软件

软件是计算机程序及与其有关的数据和文档。

计算机程序是能够完成预定功能的可执行的指令序列；数据是程序能适当处理的信息，具有适当的数据结构；软件文档（Software Documentation）是开发、使用和维护程序所需要的图文资料。

软件文档是以人们可读的形式表现的技术数据和信息。文档用来描述或规定软件设计的细节，说明软件所具备的能力，介绍使用软件的操作过程。

著名软件工程专家 Boehm 指出："软件是程序以及开发、使用和维护程序所需要的所有文档。"当软件成为商品时，文档更是必不可少的。没有文档仅有程序，是不能称为软件产品的。

2. 软件工程

软件工程是计算机科学的一个重要分支。国家标准《信息技术　软件工程术语》（GB/T 11457—2006）对软件工程的定义是："应用计算机科学理论和技术以及工程管理原则和方法，按预算和进度，实现满足用户要求的软件产品的定义、开发、发布和维护的工程或进行研究的学科。"

软件工程是指导计算机软件开发和维护的学科。软件工程采用工程的概念、原理、技术和方法来开发与维护软件。软件工程的目标是实现软件的优质高产，目的是在经费的预算范围内按期交付出用户满意的、质量合格的软件产品。

1.2.2　软件工程学的主要内容

软件工程学的主要内容是软件开发技术和软件工程管理。

软件开发技术包含软件工程方法学、软件工具、软件工程过程和软件工程环境；软件工程管理的内容包括费用管理、人员组织、工程计划管理、软件配置管理、软件开发风险管理等。

1. 软件开发技术

（1）软件工程方法学。

最初，程序设计是由个人进行的，只注意如何节省存储单元和提高运算速度。之后，兴起了结构化程序设计，人们采用结构化的方法来编写程序。结构化程序设计只采用顺序结构、条件结构和循环结构3种基本结构，用且仅用这3种基本结构可以组成任何一个复杂的程序，软件工程的设计过程就用这3种基本结构的有限次组合或嵌套来描述实现软件功能的算法。这样不仅能提高程序的清晰度，而且能提高软件的可靠性和软件生产率。

后来，人们逐步认识到编写程序仅是软件开发过程中的一个环节。典型的软件开发工作中，编写程序的工作量只占软件开发全部工作量的10% ~ 20%。软件开发工作应包括需求分析、软件设计、编写程序等几个阶段，于是形成了结构化方法、面向数据结构的 Jackson 方法、Warnier 方法等传统软件工程方法，20 世纪 80 年代以后得以广泛应用的是面向对象设计方法。

软件工程方法学是编制软件的系统方法，它确定软件开发的各个阶段，规定每一阶段的活动、产品、验收的步骤和完成准则。

软件工程方法学有 3 个要素，包括方法、工具和过程。
- 方法：完成软件开发任务的技术方法。
- 工具：为方法的运用提供自动或半自动的软件支撑环境。
- 过程：规定了完成任务的工作阶段、工作内容、产品、验收的步骤和完成准则。

各种软件工程方法的适用范围不尽相同，目前使用非常广泛的软件工程方法学是传统方法和面向对象方法。

① 传统方法。

传统方法也称结构化方法，采用结构化技术，包括结构化分析、结构化设计和结构化程序设计，来完成软件开发任务。传统方法把软件开发工作划分成若干个阶段，顺序完成各阶段的任务；每个阶段的开始和结束都有严格的标准；每个阶段结束时要进行严格的技术审查和管理复审。传统方法先确定软件功能，再对功能进行分解，先确定怎样开发软件，然后实现软件功能。

② 面向对象方法。

面向对象方法把对象作为数据和在数据上的操作（服务）相结合的软件构件，用对象分解取代了传统方法的功能分解。把所有对象都划分成类，把若干个相关的类组织成具有层次结构的系统，下层的类继承上层的类所定义的属性和服务。对象之间通过发送消息相互联系。使用面向对象方法开发软件时，可以重复使用对象和类等软件构件，从而降低软件开发成本。

（2）软件工具。

软件工具（Software Tool）是指为了支持计算机软件的开发和维护而研制的程序系统。使用软件工具的目的是提高软件设计的质量和生产效率，降低软件开发和维护的成本。

软件工具可用于软件开发的整个过程。软件开发人员在软件生产的各个阶段可根据不同的需要选用合适的工具。例如，需求分析工具使用类生成需求说明；设计阶段需要使用编辑程序、编译程序、链接程序等；测试阶段可使用排错程序、跟踪程序、静态分析工具和监视工具等；软件维护阶段有版本管理工具、文档分析工具等；软件管理阶段也有许多软件工具。目前，软件工具发展迅速，其目标是实现软件生产各阶段的自动化。

（3）软件工程过程。

国际标准化组织（International Organization for Standardization，ISO）是世界性的标准化专门机构。ISO 9000 把软件工程过程（Software Engineering Process）定义为："把输入转化为输出的一组彼此相关的资源和活动。"

软件工程过程是为了获得高质量软件所需要完成的一系列任务的框架，它规定了完成各项任务的工作步骤。

软件工程过程简称软件过程，是把用户要求转化为软件需求，把软件需求转化为设计，用代码来实现设计，对代码进行测试，完成文档编制，并确认软件可以投入使用的全部过程。

软件过程定义了运用方法的顺序、应该交付的文档、开发软件的管理措施和各阶段任务完成的标志。

软件过程是软件工程方法学的 3 个要素（方法、工具和过程）之一。软件过程必须科学、合理，才能获得高质量的软件产品。

（4）软件工程环境。

软件工程方法和软件工具是软件开发的两大支柱，它们之间密切相关。软件工程方法提出了明确的工作步骤和标准的文档格式，这是设计软件工具的基础，而软件工具的实现又将促进软件工程方法的推广和发展。

软件工程环境（Software Engineering Environment，SEE）是方法和工具的结合。软件工程环境的设计目标是提高软件生产率和软件质量。本书将在后续章节中介绍一些常用的软件工程方法、软件工具及软件工程环境。

计算机辅助软件工程（Computer Aided Software Engineering，CASE）是一组工具和方法的集合，可以辅助软件工程生命周期中各阶段的软件开发活动。CASE是多年来在软件工程管理、软件工程方法、软件工程环境和软件工具等方面研究和发展的产物。CASE吸收了计算机辅助设计（Computer Aided Design，CAD）、软件工程、操作系统、数据库、网络和其他计算机领域的许多原理和技术。因此，CASE是一个应用、集成和综合的领域。其中，软件工具不是对任何软件工程方法的取代，而是对方法的辅助，它旨在提高软件工程的效率和软件产品的质量。

2. 软件工程管理

软件工程管理是指对软件工程各阶段的活动进行管理。软件工程管理的目的是能按预定的时间和费用，成功地生产出软件产品。软件工程管理的任务是有效地组织人员，按照适当的技术、方法，利用好的工具来完成预定的软件项目。

（1）费用管理。

一般来讲，开发一个软件是一种投资，人们总是期望将来获得较大的经济效益。从经济角度分析，开发一个软件系统是否划算，是软件使用方决定是否开发这个项目的主要依据。需要从软件开发成本、运行费用、经济效益等方面来估算整个系统的投资和回报情况。

软件开发成本主要包括开发人员的工资报酬、开发阶段的各项支出。运行费用取决于系统的操作费用和维护费用，其中操作费用取决于操作人员的人数、工作时间、消耗的各类物资等。经济效益是指因使用新系统而节省的费用和增加的收入。

由于运行费用和经济效益两者在软件的整个使用期内都存在，总的效益和软件使用时间的长短有关，因此应合理地估算软件的寿命。在进行成本/效益分析时，一般假设软件使用期为5年。

（2）人员组织。

软件开发不是个体劳动，需要各类人员协同配合，共同完成工程任务，因而应该有良好的组织和周密的管理。

（3）工程计划管理。

软件工程计划是在软件开发的早期确定的。在软件工程计划的实施过程中，在必要时应对工程进度做适当的调整。在软件开发结束后应写出软件开发总结，以便今后能制订出更切合实际的软件工程计划。

（4）软件配置管理。

软件工程各阶段所产生的全部文档和软件本身构成软件配置。每完成一个软件工程步骤，都涉及软件配置，必须使软件配置始终保持其精确性。软件配置管理就是在软件的整个开发、运行和维护阶段内控制软件配置的状态和变动，验证配置项的完整性和正确性。

（5）软件开发风险管理。

软件开发总会存在某些风险，应对风险应该采取主动的策略。早在技术工作开始之前就应该启动风险管理活动，标识出潜在的风险，评估它们出现的概率和影响，并且按重要性把风险排序，然后制订计划来管理风险。风险管理的主要目标是预防风险，但并非所有风险都能预防。因此，软件开发人员还必须制订处理意外事件的计划，以便一旦风险变成现实，能以可控的和有效的方式做出反应。

1.2.3　软件工程的基本原理

Boehm 结合有关专家和学者的意见，根据自己多年来开发软件的经验，提出了如下 7 条软件工程的基本原理。

（1）用分阶段的生命周期计划进行严格的管理。

（2）坚持进行阶段评审。

（3）实行严格的产品控制。

（4）采用现代程序设计技术。

（5）软件工程结果应能清楚地审查。

（6）开发小组的人员应该少而精。

（7）承认不断改进软件工程实践的必要性。

Boehm 指出，遵循前 6 条原理，能够实现软件的工程化生产；为了赶上技术不断前进的步伐，还应遵循第 7 条原理，不仅要积极主动地采纳新的软件技术，还要注意不断总结经验。通过学习本课程，读者将体会到软件工程的基本原理的含义和作用。

1.3　软件生命周期

软件生命周期是软件工程学的一个重要概念。本节介绍什么是软件生命周期，在传统软件工程方法中如何将软件生命周期划分为若干个阶段以及各阶段的主要任务是什么。

1. 软件生命周期简介

软件生命周期（Software Life Cycle）是从设计软件产品开始，到产品不能使用为止的时间周期。软件生命周期通常包括软件计划阶段、需求分析阶段、设计阶段、实现阶段、测试阶段、安装阶段和验收阶段以及使用和维护阶段，有时还包括软件引退阶段。

软件产品从软件定义开始，经过开发、使用和维护，直到最后被淘汰的整个过程就是软件生命周期。

软件生命周期有时与软件开发周期作为同义词使用。一个软件产品的生命周期可划分为若干个互相区别而又有联系的阶段，可赋予每个阶段相对独立的任务，逐步完成每个阶段的任务。这样既能够简化每个阶段的工作，便于确立系统开发计划，还可明确软件工程各类开发人员的职责范围，以便分工协作，共同保证质量。

每一阶段的工作均以前一阶段的结果为依据，并作为下一阶段的前提。每个阶段结束时都要有技术审查和管理复审，从技术和管理两方面对这个阶段的开发成果进行检查，及时决定系统开发是继续进行，还是停工或返工，以防止到开发结束时才发现前期工作中存在的问题，造成不可挽回的损失和浪费。每个阶段都进行的复审主要检查是否有高质量的文档资料，前一个阶段复审通过了，后一个阶段才能开始。开发方的技术人员可根据所开发软件的性质、用途及规模等因素，决定在软件生命周期中增加或减少相应的阶段。

2. 软件生命周期划分阶段的原则

把一个软件产品的生命周期划分为若干个阶段，是实现软件生产工程化的重要步骤。划分软件生命周期的方法有许多种，可按软件的规模、种类、开发方式、开发环境等来划分生命周期。不管用哪种方法划分软件生命周期，划分阶段的原则是相同的，具体如下。

（1）各阶段的任务彼此间尽可能相对独立。这样便于逐步完成每个阶段的任务，能够简化每个阶段的工作，容易确立系统开发计划。

（2）同一阶段的工作任务性质尽可能相同。这样有利于软件工程的开发和组织管理，明确系统各方面开发人员的分工与职责范围，以便协同工作，保证质量。

3. 软件生命周期的阶段划分

软件生命周期一般由软件计划时期、软件开发时期以及软件运行和维护时期组成。软件计划时期可分为软件定义、可行性研究、需求分析3个阶段。软件开发时期可分为概要设计、详细设计、软件实现、综合测试等阶段。软件交付使用后，在软件运行过程中，需要不断地进行维护，才能使软件持久地满足用户的需要。

软件生命周期各阶段的主要任务简述如下。

（1）软件定义。

确定系统的目标、规模和基本任务。

（2）可行性研究。

从经济、技术、法律及软件开发风险等方面分析并确定系统是否值得开发，及时停止不值得开发的项目，避免人力、物力和时间的浪费。

（3）需求分析。

确定软件系统应具备的具体功能。通常用数据流图、数据字典和简明算法描述表示系统的逻辑模型，以防止产生系统设计与用户的实际需求不相符的后果。

（4）概要设计。

确定系统设计方案、软件的体系结构、软件的模块结构。

（5）详细设计。

描述如何具体地实现系统。

（6）软件实现。

进行程序设计（软件编码）和模块测试。

（7）综合测试。

通过各种类型的测试，找出软件设计中的错误并改正错误，确保软件的质量；还要在用户的参与下进行验收，最终交付使用。

（8）软件运行维护。

软件运行期间，应通过各种必要的维护手段使系统改正错误或修改、扩充功能，使软件适应环境变化，以延长软件的使用寿命、提高软件的效益。每次维护的要求及修改步骤都应详细、准确地记录下来，作为文档加以保存。

1.4 软件过程模型

根据软件生产工程化的需要，软件生命周期的划分有所不同，从而形成了不同的软件生命周期模型（Software Life Cycle Model），也称为软件开发模型或软件过程模型。

软件过程模型具体可分为瀑布模型、快速原型模型、增量模型、喷泉模型和统一过程模型等。

1.4.1　瀑布模型

瀑布模型（Waterfall Model）遵循软件生命周期阶段的划分，明确规定每个阶段的任务，各个阶段的工作以线性顺序展开，恰如奔流不息、逐级而下的瀑布。

瀑布模型把软件生命周期划分为计划时期、开发时期、运行和维护时期，这 3 个时期又可细分为若干个阶段，计划时期可分为问题定义、可行性研究、需求分析 3 个阶段；开发时期可分为概要设计、详细设计、程序设计、软件测试等阶段；运行和维护时期则需要不断进行软件维护，以延长软件的使用寿命，如图 1.1 所示。瀑布模型要求开发过程的每个阶段结束时都进行复审，复审通过了才能进入下一阶段，复审未通过则要进行修改或回到前面的阶段进行返工。软件维护时可能需要修改错误和排除故障；如果是因为用户的需求或软件的运行环境有所改变而需要修改软件的结构或功能，维护工作可能要从修改需求分析 / 概要设计 / 程序设计开始。图 1.1 中的实线箭头表示开发工作的流程方向，每个阶段顺序进行，有时会返工；虚线箭头表示维护工作的流程方向，表示根据不同情况返回不同的阶段进行维护。

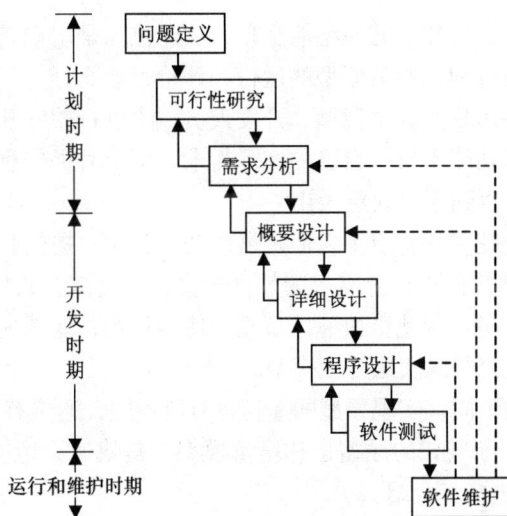

图 1.1　瀑布模型

瀑布模型软件开发有以下几个特点。

（1）软件生命周期的顺序性。顺序性是指只有前一阶段的工作完成以后，后一阶段的工作才能开始；前一阶段输出的文档就是后一阶段输入的文档，只有在前一阶段有正确的输出，后一阶段才可能有正确的结果。因而，瀑布模型的特点是由文档驱动。如果软件生命周期的某一阶段出现了错误，往往要追溯到在它之前的一些阶段。

（2）尽可能推迟软件编码。程序设计也称为软件编码。实践表明，大、中型软件的编码阶段开始得越早，完成所需功能的时间反而越长。瀑布模型在软件编码阶段之前安排了需求分析、概要设计、详细设计等阶段，从而把逻辑设计和编码清楚地划分开，从而尽可能地推迟软件编码阶段。

（3）保证质量。为了保证质量，瀑布模型软件开发规定了每个阶段需要完成的文档，每个阶段都要对已完成的文档进行复审，以便及早发现隐患，排除故障。

瀑布模型适合在软件需求比较明确、开发技术比较成熟、软件工程管理比较严格的场合下使用。

本书以瀑布模型为典型的软件过程模型，介绍软件工程各阶段工作的具体方法、步骤和工具，其他模型可以参照执行。

1.4.2　快速原型模型

正确的需求定义是软件系统成功的关键。许多用户在开始时，往往不能准确地描述他们的需求，软件开发人员需要反复多次地和用户交流，才能全面、准确地了解用户的需求。用户使用了目标系统以后，通过对系统的运行、评价，往往更加明确对系统的需求，此时常常会改变原来的某些想法，对系统提出新的需求，以便使系统更加符合他们的实际需要。

快速原型模型（Rapid Prototype Model）是快速开发出的一个可以运行的原型系统（简称原型），该原型系统所能实现的功能往往是最终产品能实现的功能的一个子集。请用户试用原型系统，以便准确地了解他们的实际需要，然后根据实际需要编写软件系统的需求规格说明文档，再根据需求规格说明文档进行开发。这与工程上先制作"样品"，试用后做适当改进，然后批量生产的道理一样。

快速原型模型的第一步所建立的原型能实现的功能往往是用户需求的主要功能。快速原型模型鼓励用户参与开发过程，参与原型的运行和评价，能充分与开发人员协调沟通。开发期间，原型还可作为终端用户的教学模型，开发人员一边进行软件开发，一边让用户学习使用软件，若用户发现软件功能不符合自己的实际需求，可及时提出意见，开发人员可立即进行修改；如此反复进行，直到用户满意为止。

虽然这种方法要额外花费一些成本，但是可以及早为用户提供有用的产品，及早发现问题，随时纠正错误，尽早获得更符合需求的软件模型，从而减少软件测试和调试的工作量，提高软件生产率和软件质量。因此，快速原型模型使用得当，能减少软件开发的总成本，缩短开发周期，是目前比较流行的实用开发模型。

由于建立原型的目的不同，实现原型的途径也有所不同，通常有下述3种类型的原型。

（1）渐增式的原型。渐增式的原型也称增量模型，是快速原型模型中用得较多的一种，本书1.4.3小节将对其做进一步介绍。

（2）用于验证软件需求的原型。系统分析员在确定了软件需求之后，从中选出某些需要验证的功能，用适当的工具快速构造出可运行的原型系统，由用户试用和评价。这类原型往往用后就丢弃，因此构造它们的软件环境不必与目标系统的软件环境一致，通常使用简洁而易于修改的高级程序设计语言对原型进行编码。

（3）用于验证设计方案的原型。此类原型可作为新颖设计思想的呈现工具，根据新的设计思想，开发包含软件部分功能的原型，可提高开发的安全水平，验证设计的可行性。为了保证软件产品的质量，在概要设计和详细设计阶段，可用原型来验证总体结构或某些关键算法。如果设计方案验证完成后就将原型丢弃，则构造原型的工具不必与设计目标系统的工具一致；如果想把原型作为最终产品的一部分，原型和目标系统可使用同样的软件设计工具。

软件快速原型模型的开发过程如图1.2所示。开发人员听取用户意见，进行需求分析，快速构造原型，以便获得用户的真正需求。原型由用户运行、测试和评价，开发人员根据用户的意见修改后再次请用户试用，逐步满足用户的需求。产品一旦交付给用户使用，维护便开始，根据需要，维护工作可能返回需求分析、设计或编码等不同的阶段。

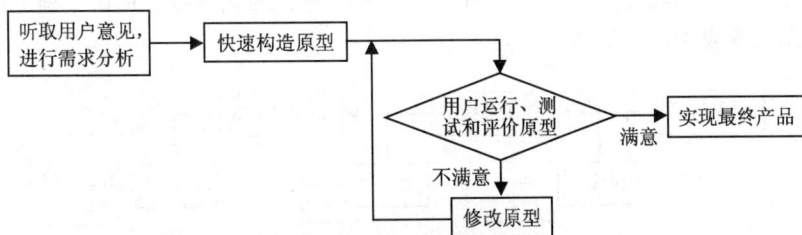

图 1.2 软件快速原型模型的开发过程

1.4.3 增量模型

增量模型也称渐增模型，是先选择一个或几个关键功能建立的一个不完整的系统。这个系统只包含目标系统的一部分功能，或对目标系统的功能从某些方面进行了简化。开发人员通过用户的运行获得经验，加深对软件需求的理解，使系统逐步得到扩充和完善。如此反复进行，直到用户对所设计的软件系统满意为止。

增量模型是对瀑布模型的改进，增量模型使开发过程具有了一定的灵活性和可修改性。

增量模型把软件产品作为一系列增量构件来设计、编码、集成和测试。使用增量模型开发的软件是逐渐增长和完善的，所以整体结构不如使用瀑布模型开发的软件那样清晰。由于增量模型的开发过程自始至终都有用户参与，因此能及时发现问题并加以修改，可以更好地满足用户需求。

增量模型在项目开发过程中，以一系列的增量方式来逐步开发系统。增量方式包括增量开发和增量提交两个方面。

（1）增量开发：不是整体地开发软件，而是按一定的时间间隔开发软件的部分功能。

（2）增量提交：先提交部分功能给用户试用，听取用户意见并进行修正；再提交另一部分功能，让用户试用；反复多次，直到全部提交。

增量开发和增量提交方式可以同时使用，也可以单独使用。增量模型开发方式可以在软件开发的部分阶段采用，也可以在全部阶段采用。

例如，在需求分析和设计阶段采用整体开发方式，在编码和测试阶段采用增量模型开发方式，如图 1.3 所示，先对部分功能进行编码、测试，提交给用户试用，听取用户意见，及早发现问题、解决问题；再对另一部分功能进行编码、测试，提交给用户试用。

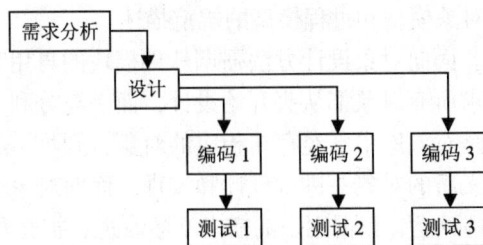

图 1.3 在编码和测试阶段采用增量模型

另一种方式是，所有阶段都采用增量模型开发方式。先对某部分功能进行需求分析、设计、编码和测试，提交给用户试用，充分听取用户意见；再对另一部分功能进行需求分析、设计、编码和测试，提交给用户试用，直至所有功能增量开发完毕，如图 1.4 所示。用这种方式开发软件时，不同功能的软件构件可以并行地构建，因此有可能加快工程进度，但是存在软件构件无法集成为一个整体的风险。

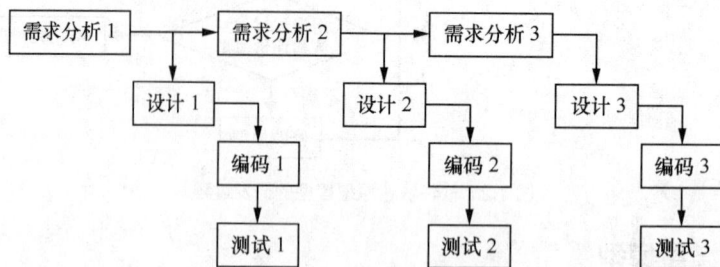

图 1.4　所有阶段都采用增量模型

增量模型的优点是能在较短时间内向用户提交能实现一定功能的产品，并使用户有较充裕的时间学习和适应产品。

使用增量模型的困难是，软件的体系结构设计必须是开放的，要便于向现有结构加入新的构件。每次增量开发的产品都应当是可测试、可扩充的。从长远来看，具有开放结构的软件的可维护性明显好于封闭结构的软件。

1.4.4　喷泉模型

按传统的瀑布模型开发和管理软件需要有两个前提，一是用户能清楚地提供系统的需求；二是开发人员能完整地理解用户的需求，软件生命周期各阶段能明确地划分，每个阶段结束时要复审，复审通过了后一阶段才能开始。

然而，在实际开发软件时，用户往往事先难以说清需求，开发人员也由于主观、客观的原因，缺乏与用户交流的机会，其结果是系统开发完成后修改和维护的开销及难度过大。

应用面向对象方法开发软件的喷泉模型（Fountain Model）着重强调不同阶段之间的重叠，认为面向对象的软件开发过程不需要或不应该严格区分不同的开发阶段。基于喷泉模型，Hodge 等人提出将软件开发过程划分为系统分析、系统设计、对象设计和编程、测试及系统组装集成 5 个基本阶段，每个阶段之间可以重叠，如图 1.5 所示。

（1）系统分析。在系统分析阶段建立对象模型和过程模型。系统模型中的对象是现实世界中的客观对象的抽象，模型应当结构清晰，易于理解，易于规范地描述。

（2）系统设计。给出对象模型和过程模型的规范描述。

（3）对象设计和编程。面向对象设计方法强调软件模块的再用和软件的合成，因而在对象设计和编程时，并不要求所有对象都从头开始设计，而是充分利用以前的设计。在软件开发时，先检索对象库，若是对象库中已经存在相应的对象，则可不必设计，只要重复使用或加以修改后使用；否则定义新的对象并进行设计和实现。面向对象设计方法要求与用户充分沟通，在用户试用软件的基础上，根据用户的需求不断改进、扩充和完善系统功能。

（4）测试。测试所有对象相互之间的关系是否符合系统需求。

（5）系统组装集成。面向对象软件的特点之一是使用软件重用和组装技术。对象是数据和操作的封装载体，组装在一起才构成完整的系统。模块组装也称为模块集成、系统集成，软件设计是将对象模块集成，构造所需的系统。

（6）运行、维护或进一步开发。由于喷泉模型主张分析和设计过程的重叠，不严格加以区分，因此在模块集成的过程中就要反复经过分析、设计、测试、集成，再经过反复测试，以得到用户认可的软件。软件运行过程中还需要不断地对其进行维护，使软件适应不断变化的硬件、软件环境。另外，在现有软件的基础上，还可以进一步开发新的软件。

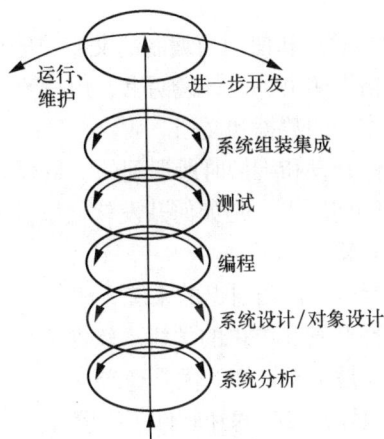

图 1.5　喷泉模型

1.4.5　统一过程模型

统一过程（Rational Unified Process，RUP）是 Rational 软件公司推出的一种软件工程处理过程，它是汲取了各种生命周期模型的先进思想和丰富的实践经验而产生的。

统一过程模型使用统一建模语言（Unified Modeling Language，UML），采用用例（Use Case）驱动和架构优先的策略，采取迭代增量的建造方法。

UML 采用了面向对象的概念，引入了各种独立于语言的表示符号。UML 建立了用例模型、静态模型和动态模型完成对整个系统的建模，所定义的概念和符号可用于软件开发中的分析、设计和实现的全过程。软件开发人员不必在开发过程的不同阶段进行概念和符号的转换。

"用例"代表某些用户可见的功能，实现一个具体的用户目标。"用例"是一类功能，而不是使用该功能的某一具体实例。"用例"是精确描述需求的重要工具。

统一过程模型所构造的软件系统是由软件构件建造而成的，这些软件构件定义了明确的接口，相互连接成整个系统。在构造软件系统时，统一过程模型采用架构优先的策略。软件构架包含系统中重要的静态结构和动态特征，体现了系统的整体设计。

为了管理、监控软件开发过程，统一过程模型把软件开发过程划分为多个循环，每个循环生成产品的一个新版本。每个循环都由初始、细化、构造和提交阶段 4 个阶段组成。每个阶段是一个小的瀑布模型，要经过需求分析、概要设计、详细设计、系统实现、软件测试等阶段。统一过程模型通过反复多次的迭代，来达到预定的目的或完成确定的任务。每次迭代增加尚未实现的用例，所有用例建造完成，系统也就建造完成了。

UML 将在本书第 8 章做进一步介绍。

在具体的软件项目开发过程中，要选用合适的软件生命周期模型，按照某种开发方法，使用相应的工具进行开发；要把各种模型有机地结合起来，充分利用各种模型的优点。

通常，结构化方法和面向数据结构方法可使用瀑布模型、增量模型；面向对象方法可使用快速原型模型、喷泉模型或统一过程模型。

本章小结

为描述计算机程序的功能、设计和使用而编制的文字或图形资料称为文档，软件开发的各个阶段必须完成各种需求规格说明书、设计说明书、用户手册等文档。

软件是计算机程序及与其相关的数据和文档。

软件危机是指在计算机软件开发和维护时所遇到的一系列问题。

软件危机主要包含两方面的问题，一是如何开发软件以满足对软件日益增长的需求；二是如何维护数量不断增长的已有软件。

软件工程是软件开发、运行、维护和引退的系统方法。

软件工程是指导计算机软件开发和维护的学科。软件工程采用工程的概念、原理、技术和方法来开发和维护软件，目标是实现软件的优质高产。

软件工程学的主要内容是软件开发技术和软件工程管理。

软件工程方法学是编制软件的系统方法，它确定软件开发的各个阶段，规定每一阶段的活动、产品、验收的步骤和完成准则。常用的软件工程方法有结构化方法和面向对象方法等。

软件过程是为了获得高质量软件所需要完成的一系列任务的框架，它规定了完成各项任务的工作步骤，定义了运用方法的顺序、应该交付的文档、开发软件的管理措施、各阶段任务完成的标志。软件过程必须科学、合理，才能获得高质量的软件产品。

软件产品从软件定义开始，经过开发、使用和维护，直到最后被淘汰的整个过程称为软件生命周期。

根据软件生产工程化的需要，软件生命周期的划分有所不同，从而形成了不同的软件生命周期模型，或称软件过程模型。

本书介绍了以下几种软件过程模型。

（1）瀑布模型：规范的、文档驱动的方法；开发阶段按顺序进行,适用于需求分析较明确、开发技术较成熟的情况。

（2）快速原型模型：构建原型系统，让用户试用并收集用户意见，获取用户真实需求。

（3）增量模型：优点是能在早期向用户提交具有部分功能的产品且易于维护，应用的难点是软件的体系结构必须是开放的。

（4）喷泉模型：适用于面向对象方法 。

（5）统一过程模型：适用于面向对象方法，使用 UML，采用用例驱动和架构优先的策略，采用迭代增量的建造方法。

习题 1

1. 什么是软件？软件和程序的区别是什么？
2. 什么是软件危机？软件危机的主要表现形式是什么？怎样消除软件危机？
3. 什么是软件工程？什么是软件过程？
4. 软件工程学的主要内容是什么？
5. 什么是软件工程方法？主要的软件工程方法有哪些？
6. 软件工程的基本原理是什么？
7. 什么是软件生命周期？软件生命周期为什么要划分阶段？划分阶段的原则是什么？
8. 比较几种软件过程模型的特点。
9. 选择填空。

快速原型模型是用户和设计人员之间的一种交互过程，适用于___①___系统。它从设计用户界面开始，首先形成___②___，然后用户___③___并就___④___提出意见。它是一种___⑤___型的设计过程。

① A. 需求不确定性较高的　　　　　B. 需求确定的
　　C. 管理信息　　　　　　　　　D. 决策支持
② A. 用户使用手册　　　　　　　　B. 系统界面原型
　　C. 界面需求分析说明书　　　　　D. 完善用户界面
③ A. 阅读文档资料　　　　　　　　B. 改进界面的设计
　　C. 模拟界面的运行　　　　　　　D. 运行界面的原型
④ A. 使用哪种编程语言　　　　　　B. 程序的结构
　　C. 同意什么和不同意什么　　　　D. 功能是否满足要求
⑤ A. 自外向内　　　　　　　　　　B. 自底向上
　　C. 自顶向下　　　　　　　　　　D. 自内向外

10. 选择填空。

___①___是将软件生命周期各个阶段依线性顺序连接、用文档驱动的模型。

___②___采用用例驱动和架构优先的策略，采用迭代增量的建造方法，软件是"逐渐"被开发出来的。

___③___是一种以用户需求为动力，以对象作为驱动的模型，适用于面向对象的软件开发方法。

A. 统一过程模型　B. 瀑布模型　C. 增量模型　D. 喷泉模型　E. 快速原型模型

第2章

可行性研究与软件工程开发计划

在软件生命周期中的软件计划时期要进行软件定义、可行性研究和需求分析工作。这个时期的时间最短，要通过对用户需求的调查研究，尽快明确软件开发的目标、规模和基本要求；研究系统开发的可行性并制定软件工程开发计划。需求分析阶段所需要完成的任务将在本书第3章详细介绍。

2.1 软件定义与可行性研究

在软件工程项目开始时，往往先进行系统定义，确定系统硬件、软件的功能和接口。系统定义涉及的问题不完全属于软件工程范畴，它为系统提供总体概述，根据对需求的初步理解，把功能分配给硬件、软件及系统的其他部分。系统定义的目的如下。

（1）描述系统的接口、功能和性能。

（2）进行初步的系统分析和设计。

（3）把功能分配给硬件、软件和系统的其他部分。

（4）确定费用限额和进度期限。

（5）针对可行性、经济利益、用户需求等评价系统。

系统定义是整个工程的基础，其任务如下。

（1）充分理解所涉及的问题，对问题的解决办法进行论证。

（2）评价问题解决办法的不同实现方案。

（3）表达解决方案，以便进行复审。

系统定义后，软件的功能也初步确定，接下来要进行软件定义、可行性研究、软件工程开发计划制定和复审。

2.1.1 软件定义

在软件定义阶段，通过对用户需求进行详细的调查研究，仔细阅读和分析有关的资料，确定所开发的软件系统的名称以及该软件系统同其他系统或其他软件之间的相互关系；明确系统的目标规模、基本要求，并对现有系统进行分析，明确开发新系统的必要性。

1. 明确系统的目标规模和基本要求

在调查研究的基础上，明确准备开发的软件的基本要求、目标、条件、假定、限制、可行性研究的方法、评价尺度等。

（1）基本要求。

- 软件的功能。
- 软件的性能。
- 输入：数据的来源、类型、数量、组织以及提供的频度。
- 输出：如报告、文件或数据，说明其用途、产生频度、接口及分发对象。
- 处理流程和数据流程。
- 安全和保密方面的要求。
- 与本系统相连接的其他系统。

（2）目标。

- 人力与设备费用的减少。
- 处理速度的提高。
- 控制精度或生产能力的提高。
- 管理信息服务的改进。
- 人员利用率的改进等。

（3）条件、假定和限制。

- 系统运行寿命的最小值。
- 经费、投资的来源和限制。
- 法律和政策的限制。
- 硬件、软件、运行环境和开发环境的条件和限制。
- 可利用的信息和资源。
- 完成期限等。

（4）可行性研究的方法。

开发人员可采用调查、加权、确定模型、建立基准点、仿真等方法进行可行性研究。

（5）评价尺度。

如经费的多少、各项功能的优先次序、开发时间的长短以及使用的难易程度等。

2. 对现有系统的分析

通过对现有系统及其存在的问题进行简单描述，阐明开发新系统或修改现有系统的必要性。

（1）基本的处理流程和数据流程。

（2）所承担的工作和工作量。

（3）费用开支。

（4）人员：各种人员的专业技术类别和数量。

（5）设备：各种设备的类型和数量。

（6）局限性：现有系统存在的问题和开发新系统时的限制条件。

3. 设计新系统可能的解决方案

系统分析员在分析现有系统的基础上，针对新系统的开发目标设计出新系统的若干种高层次的可能解决方案，可以用高层数据流图和数据字典来描述系统的基本功能和处理流程。先从技术的角度出发提出不同的解决方案，再从经济可行性和操作可行性方面优化和推荐方案，最后将上述分析结果整理成清晰的文档，供用户方的决策者选择。注意，现在尚未进入需求分析阶段，对系统的描述不是完整、详细的，只是概括、高层的。

2.1.2　可行性研究

在可行性研究阶段，软件开发人员要通过对用户需求进行详细的调查研究，确定所开发的软件系统的功能、性能、目标、规模以及该软件系统同其他系统或其他软件之间的相互关系。

1. 可行性研究的内容

可行性研究工作要从技术、经济、社会因素、软件开发风险等方面进行，并写出软件工程项目的可行性研究报告。

（1）技术可行性。

技术可行性是指设备条件、技术解决方案的实用性和技术资源可用性的度量。在决定采用何种方法和工具时，必须考虑设备条件，一般选择实用的、开发人员掌握较好的一类；还要考虑用户使用的可行性和操作方面的可行性。

（2）经济可行性。

经济可行性是指希望以最少的成本开发具有最佳经济效益的软件产品，主要进行投资及效益分析，其内容如下。

● 支出——说明所需的费用，例如基本建设投资和设备购置费用，操作系统、应用软件及数据库管理软件的费用，其他一次性支出及非一次性支出费用。

● 收益——包括开支的减少、速度的提高和管理方面的改进，一次性收益和价值的增加，非一次性收益和不可定量的收益等。

● 收益／投资比。

● 投资回收周期。

● 敏感度分析等。

（3）社会因素方面的可行性。

● 法律方面的可行性——要开发的项目是否存在侵权、妨碍等责任问题。

● 用户方面的可行性——在用户组织内，现有的管理制度、人员素质、操作方式等是否可行。

（4）软件开发风险分析。

在可行性研究阶段就应评估软件开发风险出现的概率和影响，如果软件开发出现风险的可能性较大，或出现风险的影响太大，就应及时终止软件的开发。

2. 可行性研究的结论

对于一个软件工程项目的可行性研究，要在充分调查和具体分析的基础上写出书面报告，并且必须有一个明确的结论。软件工程可行性研究的结论可以有如下几种。

（1）可以进行开发。

（2）需要等待某些条件（例如资金、人力、设备等）落实之后才能开发。

（3）需要对开发目标进行某些修改之后才能开发。

（4）不能进行或不必进行开发（例如所需技术不成熟、经济上不合算、软件开发风险太大等）。

在可行性研究阶段不要急于着手解决问题，主要目的是得到系统开发确实可行的结论或及时终止不可行的项目，应避免在项目开发进行了较长的时间后才发现项目根本不可行，造成浪费。可行性研究报告要得到用户方决策者的认可，所提出的结论要有具体、充分的理由。

用户方的决策者根据可行性研究报告决定所采用的具体解决方案，之后项目才能进入项目的计划和实施阶段。

【例2.1】　商品销售管理系统的软件定义和可行性研究。

本例介绍一个简易的商品销售管理系统，具有商品的销售、采购、库存管理、账册管理、系统管理（商品管理、供应商管理、员工管理）及售后服务等功能。

商品销售管理实际上是很复杂的，牵涉到商品营销管理、成本核算、客户管理、售后服务、员工人事管理等多方面的问题。本例的目的是使读者对类似于物资的供应、销售、库存管理问题的软件开发全过程有所了解和得到启发，因而对商品销售管理问题进行了简化和模拟，只考虑与商品销售有关的一部分工作。本节仅介绍如何对该系统进行软件定义和可行性研究，软件开发的其他阶段应如何对该系统进行分析、设计，将分别在后面章节中介绍（如3.5节、4.3.1小节、5.2.4小节、6.9.5小节）。

1. 软件定义

本例将开发一个商品销售管理系统，用计算机管理有关商品销售的各项工作。商品销售管理系统的用户有营业员、库存管理员、采购员、会计和经理等，分别负责商品的销售、库存管理、采购、账册管理和系统管理等工作。假设一般工作人员只能进入系统中与本职工作有关的模块；而经理负责全面管理，可进入系统的所有模块进行操作。

2. 可行性研究

（1）技术可行性。

要开发商品销售管理系统，需要建立数据库，存放职工信息，确定系统各模块的使用权限；存放商品信息、进货信息、销售信息、库存信息等；设计系统界面，设计应用程序实现系统功能，方便用户使用。这些在技术上都是可行的。

（2）经济可行性。

商品信息、采购信息、销售信息、库存信息等信息的数据量大，且品种繁多，若靠人工管理，数据掌握不准确、不可靠、不及时；而用计算机管理数据则可以即时提供信息，并且准确、可靠，为商品销售的决策提供有效依据。开发商品销售管理系统的投入不多，效益显著，经济上是可行的。

2.2　软件工程开发计划的制订

经过可行性研究后，对于值得开发的项目，就要制订软件工程开发计划，写出软件工程开发计划书。软件工程开发计划书的内容包括软件工程项目概述和实施计划。制订软件工程实施计划，可以采用 Gantt 图和工程网络图。

2.2.1　软件工程项目概述和实施计划

1. 软件工程项目概述

软件工程项目概述包括以下内容。

（1）软件工程项目的主要工作内容、软件的功能和性能。

（2）完成任务应具备的条件和限制。

（3）主要参与人员的技术水平。

（4）项目完成后应移交的程序、文件，不移交的产品。

（5）应提供的服务及开始日期和期限。

（6）验收标准。

（7）完成项目的最迟期限。

（8）本计划的批准者和批准日期。

（9）用户应承担的工作、对用户的要求等。

2. 软件工程实施计划

软件工程实施计划的主要内容如下。

（1）各类人员的组成结构和数量。

（2）本项目任务的分解，任务之间的相互关系和各项任务的责任人。

（3）项目开发工作的进度计划，每阶段任务的开始时间和结束时间。

（4）项目成本预算和来源，各阶段的费用支出预算。

（5）关键问题及支持条件，软件开发风险及应对措施。

（6）项目最后完工交付的日期等。

2.2.2 Gantt 图

Gantt 图（甘特图、横道图）是制定工程进度计划的简单工具。用 Gantt 图描述工程进度时，首先要把工程任务分解成一些子任务，常用水平线来描述每个子任务的进度安排，并描述工程的各项子任务之间在时间进度上的并行和串行关系。Gantt 图简单、易懂、一目了然。

Gantt 图以表格形式列出工程项目从开始到结束的每个阶段有哪些子项目在进行，每个子项目分别在什么时候开始、什么时候结束。

Gantt 图可以表示如下内容。

（1）任务分解为子任务的情况。

（2）每个子任务的开始时间和完成时间（线段的长度表示完成子任务所需的时间）。

（3）子任务之间的并行和串行关系。

图 2.1 所示是采用 Gantt 图安排软件工程进度计划的一个例子。

在 Gantt 图中，每一项子任务的开始时间和结束时间用空心小三角形表示，两者用虚线相连。当一个子任务开始执行时，将虚线左边的空心小三角形涂黑；当这个子任务结束时，再把虚线右边的空心小三角形涂黑。从图 2.1 中可以很容易地看出，需求分析工作从 2021 年 1 月初开始，到 2 月底已经完成；测试计划、编写文档工作从 2 月初开始，概要设计工作从 3 月初开始，这 3 项工作尚未完成；其他几项工作还没有开始，测试等工作预计到 2022 年结束。

Gantt 图可以表示子任务之间的并行和串行关系，简单明了，易画、易读、易改，使用起来十分方便。由于图上显示了年、月，用它来检查工程完成的情况十分直观、方便，但是它不能显示各项子任务之间的依赖关系，以及哪些是关键子任务等，采用工程网络图可以弥补这一不足。

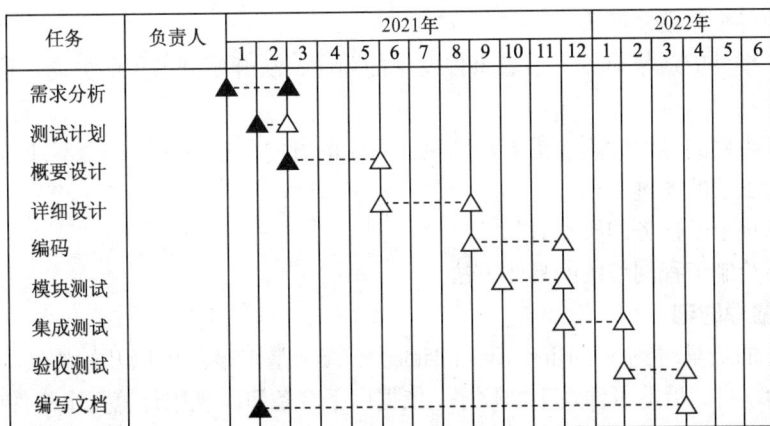

图 2.1　Gantt 图示例

2.2.3　工程网络图

工程网络技术又称程序评价和审查技术（Program Evaluation and Review Technique，PERT），利用工程网络图（PERT 图）可以制定工程的进度计划。如果把一个工程项目分解成许多子任务，并且这些子任务之间的依赖关系又比较复杂，可以用工程网络图来表示，如图 2.2 所示。

在工程网络图中，圆圈表示某个子任务的开始或结束，称为一个事件，事件可以明确定义时间点，本身并不消耗时间和资源；有向弧或箭头表示从一个子任务的开始（一个事件），到该子任务的结束（另一个事件），可明显地表示出各子任务之间的依赖关系，例如可以用"→"连接开始事件的编号和结束事件的编号，表示某一个子任务。在图 2.2 中，子任务 3→5 即表示从事件 3 开始，到事件 5 结束。工程网络图中，箭头上方的数字表示完成该子任务所需的持续时间，箭头下方的圆括号中的数字表示该子任务允许的机动时间，时间的单位由工程网络图的制定者确定。在图 2.2 中，子任务 3→5 的持续时间为 1，机动时间为 5，这里假设时间单位为"月"。

表示事件的圆圈分为左、右两部分。圆圈的左半部分中的数字表示事件的序号。圆圈的右半部分又划分为上、下两部分，右上部中的数字表示前一子任务结束或后一个子任务开始的最早时刻；右下部中的数字则表示前一子任务结束或后一子任务开始的最迟时刻。圆圈之前的子任务已经完成，在它之后的子任务才可以开始。

整个工程网络图只有一个开始点和一个终止点，开始点没有流入的箭头，最早时刻定义为 0；终止点没有流出的箭头，其最迟时刻就是它的最早时刻。

工程网络图中还可以用虚线箭头表示虚拟子任务。这些虚拟子任务实际上并不存在，只表示子任务之间存在依赖关系。在图 2.2 中，虚拟子任务 4→8 表示只有在虚拟子任务 4→8 和子任务 5→8 都结束后，子任务 8→10 才能开始。虚拟子任务 4→8 本身并不花费时间，但是虚拟子任务 4→8 比子任务 5→8 开始得晚。画虚拟子任务 4→8 的目的，是描述子任务 8→10 的开始条件为子任务 3→4 的结束。

绘制工程网络图有以下几个步骤。

（1）画圆圈及箭头。要表示出每个子任务之间的相互依赖关系，分析出哪些子任务完成了才可以开始进行某个或某些子任务，并估算出完成每个子任务所需要的时间，依次画出工程网络图中的各个圆圈及箭头。

（2）计算事件的最早时刻。沿着事件发生的顺序，从开始到结束的方向，依次计算每个事件的最早时刻。

（3）计算事件的最迟时刻。沿着从结束到开始的方向，逐一计算每个事件的最迟时刻。

（4）确定工程的关键路径。

（5）计算每个子任务的机动时间。

下面介绍绘制工程网络图的具体方法。

1. 计算最早时刻

每个事件的最早时刻（Earliest Event Time，EET）是该事件可以开始的最早时间。工程网络图由开始事件，沿着事件发生的顺序，依据以下3条简单规则计算每个事件的最早时刻。

（1）考虑进入该事件的所有子任务。

（2）对每个子任务都计算它的持续时间与开始事件的最早时刻之和。

（3）选取上述和数中的最大值作为该事件的最早时刻。

例如，事件1是开始点，最早时刻为0，最迟时刻也为0。子任务1→2的持续时间为2，则事件2的最早时刻为2。子任务2→3由事件2开始，到事件3结束。事件2的最早时刻为2，只有一个子任务进入事件3，子任务2→3的持续时间为4，所以事件3的最早时刻为2+4=6。

子任务3→4的持续时间为3，事件3的最早时刻为6，事件4只有一个子任务进入，所以事件4的最早时刻为6+3=9。

子任务3→5的持续时间为1，事件3的最早时刻为6，事件5只有一个子任务进入，所以事件5的最早时刻为6+1=7。

子任务5→8进入事件8，持续时间为1，事件5的最早时刻为7；虚拟子任务4→8也进入事件8，持续时间为0，事件4的最早时刻为9。根据第3条规则，事件8的最早时刻为：

$$EET=max\{7+1，9+0\}=9$$

同理，事件10的最早时刻为：

$$EET=max\{12+2，9+1，8+1\}=14$$

按照此方法算出所有事件的最早时刻，写在每个圆圈的右上部，如图2.2所示。

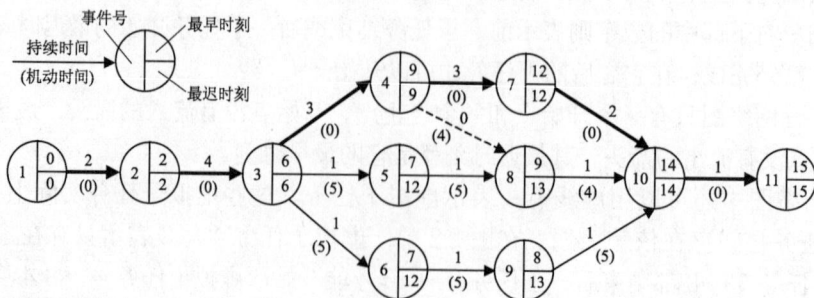

图2.2　工程网络图

2. 计算最迟时刻

每个事件的最迟时刻（Latest Event Time，LET）是在不影响工程进度的前提下，可以安排该事件发生的最迟时间。计算每个事件的最迟时刻是从终止点开始，往开始点方向逐个进行的，计算结果写在圆圈的右下部。

终止点的最迟时刻就是它的最早时刻。其他事件的最迟时刻按子任务的逆向顺序，并使用下述规则进行计算。

（1）考虑由该事件开始的所有子任务。

（2）把每个子任务的结束事件的最迟时刻减去该子任务的持续时间。

（3）选取上述差数中的最小值作为该事件的最迟时刻。

例如，图 2.2 中的事件 10，由它开始的子任务只有一个，是子任务 10→11，持续时间为 1，结束事件的最迟时刻为 15，因而事件 10 的最迟时刻为 15-1=14。

同理，事件 7 的最迟时刻为 14-2=12，事件 8 的最迟时刻为 14-1=13。

由事件 4 开始的子任务有两个——子任务 4→7 和虚拟子任务 4→8，持续时间分别为 3 和 0。

因而，事件 4 的最迟时刻为：

$$LET = \min\{12-3,\ 13-0\} = 9$$

3. 确定关键路径

在图 2.2 中，事件 1、2、3、4、7、10、11 的最早时刻与最迟时刻相同，这些事件定义了关键路径，在图中用粗线箭头表示。关键路径上的每个事件都必须准时开始，处于关键路径上的子任务是关键子任务，它们的实际持续时间不能超过预先估计的时间，否则整个工程就不能按进度计划准时结束。

工程项目管理人员应该密切关注关键子任务的进展情况，如果关键子任务开始的时间比预定的时间晚，则会使最终完成项目的时间推迟；如果希望缩短工期，应当想办法缩短关键子任务的持续时间。

4. 安排机动时间

执行不在关键路径上的子任务时可以有一定的机动时间，其实际开始时间可以比预定开始时间晚一点，或者实际持续时间可以比预定持续时间长一些，并不会影响整个工程的结束时间。

某个子任务所允许的机动时间等于它的结束事件的最迟时刻减去它的开始事件的最早时刻，再减去这个子任务的持续时间：

$$机动时间 = (LET)_{结束} - (EET)_{开始} - 持续时间$$

在工程网络图中，每个子任务的机动时间写在该子任务的箭头下方的圆括号里，如图 2.2 所示。

关键路径上的每个子任务的机动时间为 0。

在制定进度计划时，仔细考虑和利用工程网络图中的机动时间，往往能安排出既节省资源又不影响完工时间的工程进度表。

对于不在关键路径上的子任务，可根据实际情况调整其开始时间，这样做既不影响整个工程的进度，又可减少工作人员。例如，在图 2.2 中，子任务 3→5 和子任务 3→6 本来是两个并行的子任务，由于可以在时间安排上错开进行，如果由一组人员先后完成这两个子任务，就能节省一组人力。其他子任务也一样，应仔细研究工程能否节省资源。

如果能争取缩短关键路径上的某些任务的耗时，就可以缩短整个工程的工期。将工程网络图与 Gantt 图结合起来可以制定出合理的进度计划，并能科学、有效地管理软件工程的进度情况。

一般来说，Gantt 图适用于简单的软件项目，而对各项任务的相互依赖关系较为复杂的软件项目，使用工程网络图较为适宜。有时可同时使用这两种工具，互相比较，取长补短，随时合理调整工程计划，更好地安排项目进度。

对图 2.2 所示的工程中各项任务的进度安排，可用 Gantt 图画出，如图 2.3 所示。这里应当首先将关键路径上的任务进度安排好，再考虑其他任务的进度安排。由于子任务 3→5 和子任务 3→6 的进度安排可以有一定的机动时间，把这两项子任务的执行时间错开，可以节省人力。分析类似情况，在图 2.2 中有 3 条执行路径，由于两条非关键路径上的任务所需要的执行时间较少，如果任务执行者可以调整，只需一组人员就可完成两条非关键路径上的任务。这样，整个工程只需两组人员，一组人员执行子任务 1→2、2→3、3→4、4→7、7→10、10→11，另一组人员执行子任务 3→5、3→6、5→8、6→9、8→10、9→10，如图 2.3 所示。

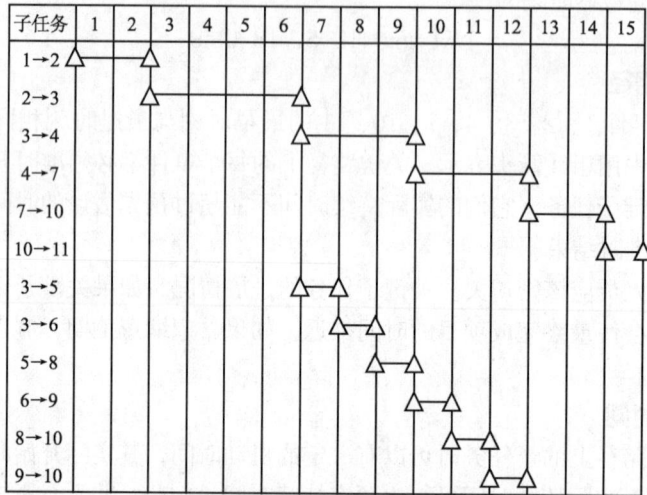

图 2.3   图 2.2 所示工程的 Gantt 图

2.2.4 软件工程开发计划的复审

软件工程开发计划要得到用户方领导的复审批准，有正式的批文，才能正式进入软件工程的实施阶段。此时，已有的文档资料如下。

- 系统定义（包括硬件设备和软件定义）。
- 可行性研究报告。
- 系统解决方案。
- 软件工程项目概述。
- 软件工程实施计划等。

软件工程开发计划复审的依据是软件工程开发计划书。软件工程开发计划书的编写目的是以文件形式，把软件开发工作的负责人、开发进度、所需经费预算、所需的软硬件条件等都一一记录下来，以便根据计划开展和检查项目的开发工作。

软件工程开发计划书的主要内容如下。

1. 引言

（1）编写目的。

（2）背景说明。本项目的任务提出者、开发人员、用户及实现该软件系统的环境；该软件系统同其他系统的相互关系。

（3）定义。列出本文件中用到的专门术语的定义和外文首字母组词的原词组。

（4）参考资料。列出参考资料及资料的来源。

2. 项目概述

（1）工作内容。

（2）主要参加人员。

（3）产品，包括程序、文件、服务及不移交的产品。

（4）验收标准。

（5）完成项目的最后期限，包括本计划的批准者和批准日期。

3. 实施计划（可用工程网络图、Gantt 图等表示）

（1）工作任务的分解、任务之间的相互关系和人员分工。

（2）接口人员。

（3）进度安排。

（4）预算。

（5）关键问题。

4. 支持条件

（1）计算机系统支持。

（2）需由用户承担的工作。

（3）需由其他单位提供的条件。

5. 专题计划要点

本章小结

软件计划时期是软件生命周期中最短的时期，这个时期要确定系统的目标、规模和基本任务，要有书面报告。这就需要对系统用户和用户单位的负责人进行调查，根据系统设计的目标、对现有系统的分析和新系统的解决方案等给出明确的可行性研究报告。

可行性研究报告要给出系统可行的结论，或及时终止不可行的项目，避免不必要的浪费；或提出需要什么条件落实后才能开发软件。

制定软件开发计划可采用 Gantt 图和工程网络图。

软件工程可行性研究报告和软件工程开发计划要得到用户方领导的审核批准，才能正式进入软件工程的实施阶段。

习题 2

1. 软件计划时期有哪些主要工作？
2. 什么是软件定义？
3. 什么是可行性研究？可行性研究报告的内容是什么？可行性研究的结论有哪几种？
4. 软件工程开发计划书有哪些内容？

5. 图 2.4 所示是表示某工程各项子任务的相互关系的工程网络图。

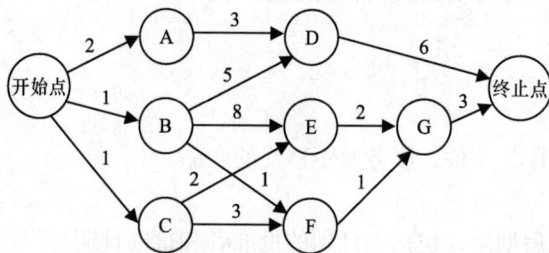

图 2.4　工程网络图

圆圈中的字母代表各项子任务的开始或结束事件的编号，箭头上方的数字表示完成各项子任务所需的周数。要求：

（1）标出每个事件的最早时刻、最迟时刻与机动时间。估算完成该工程项目总共需要多少时间。

（2）标出该工程项目的关键路径。

（3）从节省人力的角度，画出该工程项目的 Gantt 图。

6. 试对自己所承担的软件工程课程设计课题，制定初步的进度计划。

第3章
需求分析

　　需求分析（Requirement Analysis）是软件开发早期的一个重要阶段，它在软件定义和可行性研究阶段之后进行。在需求分析阶段，主要应明确软件系统必须"做什么"，需求分析是软件开发人员和用户共同明确用户对系统的确切要求的过程，是整个系统开发的基础，这是关系到软件开发成败的关键步骤。

　　为了使读者能更好地掌握软件工程的技术、方法，本章将介绍一些软件工程应用实例，如高校医疗费管理系统、高校学生成绩管理系统、商品销售管理系统等，在后续几章将分别介绍这些系统在软件生命周期其他阶段的分析设计方法、步骤和有关文档。

3.1　需求分析的任务

　　需求分析的任务是明确用户对系统的确切要求，需求分析阶段的依据是可行性研究阶段形成的文档。可行性研究阶段已经确定了系统必须完成的基本功能，在需求分析阶段，分析员应将这些功能进一步具体化。在需求分析阶段结束时应完成的文档包括实体－联系图、详细的数据流图、状态转换图和数据字典等。在需求分析阶段结束时必须对软件需求进行严格的审查，以确保软件产品的质量。

　　需求分析是发现、逐步求精、建立模型、需求规格说明和复审的过程。

　　（1）发现，就是尽可能准确地了解用户当前的情况和需要解决的问题。需求分析阶段并不需要马上进行具体的系统设计和需求实现。

　　（2）逐步求精就是指"为了能集中精力解决主要问题，尽量推迟对细节问题的考虑"。人类对问题的认知过程遵守 Miller 法则：一个人在任何时候都只能把注意力集中在 7 个知识点上，误差不超过 2 个知识点（7±2 个知识点）。因而在进行需求分析时，对用户提出的要求应反复地多次细化。一般可以通过对一个复杂的问题进行分解并逐层细化，来充分理解用户的需求，进而对系统需求有完整、准确、具体的了解。逐步求精是人类解决复杂问题时采用的基本方法，也是软件工程很多阶段采用的办法。例如，在软件需求分析、软件设计和实现、测试、软件集成等阶段都采用此方法。

　　（3）建立模型，就是描述用户需求，以帮助分析人员更好地理解软件系统的信息、功能和行为，这些模型是软件设计的基础。在模型中，人们总是剔除那些与问题无关的、非本质的东西，从而使模型与真实的实体相比更加简单、易于理解，更加有利于解决问题。

　　建立模型可使用的工具有实体－联系图、数据流图、状态转换图、数据字典、层次图、

IPO 图等。

（4）软件需求分析阶段要求用需求规格说明表达用户对系统的要求。软件需求规格说明一般含有软件的目标、系统的数据描述、系统的功能描述、系统的行为描述、软件确认标准、资料目录及附录等。软件需求规格说明可用文字方式表示，也可用图形方式表示。

（5）软件需求分析的结果要经过严格的审查。软件需求是进行软件设计、实现和质量度量的基础，与需求不符就是软件质量不高，因而必须经过软件用户方有关领导的正式审查批准，才可进入软件设计阶段。

本书把将要建立的系统称为"目标系统"，需求分析的具体任务是确定目标系统的具体要求和建立目标系统的逻辑模型。

3.1.1 确定目标系统的具体要求

1. 目标系统的具体要求

（1）目标系统的运行环境要求。

系统运行时的硬件环境要求包括对计算机的 CPU、内存、外存储器类型、数据输入/输出方式、数据通信接口、数据输出设备等的要求，软件环境要求包括对操作系统、汉字系统、数据库管理系统、程序设计语言等的要求。

（2）目标系统的性能要求。

如系统所需的存储容量、安全性、可靠性、期望的响应时间（从终端输入数据到系统后，系统在多长时间内可以有反应，这对于实时系统来讲是关系到系统能否被用户接受的问题）等。

（3）目标系统功能。

目标系统必须具备的所有详细的功能。

2. 实例分析

【例 3.1】 某高校医疗费管理系统的需求分析。

某高校医疗费分为校内门诊费、校外门诊费、住院费、子女医疗费 4 类，要求在数据库中存放每个职工的职工号、姓名、所属部门，职工报销时填写所属部门、职工号、姓名、日期、医疗费类别和数额。该校规定，每年每个职工的医疗费报销有限额（如 480 元），限额在年初时确定，每个职工一年内报销的医疗费不超过限额时可全部报销，超过限额时，超出部分只可报销 90%，职工个人负担 10%；职工子女的医疗费报销也有限额（如 240 元），超出部分可报销 50%。

医疗费管理系统每天记录当天报销的若干职工或职工子女的医疗费的类别和金额，并存放到数据库中。当天下班前由系统自动结账、统计当天报销的医疗费总额，供出纳员核对。每笔账要保存备查，各个职工及职工子女每天所报销的费用要和已报销的医疗费金额累计起来，以便检查哪些职工或职工子女已超支。系统要设计适当的查询功能。年终结算、下一年度开始时，要对数据库文件进行初始化，每个职工的初始余额为医疗费限额，凡是前一年度医疗费有余额的职工，可将上年余额累加到新年度的余额中。职工调离本单位、调入本单位或在本单位内部各部门间调动时，数据库文件要及时进行修改。

以下对医疗费管理系统进行需求分析。

（1）确定系统的运行环境要求。

该系统规模不太大，可以和用户单位的其他管理系统使用相同的计算机硬件设备、操作系统和数据库管理系统。在使用数据库管理系统建立数据库结构时，如果使用英文定义字段名，则应在数据字典中说明字段名所对应的中文含义。

（2）确定系统的性能要求。

由于医疗费管理系统涉及经费问题，数据不能随意更改，但数据输入时又难免会出错，因此在每输入一次医疗费后，屏幕提示"数据有误吗？"，要求会计进行核对，若发现有误，可及时更改。每天报销工作结束时，在数据存档前，再让出纳员核对一下经费总额，若出纳员支出的金额总数和计算机结算的数据不相符，说明数据有误。可让计算机显示每笔报销账目，供仔细核对，此时允许再修改一次。正式登账后，数据就不允许修改了，由此来保证财务制度的严格性，保证数据的安全性。

（3）确定系统功能。

该系统的主要功能有数据输入、结算、修改、累加、统计、查询及系统维护。

① 数据输入。

报销医疗费时需要输入的数据为报销日期、职工号、姓名、部门名、校外门诊费、校内门诊费、住院费、子女医疗费。数据输入后，系统会立即到数据库里查询该职工已报销的医疗费数额，计算本次可报销的数额，若未超支，则可全额报销，超支部分报销90%。

② 结算。

显示当日报销人数、各类医疗费总额及所有类别的总额，供核对。若数额有误，将当日报销人员及分类数额全部列出，供出纳员仔细核对，若发现错误，则进入"修改"模块进行修改。

③ 修改。

账目是不能随意修改的，这里只允许修改当天输入的错误数据。

④ 累加。

结算无误后，执行"累加"程序。

• 将医疗费明细账存到当年全校医疗费明细账文件中，此项功能不可重复执行。

• 把当日报销的职工医疗费的金额分类累加到每个职工各自的医疗费总额中，并算出医疗费的余额（余额＝限额－总额）。当总额超过限额时，余额为0。

⑤ 统计。

职工或职工子女所报销的医疗费超过限额时，称为"超支"。统计未超支职工、已超支职工、未超支子女、已超支子女，这里每项统计都要求列出有关人员名单及医疗费总额。另外，统计全校医疗费总支出：要求分别列出各类别的全校职工医疗费总额及所有类别的总额。

⑥ 查询。

查询内容可以选择在屏幕上显示，也可选用打印机输出结果。

可以查询的内容包括未超支职工、已超支职工、未超支子女、已超支子女、全校总支出、指定职工的医疗费明细账（最后一行列出各项累计数据）及全校职工医疗费明细账。

⑦ 系统维护。

• 更改医疗费限额（在年初进行）。

• 更改医疗费超支时的报销比例（在年初进行）。

• 初始化（在年初进行）：建立年度每个职工医疗费明细账；将职工医疗费累计文件中各类医疗费的值赋0，每个职工的余额为新年度的限额加各职工之前年度的余额，总额为0。

• 人员变动：新增职工、删除职工或修改职工所属部门。

3.1.2 建立目标系统的逻辑模型

需求分析实际上就是建立系统模型的活动。

逻辑模型是为了理解事物而对事物做出的一种抽象，是对事物的无歧义的书面描述。系统逻辑模型由一组图形符号和组成图形的规则组成。建立系统逻辑模型的基本目标如下。

- 描述用户需求。
- 为软件的设计奠定基础。
- 定义一组需求，用以验收软件产品。

软件系统的逻辑模型分为数据模型、功能模型和行为模型，用层次的方式来细分数据模型、功能模型和行为模型，并分别用3种不同的图形以及数据字典进行描述，在分析过程中得出软件实现的具体细节。

（1）数据模型。

数据模型表示问题的信息域。数据模型用实体－联系图来描述数据对象之间的联系。

（2）功能模型。

功能模型定义软件的功能，用数据流图来描述，其作用如下。

① 描述数据在系统中移动时如何变换。

② 描述变换数据流的功能和子功能。

（3）行为模型。

行为模型表示软件的行为，用状态转换图来描述系统的各种行为模式（状态）和不同状态间的转换。

3.2 结构化分析步骤

传统的软件工程方法学采用结构化分析（Structured Analysis，SA）技术完成需求分析工作，结构化分析实质上是一种创建模型的活动。

需求分析的步骤包括进行调查研究、分析和描述系统的逻辑模型、修正软件工程开发计划、制定初步的系统测试计划、编写初步的用户手册及对需求分析进行复审。此时的用户手册只能描述用户的输入和系统的输出结果，开发人员可在以后的系统设计过程中再对该用户手册加以补充、修改。接下来，本书着重介绍进行调查研究、分析和描述系统的逻辑模型及对需求分析进行复审。

3.2.1 进行调查研究

对于不同的软件开发方法，在进行需求分析时具体步骤会有所不同，但有一点是相同的，那就是需求分析阶段要做充分的调查研究。

1. 调查研究的目的

调查研究的目的是了解用户的真正需要。用户是信息的唯一来源，因此要对用户进行认真的调查研究，并且要让用户起积极主动的作用，这对于需求分析的成功是至关重要的。只有在正确的需求分析的基础上进行设计和实现，才可能得到高质量的、符合用户需求的软件。

2. 调查研究的方法

调查研究总是从沟通开始的，软件开发人员与用户之间需要进行沟通。调查研究的方法有访谈、分发调查表、开会讨论等。

（1）访谈有正式访谈和非正式访谈。对于正式访谈，需事先准备好要询问用户的具体问题；对于非正式访谈，要鼓励被访问人员表达自己的想法。

（2）采用分发调查表的方法时，要列出需要了解的内容，让用户书面回答问题。用户在书面回答问题时，若经过仔细思考，可能回答得更准确。但是，调查表的回收率往往不是很高，只有在需要做大量调查研究时，才采用分发调查表的方法。

（3）也可采用开会—讨论—确认的方法。开会之前，要让每位与会者预先做好充分的准备。开会时用户和开发人员通过讨论共同研究和定义问题，提出解决方案的要素，商讨不同的解决方案，最后确定系统的基本需求。

系统分析员要对来自用户的信息加以分析，与用户一起商定，澄清模糊要求，删除做不到的要求，改正错误的要求；对目标系统的运行环境、功能等问题，要和用户取得一致的意见。需求分析还要对用户运行目标系统的过程和结果进行分析。

3.2.2　分析和描述系统的逻辑模型

1. 建立目标系统的逻辑模型

本阶段要对来自用户的信息加以分析，可以通过"抽象"建立起目标系统的逻辑模型。系统的逻辑模型表示方式：用数据模型、数据字典描述软件使用或产生的所有数据对象，用实体－联系图描述数据对象之间的联系，用数据流图描述数据在系统中如何变换，用状态转换图描述系统的各种行为模式（状态）和不同状态间的转换。

例如信息处理系统，通常把输入的数据转变为所需要的输出信息，数据决定了所需要的处理和算法。所以，数据是分析的出发点。

又如 AutoCAD 绘图软件的功能包含绘制各种二维或三维图形、编辑或修改图形等，当绘制某具体图形时，需要有具体的数据。如绘制一个圆，圆上三点的坐标，或圆的半径和圆心的位置，或圆的直径及直径两端的位置都可确定一个圆。用绘图软件时，数据输入的方法也有几种，如用键盘输入具体的圆心坐标值、半径数值，或用鼠标在屏幕上选择一个点，移动鼠标指针选择半径的大小，用户认为合适时再确认半径的大小。不同的参数输入系统后，系统要绘制出图形来，具体算法是各不相同的。诸如此类很多大的问题、细致的问题，都需要进行分析描述。

2. 沿数据流图回溯

目标系统的数据流图画好以后，要分析输出数据是由哪些元素组成的、每个输出数据元素又是从哪里来的，沿数据流图的输出端往输入端回溯，此时有关的算法也就初步定义了。在沿数据流图回溯时，有的数据元素可能在数据流图中还没有描述，或具体算法还没有确定，需要进一步向用户请教或进一步研究算法。通常把分析过程中得到的数据元素的信息记录在数据字典中，把补充的数据流、数据存储、数据处理添加到数据流图的适当位置上。

3.2.3　对需求分析进行复审

系统分析员需要和用户一起对需求分析结果进行严格的审查。系统分析员得到的实体－联系图、详细的数据流图、数据字典、状态转换图和一些简明的算法描述准确、完整吗？有没有遗漏必要的处理或数据元素？数据元素从何来，如何处理，正确吗？……这一切都必须有确切的答案，而这些答案只能来自系统用户。因而，必须请用户对需求分析做仔细的复查。

用户对需求分析的复查是从数据流图的输入端开始的，分析员可借助数据流图和数据字典及简明的算法描述向用户解释系统是如何将输入数据一步一步转变为输出数据的。用户应该注意倾听分析员的详细介绍，及时地进行纠正和补充。在此过程中很可能引出新的问题，此时应及时修正和补充实体－联系图、详细的数据流图、数据字典、状态转换图和一些简明的算法描述，再由用户对修改后的系统做复查。如此反复循环多次，才能得到完整、准确的需求分析结果，才能确保整个系统的可靠性和正确性。

需求分析阶段结束时应提供的文档有修正后的项目开发计划、软件需求规格说明书、实体－联系图、详细的数据流图、数据字典、状态转换图和一些简明的算法描述、数据要求说明书、初步的测试计划、初步的用户手册等。

软件需求规格说明书完成以后，需要认真地进行技术评审，保证所描述的软件系统的功能正确、完整和清晰，评审的内容如下。

1. 一致性

系统定义的目标要与用户的要求一致，而且所有需求必须是一致的，任何一条需求不能和其他需求互相矛盾。

2. 完整性

需求必须是完整的，需求规格说明应该包括用户需要的每个功能或性能，不能有遗漏。

要检查文档中的所有描述是否完整、清晰、准确地反映用户要求，所有数据流与数据结构是否足够、确定，所有图表是否清楚、容易理解，与其他系统组成部分的接口是否都已经描述，是否详细制定了检验标准。

3. 现实性

指定的需求应该是所使用的硬件技术和软件技术可以实现的。要检查设计的约束条件或限制条件是否符合实际，软件开发的技术风险是什么，软件开发计划中的估算是否受到影响。必要时可采用仿真或性能模仿技术辅助分析需求的现实性。

4. 有效性

必须证明需求是正确、有效的，确实能实现用户所需要的功能，还要考虑用户将来可能会提出的软件需求。

只有系统用户才能知道软件需求规格说明书是否完整、准确、有效、一致，但是许多时候用户并不能完整、准确地表达他们的需求。因此，最好能先开发一个试用版软件，通过试用让用户实际体会一下，以便更好地认识到他们实际需要什么，并在此基础上修改、完善软件的需求规格说明。这种方法就是快速原型法。快速原型法会增加软件开发成本，原型系统所显示的只是系统的主要功能而不是全部功能，因此在开发原型系统时，可以降低对接口、性能方面的要求，以降低开发成本。

3.3　需求分析的图形工具

需求分析阶段可以使用的图形工具有实体－联系图、数据流图、状态转换图和IPO图。

3.3.1 实体 – 联系图

为理解和表示问题域的信息，可以建立数据模型。数据模型包含数据对象、对象的属性及对象的连接关系（联系)3 种相互关联的信息。

1. 数据对象

数据对象是软件中必须理解的、具有一系列不同性质或属性的事物。例如，在学生成绩管理系统中，学生作为数据对象，其属性有学号、姓名、性别、班级、课程、成绩等。只有单个值的事物（如姓名）不是数据对象。

数据对象可以是外部实体（如产生或使用信息的事物）、事物（如报表、屏幕显示）、事件（如升级、留级）、角色（如学生、教师）、单位（如系、班级）、地点（如教室）或结构（如文件）等。

一个软件中的数据对象彼此间是有关联的。例如，数据对象"教师"和"学生"的关联是通过"课程"建立的，"教师"教某门"课程"，"学生"学某门"课程"。

数据对象只封装了数据，没有定义对数据的操作，这是数据对象与面向对象方法中的类或对象的显著区别。

2. 属性

（1）属性定义了数据对象的性质。

（2）应根据对要解决的问题的理解，来确定数据对象的属性。

（3）关键字。可以确定数据对象的一个实例的一个或多个属性称为关键字。例如，学生成绩管理系统中，学生的属性有学号、姓名、性别、系、班级、课程及成绩等，其中学号是关键字。学生的姓名可能会有重名，但是一个学号只对应一个学生。又如，某高校图书馆管理系统中，学生的属性有学号、姓名、性别、班级、借书日期、图书编号、书名及还书日期等，其中学号是关键字；图书的属性有图书编号、书名、作者、出版社、出版年月及价格等，其中图书编号是关键字，对于同一种书，可能图书馆会有好几本，但是图书编号与每本书是一对一的。

3. 联系

数据对象之间相互连接的方式称为关系或联系，联系分为以下 3 类。

（1）一对一（1∶1）联系。

例如，一个班级有一个班长，每个班级的每门课程由一位教师教授。

（2）一对多（1∶N）联系。

例如，一个班级每学期要学习多门课程。

（3）多对多（M∶N）联系。

例如，学生与课程之间的联系是多对多联系，一个学生可以学多门课程，每门课程有多个学生学。

联系也可能有属性，例如，学生学习某门课程所取得的成绩，不是学生的属性，也不是课程的属性，成绩由特定的学生、特定的课程所决定，所以成绩是学生和课程的联系"学"的属性。

4. 实体 – 联系图

实体 – 联系图（Entity-Relationship Diagram），简称 E-R 图，由矩形框、菱形框、圆形或圆角矩形框及连线组成。其中，矩形框表示实体，菱形框表示联系，圆形或圆角矩形框表示实体（或联系）的属性。

【例 3.2】 画出学生成绩管理系统的实体 – 联系图。

拟设计一个高校学生成绩管理系统，学生每学期学习若干门课程，每门课程有课程号、课程名、学时、学分、考试/考查；每位教师担任若干门课程的教学任务；学生考试后，由任课教师分别填写其所担任课程的单科成绩单，每位学生分别有平时成绩和考试成绩；计算机自动计算每位学生各科成绩的总评分，平时成绩占30%，考试成绩占70%；由计算机汇总学生的各科成绩，不及格的要补考，3门以上成绩不及格的学生要留级。

该系统所含的实体主要是教师和学生，下面分析学生和教师在教学过程中的相互联系。

每位"教师"教 K 门"课程"，教师和课程的联系是"教"，是一对多联系。N 位"学生"学 M 门"课程"，学生和课程的联系是"学"，是多对多联系。

教师的属性：工号、姓名、性别、职称、职务。

学生的属性：学号、姓名、性别、系、班级。

课程的属性：课程号、课程名、学时、学分、考试/考查。

每位"学生"学每门"课程"后，得到"成绩"，学生学课程的联系可定义属性"成绩"。

学生成绩管理系统中，教师与学生的实体 – 联系图如图 3.1 所示。

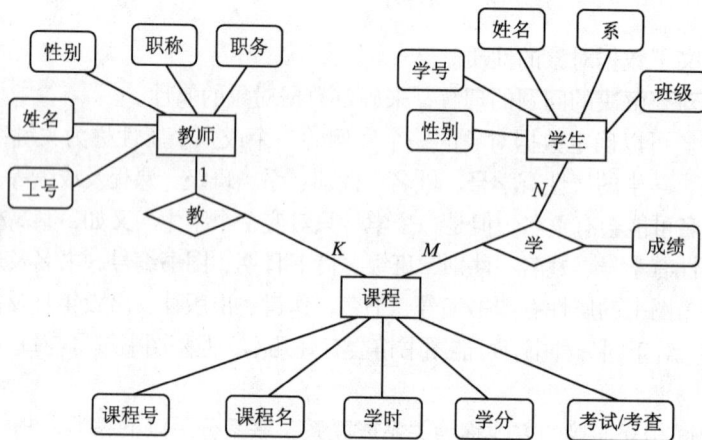

图 3.1　教师与学生的实体 – 联系图

3.3.2　数据流图

数据流图（Data Flow Diagram, DFD）是系统的一种图形表示，可以表示数据源、数据汇集、数据存储和以结点形式对数据执行的处理及在结点间作为连接部分的逻辑数据流。数据流图是用来描绘信息在软件系统中的流动情况和系统处理过程的图形工具。即使不是计算机专业技术人员，也很容易理解数据流图，它是软件设计人员和用户之间极好的沟通工具。设计数据流图时，只需考虑软件系统必须完成的基本逻辑功能，完全不需考虑如何具体地实现这些功能。因而可以在软件生命周期的早期（可行性研究阶段）绘制数据流图，以便在软件生命周期的需求分析、概要设计等阶段不断地对它进行改进、完善和细化。数据流图有 4 种基本符号和 3 种附加符号，介绍如下。

1. 数据流图的基本符号

数据流图的基本符号如图 3.2 所示。图 3.2 中的矩形或长方体表示数据的源点或终点；圆角矩形或圆形表示数据处理；两端用同向圆弧封口的平行线或一端用线段封口、一端开口的平行线表示数据存储；箭头表示数据流，即数据流动的方向。

2. 数据流图的附加符号

*：表示数据流之间是"与"关系（同时存在）。

+：表示数据流之间是"或"关系。

⊕：表示只能从几个数据流中选一个（互斥关系）。

数据流图附加符号使用举例如图 3.3 所示。

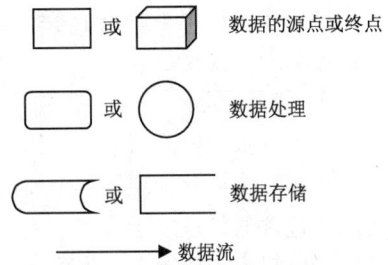

图 3.2　数据流图的基本符号

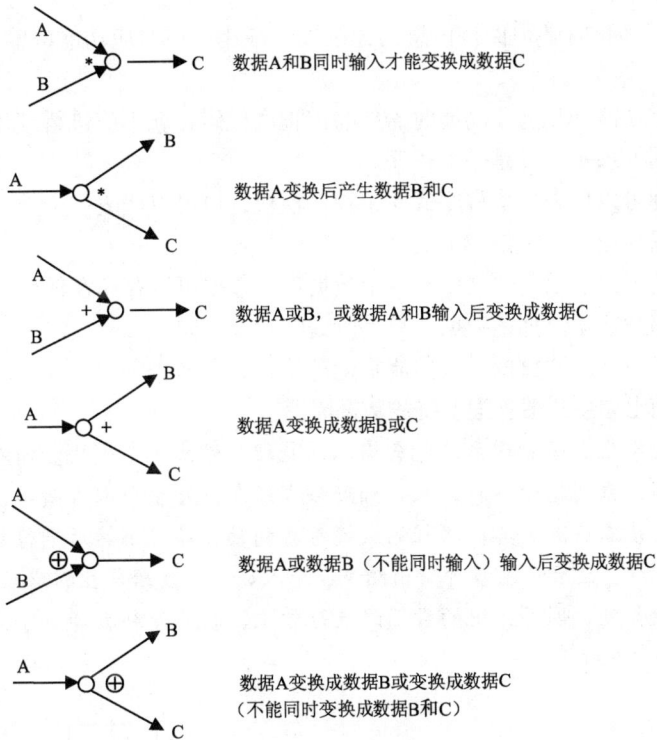

A 和 B → *○ → C　　数据A和B同时输入才能变换成数据C

A → *○ → B，C　　数据A变换后产生数据B和C

A，B → +○ → C　　数据A或B，或数据A和B输入后变换成数据C

A → +○ → B，C　　数据A变换成数据B或C

A，B → ⊕○ → C　　数据A或数据B（不能同时输入）输入后变换成数据C

A → ○⊕ → B，C　　数据A变换成数据B或变换成数据C（不能同时变换成数据B和C）

图 3.3　数据流图附加符号使用举例

3. 画数据流图的步骤

画数据流图的目的是让用户明确系统中数据流动和处理的情况，也就是描述系统的基本逻辑功能。对于一个大型系统来说，数据流图的表示方法不是唯一的，一般采用分层次地描述系统的方法，顶层数据流图描述系统的总体概貌，表明系统的关键功能，每个关键功能分别用数据流图适当地详细描述。这样分层次地描述，便于用户逐步地深入了解一个复杂的系统。

画数据流图的步骤如下。

（1）画顶层数据流图。

列出系统的全部数据源和数据终点，将系统处理过程作为一个整体，就可得顶层数据流图。

（2）画分层数据流图。

把系统处理过程自顶向下逐步进行分解，画出每层数据流图。

（3）画总的数据流图。

这一步对用户了解整个系统很有帮助，但也要根据实际情况来决定总图的布局，不要把数据流图画得太复杂。

4. 注意事项

（1）一张数据流图中所含的处理不要太多。

数据流图可分为顶层数据流图和多张细化的数据流分图。调查研究表明，如果一张数据流图中包含的处理多于 9 个，人们将难以理解其含义，所以数据流图应该分层绘制，把复杂的功能分解为子功能来细化数据流图。

（2）数据流图细化原则。

数据流图分层细化时必须保持信息的连续性；细化前后对应功能的输入 / 输出数据必须相同。

如果在把一个功能细化为子功能时需要写出程序代码，就不应进行细化了。

（3）一个数据处理不一定是一个程序。

一个数据处理可以代表单个程序或一个程序模块，也可以代表一个处理过程。

（4）一个数据存储不一定是一个文件。

一个数据存储可以表示一个文件或一个数据项，数据可以存储在任何介质上。

（5）数据存储和数据流都是数据，只是所处的状态不同。

数据存储是静止状态的数据，数据流是运动状态的数据。

【例 3.3】 画出学生成绩管理系统的数据流图。

【例 3.2】中的学生成绩管理系统包含输入、处理、输出 3 个模块。输入学生的基本情况和学生的考试成绩，系统输出各种结果，如班级成绩表、学生个人成绩单，因而系统的数据源是学生，学生的基本情况和各门课程的成绩存放到数据库里；然后进行数据处理，计算总评分及进行各类统计，最后产生多种输出结果，个人成绩单发给学生、班级成绩表发给教师、各类统计表发给教务处，因而系统的数据终点是学生、教务处和教师。学生成绩管理系统的顶层数据流图如图 3.4 所示。

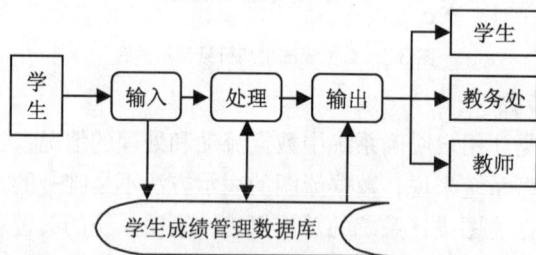

图 3.4　学生成绩管理系统的顶层数据流图

【例 3.4】 画出高校医疗费管理系统的数据流图。

【例 3.1】中已对该系统进行了需求分析，系统的数据源是职工。职工的职工号、姓名、所属部门等信息预先存放在数据库中，只需输入职工号，就可调出该职工的姓名、所属部门等，供财务人员将其与该职工自己填写的内容进行核对。因而，职工的医疗费报销数据在进行输入时，和职工库的数据流之间使用"*"表示"与"的关系。系统执行时，要把数据先存放到当日明细账中，报销结束时，会计要进行核对。核对的结果有两种互不相容的情况：发现错误，要修改数据；核对无误，将数据存放到医疗费明细账中。对与错两条分支数据流之间用"⊕"表示"互斥"的关系。每个职工的医疗费数据在每次报销后都要进行累加，以便统计其是否超支，累加的结果存放到医疗费总账中。

系统含有查询功能，用户可以对医疗费明细账和医疗费总账进行查询；统计功能的数据来源是医疗费总账；系统维护功能对医疗费总账、医疗费明细账和职工库进行操作。该系统的数据流图如图 3.5 所示。

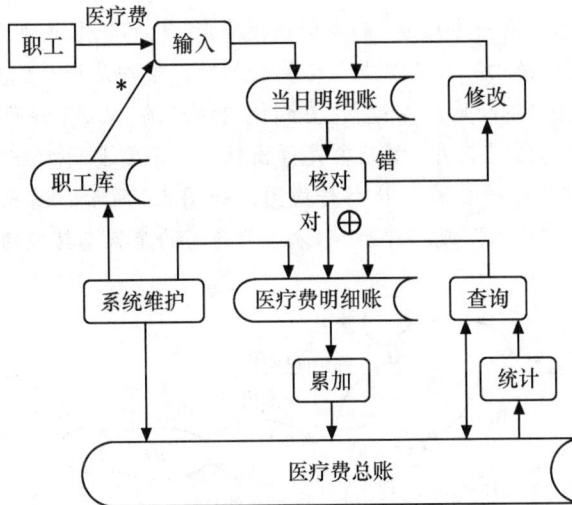

图 3.5 高校医疗费管理系统的数据流图

3.3.3 状态转换图

1. 什么情况下要画状态转换图

并不是所有系统都需要画状态转换图，有时系统中的某些数据对象在不同状态下会呈现不同的行为方式，此时应分析数据对象的状态，画出状态转换图，以正确地认识数据对象的行为，并定义它的行为。对行为规则较复杂的数据对象要进行如下分析工作。

（1）找出数据对象的所有状态。

（2）分析在不同状态下，数据对象的行为规则有无差别，若无差别，则将它们合并为一种状态。

（3）分析从一种状态可以转换到其他哪几种状态，数据对象的什么行为能引起这种转换。

2. 状态转换图的符号

（1）椭圆：表示对象的一种状态，椭圆内部填写状态名。

（2）箭头：表示从箭头出发的状态可以转换到箭头指向的状态。

（3）事件：箭头线上方可标出引起状态转换的事件名。

（4）方括号：事件名后面可加方括号，方括号内填写状态转换的条件。

（5）实心圆：指出该对象被创建后所处的初始状态。

（6）内部实心的同心圆：表示对象的最终状态。

【例 3.5】 画出数据结构中"栈"对象的状态转换图。

数据结构中"栈"有 3 个状态，分别为空、未满和满，可能引起栈的状态发生改变的运算是压入结点或弹出结点。

　　栈在创建时状态为"空"。空栈没有结点，所以不能弹出结点，若要"弹出"，应提示出错信息，栈的状态仍然为"空"。

　　栈的存储空间是有限的，在定义栈时应规定它的最大存储量。栈内结点满时，不能进行压入结点的运算，若要"压入"，应提示出错信息，而栈的状态仍然为"满"。

　　栈"空"时，如果可以压入一个结点，栈的状态就不再是"空"，而是转换为"未满"状态。因而，从状态"空"到"未满"是由"压入结点"这个运算引起的，不需要条件。

　　"未满"状态的栈若只有一个结点，而要弹出结点时，栈的状态就变为"空"状态。因而，从状态"未满"到"空"是由"弹出结点"运算引起的，条件是栈"已空"。

　　"未满"状态的栈可以不断地压入结点，直到栈内结点满，此时，栈的状态就转变为"满"。

　　引起栈从"满"状态到"未满"的运算是弹出结点，不需要附加条件。

　　通过以上分析，就可以画出栈的状态转换图，如图3.6所示。图3.6中，压入结点或弹出结点的运算，简写为"压入"或"弹出"；方括号内写的是状态转换的条件。

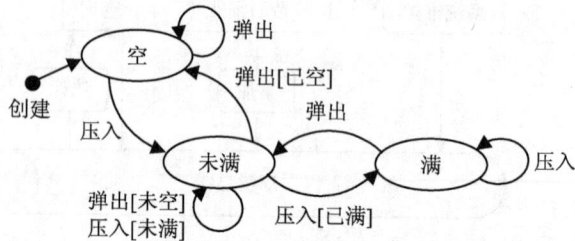

图 3.6　数据结构中"栈"对象的状态转换图

3.3.4　IPO 图

　　IPO 图是输入/处理/输出（Input Process Output）图的简称，是美国 IBM 公司发展完善起来的图形工具。

　　IPO 图的基本形式是 3 个并排的方框，左边框中列出有关的输入数据，中间框中列出主要的处理，右边框中列出产生的输出数据。中间框中列出的处理按执行的先后顺序书写。IPO 图中用空心箭头指出数据通信的情况。例如，由哪几种数据共同进入何种处理，或什么处理会产生哪些输出结果等。在需求分析阶段，可以用 IPO 图简略地描述系统的主要输入、处理和输出及其数据流向。

　　【例 3.6】 画出学生成绩管理系统的 IPO 图。

　　【例 3.2】的高校学生成绩管理系统的输入数据有学生的基本情况、课程设置情况、学生的各科平时成绩和期末考试成绩。系统的处理含班级学生情况汇总、计算单科成绩总评分、成绩汇总、统计班级单科成绩各分数段的人数、不及格统计。系统的输出含根据学生基本情况生成班级学生成绩空白表，供教师填写成绩；各科单科成绩输入后，计算总评分，由此产生班级单科成绩表；各科成绩汇总后，产生个人成绩单、班级各科成绩汇总表、因多门成绩不及格而留级的学生名单等。

　　明确输入、处理和输出的主要内容以及数据之间的相互关系后，就可以画出 IPO 图，将数据通信情况描述出来，如图3.7所示。

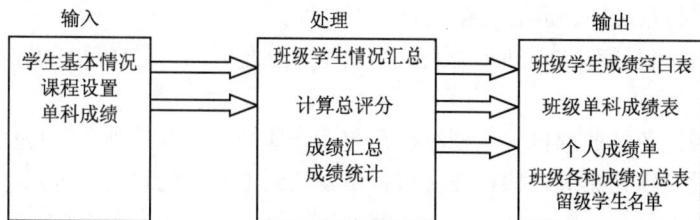

图 3.7　学生成绩管理系统的 IPO 图

3.4　数据字典

数据字典（Data Dictionary，DD）是实体－联系图、状态转换图和数据流图中出现的所有数据对象、属性、联系、状态、数据流、文件、处理等元素的定义的集合。数据字典的作用是在软件分析和设计过程中提供数据描述，是图形工具必不可少的辅助资料。图形工具和数据字典结合起来，才能较完整地描述系统的数据和处理。

3.4.1　数据字典的内容

一般来说，数据字典由数据元素、数据流、数据存储和数据处理 4 个条目组成。

1. 数据元素

数据元素是数据的最小组成单位（不可再分的单位），包含以下内容。

（1）数据元素的名称、编号，例如准考证号、身份证号。

（2）数据元素的别名（不同时期或不同用户对同一元素所用的不同名称）。例如，在数据库管理系统中，字段名如果用英文定义，则可在数据字典中写明字段名及其代表的中文含义。

（3）数据元素的取值范围和取值含义。例如，学生的学号由 10 位数字组成，第 1、2 位是学生入学年份；第 3、4 位是学生所在系的编号；第 5、6 位是专业代号；第 7、8 位是班级编号；第 9、10 位是学生在班级中的序号。例如，2102011132 表示该生是 2021 年入学的、计算机系、计算机应用工程专业、11 班内第 32 号的学生。像这样具体的学号编码规律可以在数据字典中写明白，而在数据流图中是不能描述的。

（4）数据元素的长度、定义，便于定义数据库结构。例如，考生成绩规定为 5 位，小数点后取 1 位小数，小数点占 1 位，整数部分取 3 位。

（5）数据元素的简单描述。

2. 数据流

数据流主要包括数据流的来源、去处、组成数据流的数据项以及数据流的流通量。

3. 数据存储

数据存储描述数据文件的结构及数据文件中记录的存放规则。例如，在对信息管理系统建立关系模型时，主要分析与系统有关的所有数据及其相互关系，为数据库结构的设计做准备。

在一段时间内相对不变的数据可看作静态数据，经常改变的数据可看作动态数据。动态数据与静态数据不要放在一个数据库文件内。

例如，火车票销售系统中，静态数据表有以下几种。

（1）列车时刻表：包括车次、列车类别、始发站、发车时间、每个途经站及其终点站和到达时间。

（2）各类列车到达各站的票价表：列车类别包括普通列车、快速列车、特快列车、直达特快列车、动车组及高铁列车等。票价表要包含始发站到不同目的地的各种列车类别所对应的不同票价。

（3）车票座位编码：每次列车的车厢有编号，每节车厢的类别有硬座车厢、软座车厢、硬卧车厢、软卧车厢等，每节车厢内的座位有编号。

假如售票处每天预售5天内的车票，每天每次列车所有车票的销售情况表就是动态数据表。动态数据表包含列车的日期、车次、车厢号、座位号、始发站、终点站以及相应车票是否已出售等。

动态数据表可以通过与静态数据表建立连接，来调用静态数据表中的内容。这样可以减少动态数据表的数据量，从而提高数据运算的速度。

根据以上原则，在编写数据字典时，就可以将动态数据表与静态数据表中所包含的数据元素分别列出，使后续数据库设计阶段的工作更准确、快捷。

4. 数据处理

数据字典可以描述数据处理的逻辑功能及其算法，如计算公式、简明的处理描述等。但是，数据处理一般用其他工具描述会更清晰、更合适。

3.4.2 数据字典使用的符号

数据字典中可采用以下符号表示系统中使用数据项的情况及数据项之间的相互关系。

- = ：表示"等价于"或"定义为"。
- + ：表示连接两个数据元素。
- [ ]，| ：表示"或"，[ ]中列举的各数据元素用 | 分隔，表示可任选其中某一项。
- { } ：表示"重复"，{ }中的内容可重复使用。
- ( ) ：表示"可选"，( )中的内容可选、可不选，各选择项之间用逗号隔开。

例如，存款期限 = [活期|半年|1年|3年|5年]，表示到银行存款时，储户可选择存款期限为活期、半年期、1年期、3年期或5年期。

如果要对{ }表示的重复次数加以限制，可将重复次数的下限和上限写在花括号的前、后或花括号的左下角和左上角。

- $1\{A\}$ ：表示A的内容至少要出现1次。
- $\{B\}$ ：表示B的内容允许重复出现0次或任意次。

例如，成绩单 = 学号 + 姓名 + $1\{$课程名 + 成绩$\}3$，表示有3门课程的考试成绩，重复3次。也可写为"成绩单 = 学号 + 姓名 + $^3_1\{$课程名 + 成绩$\}$"。

【例3.7】 定义电话号码。

在某单位拨打电话时，电话号码的组成规则如下。单位内部电话号码由4位数字组成，第1位数字不是0；单位外部电话分为本市电话和外地电话两类，拨打单位外部电话需先拨9，如果是本市电话，再接着拨8位市内电话号码（第1位数字不是0）；如果是外地电话，则先拨3到4位的区码（区码的第一位数字是0），再拨7到8位的电话号码（第1位数字不是0）。请用数据字典所使用的符号，定义上述的电话号码。

解：数字 1 = ［1 | 2 | 3 | 4 | 5 | 6 | 7 | 8 | 9］

　　　数字 2 = ［1 | 2 | 3 | 4 | 5 | 6 | 7 | 8 | 9 | 0］

　　　数字 3 = 9

　　　数字 4 = 0

　　　内部电话号码 = 数字 1 + 3{数字 2}3

　　　本市电话号码 = 数字 3 + 数字 1 + 7{数字 2}7

　　　外地电话号码 = 数字 3 + 数字 4 + 数字 1 + 1{数字 2}2 + 数字 1 + 6{数字 2}7

　　　外部电话号码 = ［本市电话号码 | 外地电话号码］

　　　电话号码 = ［内部电话号码 | 外部电话号码］

【例 3.8】　写出学生成绩管理系统的数据字典。

（1）数据项定义。

系号 = ［01 = 机械 | 02 = 计算机 | 03 = 化工 | 04 = 建筑 | 05 = 艺术］

计算机系的专业代号 = ［01 = 计算机应用工程 | 02 = 软件工程技术 | 03 = 网络工程技术］

班级 = 入学年份 + 系号 + 专业代号 + 班级号

课程 = 课程号 + 课程名 + 班级 + ［考试 | 考查］ + 学时 + 学分

学号 = 班级 + 序号

学生 = 学号 + 姓名 + 性别 + 1{课程名 + 成绩}5 + 总分

学生成绩单 = 班级 + 学号 + 姓名 + 1{课程名 + 成绩}5

留级学生 = 专业 + 班级 + 学号 + 姓名 + 1{课程名 + 考试 + 成绩}5

教师 = 工号 + 姓名 + 性别 + 职称 + 职务

教师任课 = 工号 + 课程号

学生文件建立后，可以建立几种查询文件，一种按学号顺序排列，另一种按成绩总分由高到低排列，还可以建立课程总成绩不及格的学生查询等。

（2）处理算法。

$$总评分 = 平时成绩 \times 0.3 + 考试成绩 \times 0.7$$

留级条件：3 门以上课程考试成绩不及格。

【例 3.9】　写出【例 3.1】中的医疗费管理系统的数据字典。

（1）数据项定义。

医疗费管理系统需要建立的数据表：职工库、当日明细账、医疗费总账、医疗费明细账。

职工库 = {部门名 + 职工号 + 姓名}

当日明细账 = {报销日期 + 部门名 + 职工号 + 姓名 + 校外门诊费 + 校内门诊费 + 住院费 + 总额 + 余额 + 子女医疗费 + 子女总额}

医疗费总账 = {部门名 + 职工号 + 姓名 + 校外门诊费 + 校内门诊费 + 住院费 + 总额 + 余额 + 子女医疗费 + 子女总额}

医疗费明细账 = {当日明细账}

（2）处理算法。

$$余额 = 限额 - 总额（值小于 0 时，则取 0）$$

职工的医疗费总额大于限额时，只能报销 90%；职工子女的医疗费也有限额，子女总额超过限额时，可报销 50%。

（3）操作说明。

① 输入数据时只需输入职工号，就可在职工库中查找出该职工所属部门名及姓名，显示在屏幕上供核对，并将医疗费总账中该职工今年内今日前已报销的医疗费总额和余额显示出来。

② 输入当日报销的校外门诊费、校内门诊费、住院费、子女医疗费后，计算机自动算出该职工的医疗费总额和余额。

③ 核对：算出当日所有职工报销的校外门诊费、校内门诊费、住院费、子女医疗费的分类总和及所有总和，供出纳员核对。如果核对时发现错误，应进入"修改"模块进行修改，核对无误后可进入"累加"模块。

④ 累加：把职工及职工子女当日报销的各类医疗费与以前报销的医疗费分类进行累加并算出总额。

⑤ 系统维护：每年年初设置医疗费的限额，对当年的医疗费总账设初始值；职工有人事变动时，进行职工的添加、修改或删除工作等。

3.4.3　数据字典与图形工具

数据字典与图形工具应相辅相成、互相配合，既要互相补充，又要避免冗余。系统分析员在编写数据字典和使用图形工具时应遵守以下约定。

（1）可以用图形工具描述的内容，尽量使用图形工具。

（2）有关数据的组成在数据字典中描述。

（3）有关加工细节在数据字典中描述。

（4）编写数据字典时不能有遗漏和重复，要避免不一致。

（5）数据字典中条目的排列要有一定规律，要能通过名字方便地查阅条目的内容。如按英文字母表顺序或按汉字笔画顺序排列，或按功能分类等。

（6）数据字典的编写要易于更新和修改。

3.5　软件需求分析举例

本节将对【例2.1】中介绍的商品销售管理系统进行需求分析，详细介绍系统管理、商品信息管理、商品供销存管理（采购管理、销售管理、库存管理、账册管理、售后服务管理等）、商品销售管理系统的数据流图及数据字典等。

3.5.1　系统管理

1. 系统权限管理

该系统的用户有商场的营业员、库存管理员、采购员、会计、经理等各类人员，分别负责商品的销售、库存管理、采购、账册管理、系统管理等工作。建立商场职工数据表，存放所有职工的编号、姓名、职务、密码等信息。系统建立权限设置功能，只有经理可以进行权限设置操作，使进入系统的各类人员各司其职。经理可进入系统的所有模块，其他人员只能进入与本职工作有关的模块，不能进入其他职权的模块。

凡经允许进入本系统的人员，都可以查询商品的编号、名称、价格、库存量等信息。但是，一般人员对商品信息表只能查询，不能修改。

2. 经理的职责

经理可进入系统管理功能模块，进行员工管理、商品管理、供应商管理。

（1）员工管理有新增职工、修改职工信息、删除职工等功能。每个职工进入系统的权限不同，由经理来设置。

（2）商品管理有删除商品、调整商品价格等功能。由于商品有编号，可按商品的编号或名称来进行删除或调整价格的工作。新增商品的工作由采购员在进入供货模块后完成，新增一种商品时，要存放该商品的编号、名称、单价、进价、计量单位、安全库存量、供应商编号、型号、规格及货号等信息。如果商品为新供应商提供，可以在进货时添加供应商信息。

（3）由于商品的供应商往往相对固定，因此要建立供应商数据表存放供应商的名称、地址、电话、联系人等信息。供应商管理模块可以新增、删除、修改供应商的信息。

3.5.2　商品信息管理

通过调查研究、分析可知，商品销售管理系统需要编制商品目录表，为所有商品编号，将与商品有关的信息存放到数据表里。商品目录表含编号、名称、单价、进价、计量单位、安全库存量、型号、规格、货号及供应商编号等。这些数据在一段时间里保持不变。

每一种商品可能很多次进货、很多次销售，商品在进货、销售时，数量是不断变化的。建立商品库存量表，存放每种商品的编号和数量，通过和商品目录表的链接，在每次销售或进货时，只需输入商品编号、数量，不必输入商品的名称、进价、型号、规格等信息。这样可避免大量的数据冗余和数据的不一致。

各种商品的库存量应当合理，数量太多会造成商品积压，浪费资金；数量太少则可能供不应求，影响商场收入。因此，商品目录表要含有各类商品的安全库存量，编写应用程序，当某种商品在销售过程中的库存量少于或等于其安全库存量时，及时提醒采购员进货、补充货源。每种商品的库存量应当随时可以查询。设计应用程序，让计算机自动生成包含需要进货的商品的缺货表，提供给采购员。

3.5.3　商品供销存管理

商品供应、销售过程大致有销售、库存管理、采购、账册管理、售后服务等步骤。

1. 销售

销售商品工作由营业员进行，要记录销售经手人、销售日期、商品编号、数量等。由于营业员上班后，一般要向很多位顾客销售商品，如果每次都输入营业员姓名、销售日期，既烦琐又没有必要，可利用计算机的记忆功能来处理。可在营业员进入本系统时，根据他输入的职工号、密码，从数据表中查出他的姓名、职务等，经他销售的商品在入账时，不必再次输入销售经手人。至于销售日期，可以编写应用程序，让计算机自动取当天的系统日期作为每次销售商品的销售日期，既节省输入时间，又可避免营业员的误操作。

商场销售过程中，每位顾客购买的每一种商品，都要作为一条记录存放到商品销售表中，内容有商品编号、销售数量、单价、合计等；还要为每位顾客购买的所有商品打印一份清单，除了上述内容，还要有销售经手人、销售日期等。每一份清单都要保存到数据库里。故商品销售表所含内容有商品编号、销售数量、销售经手人、销售日期等。

2. 库存管理

营业员每次销售某种商品时，计算机要自动将该商品的库存量减去销售量，得到的结果是销售后的实际库存量。为避免误操作，每次操作要有"确认"界面，确认无误后再将数据存入系统；若操作有误，可以改正。

3. 采购

当某种商品在销售过程中库存量少于或等于其安全库存量时，应及时提醒采购员进货、补充货源。商场每次进货时，要将商品的库存量加上对应的进货数量，得到的和数是该商品实际的库存量。

4. 账册管理

商品的销售、采购等情况要及时存放到账册数据库里，根据账册可生成商品销售明细表、采购明细表、职工日结算、商场日结算、月结算及年结算等报表。

5. 售后服务

商场都会设置售后服务功能，可根据顾客的要求进行商品的修理、退货或换货服务。售后服务的具体情况都要存放到数据库里，修理商品要记录修理情况，商品库存量不变；退货时，将顾客退回的商品退还厂家，商品的库存量也不变；换货时，一般将顾客退回的一件商品退还给生产厂家，另外给顾客一件同样的商品，因而应将该商品的库存量减1。

3.5.4　商品销售管理系统的数据流图

商品销售管理系统需要建立商品目录表、商品销售表、商品库存量表、供应商表、职工表等数据表。为了使数据流图简单一些，供应商表和职工表不在本数据流图中画出。商品销售管理系统的数据流图如图3.8所示。

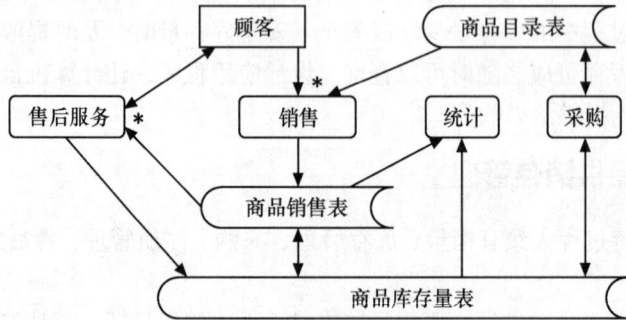

图3.8　商品销售管理系统的数据流图

3.5.5　数据字典

1. 本系统的数据项定义

数据项定义可作为建立数据库的依据，带#的是数据表中的关键字。

（1）职工＝{职工号#＋姓名＋性别＋年龄＋联系地址＋邮编＋电话＋职务＋密码}。

（2）供应商＝{供应商编号#＋生产厂家＋地址＋邮编＋电话＋联系人＋职务＋联系人电话}。

（3）商品目录＝{商品编号#＋名称＋单价＋进价＋计量单位＋安全库存量＋型号＋规格＋货号＋供应商编号}。

（4）销售 = {商品编号 # + 单价 + 数量 + 日期 + 经手人}。

（5）库存 = {商品编号 # + 库存量}。

（6）缺货 = {商品编号 # + 数量 + 日期}。

（7）进货 = {商品编号 # + 进价 + 数量 + 供应商编号 + 日期 + 经手人}。

（8）换货 = {商品编号 # + 数量 + 换货原因 + 日期 + 经手人}。

（9）维修 = {商品编号 # + 数量 + 维修原因 + 日期 + 经手人}。

（10）退货 = {商品编号 # + 数量 + 退货原因 + 日期 + 经手人}。

（11）明细账 = {［销售｜进货｜换货｜退货｜维修］}。

2. 处理算法

（1）采购员需要统计缺货商品。每种商品在库存量小于或等于安全库存量时，为缺货，需要进货。

（2）对每天每个营业员经手的销售额进行统计，可以考察营业员的业绩。对商场所有销售额也可按日、月、年进行统计。

（3）盈亏：统计某个时间段（月或年）内商品销售表中所有商品的"单价 × 数量"之和，以及商品进货表中所有商品的"进价 × 数量"之和，若前者值大，则盈利；否则亏损。

3.6　需求分析文档

在需求分析阶段需要编写的文档包括软件需求规格说明书和用户手册。

3.6.1　软件需求规格说明书

在需求分析阶段除了建立模型之外，还应写出软件需求规格说明书。软件需求规格说明书有时应附上可执行的原型、测试用例和初步的用户手册。软件需求规格说明书是需求分析阶段的最终成果。软件需求规格说明书的框架如下。

1. 引言

（1）系统参考文献：经核准的计划任务书、合同或上级批文、引用的标准、资料和规范等。

（2）软件项目描述：项目名称、与其他系统的关系、委托单位、开发单位和主管领导。

（3）整体描述：目标和运行环境。

2. 信息描述

（1）信息内容：数据字典、数据采集和数据库描述。

（2）信息流：数据流和控制流。

3. 功能描述

（1）功能分解。

（2）功能具体描述。

（3）处理说明、条件限制、性能需求、设计约束。

（4）控制描述：开发规格说明和设计约束。

4. 行为描述

（1）系统状态。

（2）事件和动作。

5. 确认标准

（1）性能范围：响应时间、数据传输时间、运行时间等。

（2）测试种类（测试用例）。

（3）预期的软件响应：更新处理和数据转换。

（4）特殊考虑（安全保密性、可维护性、可移植性等）。

6. 运行需求

（1）用户界面。

（2）硬件接口。

（3）软件接口。

（4）故障处理。

7. 附录

3.6.2 用户手册编写提示

在系统的需求分析阶段可以编写初步的用户手册，在以后的各个软件开发阶段逐步对其进行改进和完善。用户手册的主要内容如下。

1. 引言

（1）编写目的。

（2）背景说明。

（3）定义。

2. 用途

（1）功能。

（2）性能（时间特性、灵活性、安全保密）。

3. 运行环境

（1）硬件设备。

（2）软件环境。

（3）数据结构。

4. 使用过程

以图表的形式说明软件的功能与系统的输入源、输出接收机构之间的关系，详细写出系统使用过程。

（1）安装和初始化。

（2）输入（写出每项输入数据的背景情况、输入格式、输入举例）。

（3）输出（对每项输出说明背景、输出格式、输出举例）。

（4）文卷查询。

（5）出错处理和恢复。

（6）终端操作。

3.6.3 编写需求分析文档的步骤

编写需求分析文档的步骤如下。

（1）编写软件需求分析说明书。需求分析说明书是需求分析的结果，是软件开发、软件验收和管理的依据，必须特别重视它的准确性，不能有错误。软件需求分析说明书包含软件需求规格说明、数据字典、实体－联系图、数据流图、状态转换图、初步的系统结构层次图及 IPO 图等。

（2）编写初步的用户手册。

（3）编写确认测试的计划，作为今后软件确认和验收的依据。

（4）修改和完善项目开发计划。在需求分析阶段，由于对系统有了更进一步的了解，因此能更加准确地估计软件开发成本和对资源的要求；对软件工程进度计划可以做适当的修正。

（5）对需求分析进行复审。要确保软件需求的一致性、完整性、现实性和有效性。

本章小结

软件需求分析阶段是软件生命周期中最关键的阶段之一。软件需求分析是进行软件设计、实现和质量度量的基础。

需求分析是发现、逐步求精、建立模型、需求规格说明和复审的过程。

发现，是尽可能准确地了解用户当前的情况和需要解决的问题。

逐步求精，是对用户提出的要求反复地多次细化，进而对系统需求有完整、准确、具体的了解。

结构化分析实质上是一种创建模型的活动。建立模型可以描述用户需求，定义需求，用以验收产品。可以建立的模型分为数据模型、功能模型和行为模型。

数据模型用实体－联系图来描述数据对象及相互之间的联系。

功能模型用数据流图来描述。

行为模型用状态转换图来描述。

数据字典用来描述软件所使用或产生的所有数据对象、数据存储规则、处理算法等。

在需求分析阶段还应写出软件需求规格说明书，有时需附上可执行的原型及初步的用户手册。软件需求规格说明书是需求分析阶段的最终成果。

复审：需求分析的结果要经过严格的审查，确保软件需求的一致性、完整性、现实性和有效性。

习题 3

1. 什么是需求分析？需求分析的基本任务是什么？结构化分析的步骤有哪些？
2. 什么是实体－联系图？它的基本符号及含义是什么？
3. 什么是数据流图？其基本符号各表示什么含义？
4. 什么时候需要画状态转换图？其基本符号及含义是什么？
5. 开发房产经营管理系统，要求有查询、售房、租房、统计等功能。

系统中存放经营公司现有房产的地点、楼房名称、楼房总层数、房间所在层数、朝向、规格（一室一厅、两室一厅或三室一厅）、面积等。房间可以出售或出租，分别定出每平方米的单价和总价。客户可随时查询未出售或未出租的房间的上述基本情况。房产经营商可随时查询已出售或已出租的房产的资金回收情况及未出售或未出租的房产的资金占用情况。试写出该系统的数据字典，画出数据流图和IPO图。

6. 开发火车卧铺车票售票系统。

列车运行目录存放车次、始发站、终点站、途经站。车站每天按运行目录发出若干车次的列车，每次列车的发车时间和终点站不同。每次列车分别设软卧车厢、硬卧车厢若干，软卧分上铺、下铺，硬卧分上铺、中铺、下铺，车票的价格各不相同。铺位编号格式为"车厢号铺位号"，如8车厢5号上铺。旅客可根据列车运行目录预订5天内火车的卧铺车票。试写出系统的数据字典，画出数据流图和IPO图。

7. 银行储蓄管理系统的工作过程大致如下。

银行存款类型分为定期和活期，定期又分为3个月、6个月、1年、3年、5年。存款类型不同，利率也不相同。储户存款时要填写存款单（姓名、日期、存款类型、金额等），由业务员将数据输入系统。系统根据存款类型查出存款利率，将数据存放到数据库中。储户取款时要填写取款单，系统从数据库里查找储户的账号，进行取款处理，若存款全部取出，系统就把该账户注销。存款或取款操作都要给储户处理凭证。

根据以上情况，画出该系统的数据流图。

8. 传真机的工作过程大致如下。

传真机在开机后，未收到传真命令时处于就绪状态，收到传真命令时则进入传真状态，完成一个传真任务后又回到就绪状态，等待下一个传真命令。如果执行传真任务时发现缺纸，则发出警告，等待装纸，装入传真纸后，进入传真状态，完成一个传真任务后又回到就绪状态。如果传真时发生卡纸故障，则进入卡纸状态，发出警告，等待维修，故障排除后，回到传真状态，完成传真任务后再回到就绪状态。

请用状态转换图描绘传真机的行为。

9. 选择填空。

软件需求分析的任务不应包括___①___。进行需求分析可以使用多种工具，但___②___是不适用的。在需求分析中，开发人员要从用户那里解决的最重要的问题之一是___③___。需求规格说明书的内容不应包括___④___，其作用不应包括___⑤___。

① A. 问题分析   B. 信息域分析
    C. 结构化程序设计   D. 确定逻辑结构

② A. 数据流图   B. IPO图
    C. PAD   D. 数据字典

③ A. 软件应当做什么   B. 要给软件提供哪些信息
    C. 要求软件工作效率怎样   D. 软件具有何种结构

④ A. 对软件功能的描述   B. 对算法的详细描述
    C. 软件确认的准则   D. 软件性能

⑤ A. 软件设计依据   B. 用户和设计人员要明确软件需求
    C. 软件验收的标准   D. 软件可行性分析依据

第4章

概要设计

在需求分析阶段，已经明确了系统必须"做什么"，下一步是实现系统的需求。如果系统较简单，一旦确定了要求，就可以立即开始编程序。但对于大型软件系统来说，不能急于进入编程序的阶段。为了保证软件产品的质量，提高软件开发效率，必须先制定系统设计方案，确定软件的总体结构，这称为概要设计或结构设计。在概要设计阶段要确定软件的模块结构，进行数据结构设计、数据库设计等。概要设计阶段结束之后，再进行详细设计、程序设计等。

大型数据处理系统在进行系统开发的同时，还要进行数据库设计。数据库的概念设计对应于数据处理系统的需求分析阶段；数据库的逻辑设计对应于数据处理系统的概要设计阶段；数据库的物理设计对应于数据处理系统的详细设计阶段。有关数据库结构设计、利用数据库管理系统进行数据存储、为各种应用程序提供接口的问题，已超出软件工程研究范围，本书不做详细介绍，只介绍数据库设计文档的书写规范。

4.1 概要设计步骤

概要设计的基本任务有如下4点。

（1）系统分析员审查可行性研究报告和需求分析规格说明书，作为设计的基础。

（2）确定软件的模块结构、数据文件结构、系统接口和测试方案策略。

（3）编写概要设计说明书、用户手册和测试计划。

（4）复审。

概要设计的基本步骤包括软件结构设计、数据结构设计及数据库设计、系统接口设计、测试方案设计和复审。

对于软件测试的方法、步骤及测试方案的设计，本书将在第6章做详细介绍。软件测试方案的设计必须在概要设计阶段就进行，以使所设计的软件符合预定的测试要求，符合系统的需求。

4.1.1 软件结构设计

软件结构设计是非常重要的，要经过系统分析员的仔细研究，还要经过用户单位决策者的批准才能确定。软件结构设计一般先设计系统方案，选取最佳方案后再进行软件结构设计。

1. 设计供选择的方案

需求分析阶段得到的逻辑模型是概要设计的基础。把数据流图中的某些处理进行组合，不同的组合可能就是不同的实现方案。分析各种方案，首先抛弃不可行的方案，然后提供合理方案的以下资料。

（1）数据流图、实体－联系图、状态转换图、IPO 图等。

（2）需求规格说明、数据字典。

（3）成本 / 效益分析。

（4）开发该系统的进度计划。

成本 / 效益分析方法在第 2 章中已初步介绍过，一般应提供低成本、中成本和高成本的不同方案供用户选择。

软件开发进度计划可参考已经实现的软件系统的计划执行情况来制定，在软件工程的后面几个阶段再做适当的调整。每项软件工程结束后，应做好记录，进行总结，以便制定更加合理、准确的进度计划。

2. 推荐最佳方案

系统分析员应比较各个合理方案的利弊，选择一个最佳方案向用户推荐，并为所推荐的方案制定详细的进度计划。

用户和有关专家应认真审查分析员所提供的方案，如果确认某方案为最佳方案，且在现有条件下完全能实现，则应提请用户单位的决策者进一步审核。在用户单位的决策者审批并确定所使用的方案后，方可进入软件工程的下一步——软件结构设计阶段。

3. 设计软件结构

在软件结构设计阶段要确定系统由哪些模块组成，并确定模块之间的相互关系。软件结构设计通常采用逐步求精的方法。所谓逐步求精是指为了能集中精力解决主要问题而推迟对问题细节的考虑。这是因为，人类对事物的认知过程遵守 Miller 法则，在软件工程的各个阶段都应遵守 Miller 法则，优先考虑最重要的几（7±2）个问题，细节问题放到下一步去考虑。

为进行软件结构设计，首先把复杂的功能进一步分解为一系列比较简单的功能，此时数据流图也可进一步细化。通常，一个模块完成一个适当的子功能。分析员应把模块组织成有层次的结构，顶层模块能调用它的下一层模块，下一层模块再调用其下一层模块，如此依次地向下调用，最下层的模块完成某项具体的功能。

如何才能合理地设计模块？ 4.2 节将介绍软件结构设计的相关概念、基本原理，介绍模块设计的规则；4.3 节将介绍软件结构设计的图形工具。

4.1.2　数据结构设计及数据库设计

对于大型的数据处理软件系统，除了软件结构设计以外，数据结构设计和数据库设计也很重要。

1. 数据结构设计

数据结构设计常常采用逐步细化的方法。在需求分析阶段，用数据字典对数据的组成、操作约束以及数据之间的关系等进行描述。在概要设计阶段要进一步细化，可使用抽象的数据类型（如队列、栈描述）等进行描述。在详细设计阶段应规定具体的实现细节，例如具体规定用线性表还是用链表来实现队列或栈的建立、插入、删除、查询等操作。

设计合理、有效的数据结构，可以大大简化软件模块处理过程的设计。

2. 数据库设计

数据库用来存放软件系统所涉及的数据，供系统中各模块共享或与系统外部进行通信。数据库设计主要是指数据库结构设计。对于管理信息系统，通常都用数据库来存放数据。分析员在需求分析阶段用实体 – 联系图表示的数据模型，是进行数据库设计的主要依据。

数据库设计首要确定数据库结构，还需考虑数据库的完整性、安全性、一致性、优化等。数据库设计是计算机管理信息系统的一个重要阶段，是一项专门的技术，需进一步了解数据库设计技术的读者，可参阅更多有关的参考书。

4.1.3 系统接口设计

系统接口包括内部接口、外部接口和用户接口。接口设计的任务是描述系统内部各模块之间如何通信、系统与其他系统之间如何通信以及系统与用户之间如何通信。接口包含数据流和控制等信息，因此，数据流图和控制情况是接口设计的基础。在面向对象设计方法中，接口设计称为消息设计。

概要设计阶段的接口设计是在需求分析的基础上明确系统的内部接口、外部接口和用户接口，在详细设计阶段再细化，到实现阶段再进一步设计。

4.1.4 测试方案设计

为保证软件的可测试性，在软件的设计阶段就要考虑软件测试方案问题。在概要设计阶段，测试方案主要根据系统功能来设计，这称为黑盒法测试。在详细设计阶段，主要根据程序的结构来设计测试方案，这称为白盒法测试。本书第 6 章将详细介绍软件测试的目标、步骤及测试方案的设计方法。

4.2 软件结构设计的基本原理

本节介绍与软件结构设计有关的基本概念、软件结构设计应遵循的基本原理以及软件结构设计的优化规则。

软件结构设计的基本原理包括软件的信息隐蔽、模块化、抽象、模块分割等。

4.2.1 模块与模块化

1. 模块

模块（Module）是能够单独命名，能独立地完成一定功能，由边界元素限定的程序元素的序列。在软件的体系结构中，模块是可以组合、分解和更换的单元。

模块有以下基本属性。

（1）名称：模块的名称必须能表达该模块的功能，指明每次调用它时应完成的功能。模块的名称由一个动词和一个名词组成，例如计算成绩总评分、计算日销售额等。

（2）接口：模块的输入和输出。

（3）功能：模块实现的功能。

（4）逻辑：模块内部如何实现功能及所需要的数据。

（5）状态：模块的调用与被调用关系。

通常，模块从调用者那里获得输入数据，然后把产生的输出数据返回给调用者。

模块是程序的基本构件，由边界元素限定。例如 Pascal 或 Ada 等块结构程序设计语言中的 Begin…End，或 C、C++ 和 Java 语言中的 {…}，就是边界元素的例子。过程、函数、子程序、宏等，都可以作为模块。面向对象方法中的对象、对象内的方法也是模块。

2. 信息隐蔽

信息隐蔽是指在设计和确定模块时，使得一个模块内所包含的信息（过程或数据），对于不需要这些信息的其他模块是不能访问的。在定义和实现模块时，通过信息隐蔽，可以对模块的过程细节和局部数据结构进行存取限制。这里"隐蔽"的不是模块的一切信息，而是模块的实现细节。有效的模块化通过一组相互独立的模块来实现，这些独立的模块彼此之间仅仅交换为了完成系统功能所必需的信息，而将自身的实现细节与数据"隐蔽"起来。

一个软件系统在整个生命周期中要经过多次修改，信息隐蔽对软件系统的修改、测试和维护都有好处。因此，在划分模块时要采取措施，如采用局部数据结构，使得大多数过程（实现细节）和数据对软件的其他部分是隐蔽起来的。这样，修改软件时偶然引入的错误所造成的影响只局限在一个或少量的几个模块内部，不会影响其他模块，提高了软件的可维护性。

3. 模块化

模块化（Modularization）是把系统分割成能完成独立功能的模块，这些模块集成起来构成的整体可以完成指定功能，满足用户需求。

在软件工程中，模块化是大型软件设计的基本策略。模块化可产生的效果如下。

（1）降低复杂度。

对复杂问题进行分割后，每个模块的信息量小、问题简单，便于用户对系统进行理解和处理。下面根据人类解决问题的一般规律，来论证上述结论。

设函数 $C(X)$ 定义问题 X 的复杂度，函数 $E(X)$ 确定解决问题 X 所需要的工作量（时间）。对于问题 P_1 和问题 P_2，如果：

$$C(P_1)>C(P_2)$$

显然有：

$$E(P_1)>E(P_2)$$

根据一般经验，另一个有趣的规律是：

$$C(P_1+P_2)>C(P_1)+C(P_2)$$

由问题 P_1 和问题 P_2 组合而成的问题的复杂程度大于分别考虑每个问题时的复杂度之和，可以得到不等式：

$$E(P_1+P_2)>E(P_1)+E(P_2)$$

即独立解决问题 P_1 和问题 P_2 所需的工作量，比把问题 P_1 和问题 P_2 合起来解决所需的工作量少。

由此可见，模块化是解决复杂问题的最好办法。先独立地对各部分进行分析，确定解决问题的途径的正确性，最后才进行整体验证，是行之有效的办法，有利于提高软件开发效率。

（2）提高软件的可靠性。

程序的错误通常出现在模块内及模块间的接口中，模块化使软件易于测试和调试，有助于提高软件的可靠性。

在软件设计时应先对模块进行测试，确认模块运行无差错后，才把它集成到系统中，使差错尽可能少。

（3）提高软件的可维护性。

软件模块化后，即使对少数模块大幅度地进行修改，由于其他模块没有变动，对整个系统的影响就会比较小，提高了可维护性。

（4）有助于软件开发工程的组织管理。

承担各模块设计的人员可以独立地、平行地进行开发，可将设计难度大的模块分配给技术更熟练的程序开发员。

（5）有助于信息隐蔽。

在模块分割时，应当遵守信息隐蔽和局部化原则。这样做，在修改软件时偶然引入的错误所造成的影响只局限在与其相关的模块内，不会影响其他模块。

4．模块分割

模块化的关键问题是如何分割模块和设计系统的模块结构。模块分割的方法有以下几种。

（1）抽象与详细化。

抽象是认识复杂事物的过程中使用的思维方式，先抽出事物本质的共同特性，而暂时不考虑它的细节，不考虑其他因素。软件工程实施过程的每一步，可以看作对软件抽象层次的一次细化。

模块化的过程是自顶向下、由抽象到详细的过程，软件结构顶层的模块控制系统的主要功能，软件结构底层的模块完成对数据的一个具体处理。自顶向下、由抽象到详细地分析和构造软件的层次结构，简化了软件的设计和实现，提高了软件的可理解性和可测试性，使软件易于维护。

例如，文字编辑软件 Word 有一个模块为"表格"，这是一个抽象化的名称，是指 Word 中对表格进行处理的模块，由边框、行、列和单元格组成，有插入、删除、转换等功能，插入又可分为插入表格和插入行、列、单元格等子功能，功能逐步细化实现。

（2）根据功能来分割模块。

该方法根据系统功能的各种差异来分割组成系统的各个模块。根据系统本身的特点可采用以下几种不同的模块分割方法。

① 横向分割。

根据系统所含的不同功能来分割模块。

例如，文字编辑软件 Word 按功能分割为文件、编辑、视图、插入、格式、工具、表格、窗口及帮助等不同模块。

② 纵向分割。

根据系统对信息进行处理的过程中不同的变换功能来分割，前一步结束，后一步才可进行；前一步数据有误，会影响后一步工作的数据正确性。

【例 4.1】　学生成绩管理系统的结构设计。

在【例 3.2】的学生成绩管理系统中，数据处理要逐步进行，因而模块结构是按处理过程纵向分割的。可将该系统划分为输入、处理、输出模块。其中输入分为学生基本情况、课程设置、教师信息、学生单科成绩等；处理分为计算学生成绩总评分、统计成绩、留级处理等；输出分为学生成绩单、全班成绩单、课程重修学生名单、留级学生名单等。学生成绩管理系统的结构图如图 4.1 所示（部分功能略去）。

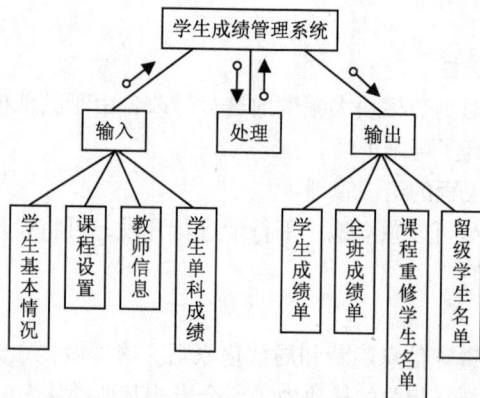

图 4.1　学生成绩管理系统的结构图

（3）先确定中心控制模块，由控制模块指示从属模块，逐次进行分解。

把各个功能层次化、具体化，将每个功能模块设计为只有一个入口和一个出口。

【例 4.2】图书馆管理系统功能划分。

图书馆管理系统有许多功能，如读者管理、图书采编、图书流通、图书查询等，每个功能又可分为若干子功能，因而模块结构可以采用树形结构，模块的控制中心是树形结构的根。

读者只能进入图书查询模块；图书流通部的工作人员只能进入图书流通（借书、还书）模块和读者管理（分为读者的添加、删除和修改 3 个子功能）模块；图书采编部的工作人员可以进入图书采购入库、图书编码模块。系统功能由控制中心逐次由上而下进行分解。

4.2.2　模块的耦合和内聚

评价模块分割好坏的标准主要是模块之间的联系程度——耦合（Coupling）和模块内的联系程度——内聚（Cohesion）。

1. 模块的耦合

软件结构中模块之间互相依赖的程度用耦合来度量。

耦合的强弱取决于模块间接口的复杂程度，一般由模块之间的调用方式、传递信息的类型和数量来决定。在设计软件结构时应追求尽可能松散的耦合。如果系统中两个模块彼此间完全独立，不需要另一个模块就能独立地工作，那么这两个模块之间耦合程度最低。

连接模块的信息有以下 3 种。

（1）数据信息：记录某种事实，一般用名词表示，如考生成绩。

（2）描述标志信息：描述数据状态或性质，如已录用、未被录用等。

（3）控制标志信息：要求执行非正常的动作或某个功能，如显示"学号超范围，重新输入"提示。

耦合有以下几类。

（1）数据耦合。

两个模块彼此间交换的信息仅仅是数据，那么这种耦合称为数据耦合。数据耦合是低耦合。例如，当某个模块的输出数据是另一个模块的输入数据时，这两个模块属于数据耦合。通常数据耦合的两个模块共同完成一个任务。

（2）控制耦合。

两个模块之间传递的信息中有控制信息，则这种耦合称为控制耦合。有时这种控制信息是以数据的形式出现的。控制耦合是中等程度的耦合，它增加了系统的复杂程度。

【**例 4.3**】 控制耦合举例。

模块 A 调用模块 B，模块 B 打印财务收支账统计报表，可以是日报表、月报表、年报表等不同报表。

模块 A 调用模块 B 时，必须传递的信息是要打印日报表、月报表或年报表等，若是日报表，必须指明日期；若是月报表，必须指明年和月；若是年报表，必须指明年。这是因为在调用数据库内容时 3 种报表所需要的数据是不同的。日报表只调出某日的所有收支情况，然后统计总共收入多少、支出多少、收支差额多少；月报表统计某月内所有收支情况；年报表则统计某年的每个月收支合计情况，并汇总为年收支情况。这里 3 种报表打印格式相似，但实际的工作过程不同。模块 A 和模块 B 属于控制耦合，如图 4.2 所示。

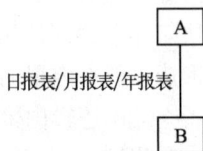

图 4.2 控制耦合

（3）公共环境耦合。

两个或多个模块共享信息，这几个模块的耦合即称为公共环境耦合。

公共环境可以是全局变量、内存的公共覆盖区、可供各个模块使用的数据文件、物理设备等。这种设计方案的复杂程度随耦合的模块个数变化而不同，如果多个模块交叉共用大量的数据，那么设计方案是不易理解的，必须搞清某个模块究竟用了哪些数据，某个数据究竟被哪几个模块使用。这种设计方案不利于修改，当需要改动某个变量名称或类型时，难以确定这一改动会影响到哪几个模块。如果没有搞清改动所涉及的模块范围就进行修改，极易形成潜伏的错误。而且这种设计方案可靠性差，当某个模块发生错误而引起全局变量有错时，这些错误会扩散到使用这些全局变量的模块，也就是说，错误会通过公共数据蔓延、扩散到系统的其他部分。通常应限制公共环境耦合的采用。

如果两个模块共享的数据很多，通过参数传递不方便，可以采用公共环境耦合，但应注意共享数据的命名，使其含义明确；变量名称适当长一些，避免不相干的模块使用相同名称的变量，从而引起不必要的麻烦。

（4）内容耦合。

耦合程度最高的是内容耦合，两个模块之间有下列情况之一时即产生内容耦合。

① 某个模块直接访问另一个模块的内部数据。

② 两个模块有相同的程序段。

③ 某个模块直接进入另一个模块的内部。

内容耦合容易使程序出错，应尽量避免采用内容耦合。

总之，为了降低模块间的耦合程度，应采用以下设计原则。

① 在传递信息时尽量使用数据耦合，少用控制耦合。在耦合方式上尽量通过语句调用，用参数传递信息，不采用内容耦合，尽量限制公共环境耦合。

② 模块之间相互调用时，传递的参数最好只有一个，最多不要超过 4 个。

③ 在设计模块时尽量把模块之间的连接减到最少，模块环境的任何变化都不应引起模块内部发生改变。

2. 模块的内聚

一个模块内各个元素彼此结合的紧密程度用内聚来度量。理想的模块只完成一个功能，模块设计的目标之一是获得尽可能高的内聚。

　　内聚和耦合是进行模块化设计时应考虑的密切相关的两个指标，模块的高内聚往往会带来模块的低耦合，设计时应更多地考虑如何提高模块的内聚程度。

　　内聚有以下几类。

　　（1）偶然内聚。

　　模块完成一组任务，这些任务之间关系松散、实际上没有什么联系时，称为偶然内聚。假如模块A、B、C、D中都含有某些相同的语句段，程序员将模块A、B、C、D放在同一模块T中，共同使用相同的语句段。这样，模块A、B、C、D成为模块T的几个成分，这样就形成了偶然内聚的模块T。

　　（2）逻辑内聚。

　　将逻辑上相同或相似的一类任务放在同一模块中，称为逻辑内聚。例如，对某数据库中的数据可以按各种条件进行查询，这些不同的查询条件所用的查询方式也不相同，设计时，不同条件的查询放在同一个"查询"模块中，这就是逻辑内聚。

　　（3）时间内聚。

　　将需要同时执行的成分放在同一模块中，就称为时间内聚。例如，财务软件中，"年终结算"就是在年终时需要做的一系列任务，如第4季度结算和年终结算，将年底经费结余额转入下一年度的"经费来源"，下一年度的"支出"栏都取为初始值0等，把这些任务放在同一模块中，就是时间内聚。

　　以上3种内聚模块内部各成分并没有共用数据，属于很弱的块内联系。下面两种是中等程度内聚。

　　（4）通信内聚。

　　模块中的各成分引用共同的数据，称为通信内聚。例如，模块中几部分使用同一数据文件产生不同的报表，属于通信内聚；若模块中几个部分共同产生一个输出数据，也属于通信内聚。

　　【例4.4】 通信内聚举例。

　　如图4.3所示，模块内部的3个成分可看成3个小模块，调用共同的财务软件的流水账文件，属于通信内聚。该文件中存放了某年内全部的收支账记录，利用该文件可分别产生指定的日、月或年的3种不同统计表。

　　（5）顺序内聚。

　　如果模块内某个成分的输出是另一个成分的输入，这两个模块必须依次执行，则称为顺序内聚。如图4.4所示，模块A和模块B都属于顺序内聚。

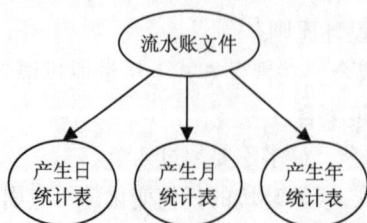

图4.3　通信内聚

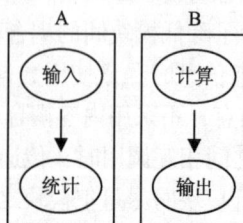

图4.4　顺序内聚

　　（6）功能内聚。

　　一个模块内所有元素都是完成某一功能所必需的处理，这些元素组成一个整体，可以完成一个特定的功能，则称为功能内聚。功能内聚是最高程度的内聚。

　　内聚的概念是由康斯坦丁（Constantine）、尤登（Yourdon）、史蒂文斯（Stevens）等人提出的，按照他们的观点，把上述几种内聚按紧密程度从低到高排列依次为偶然内聚、逻辑内聚、时间内聚、通信内聚、顺序内聚、功能内聚。但紧密程度的增长是非线性的。偶然内聚、逻辑内聚和时间内聚的模块联系松散，后面 2 种内聚相差不大，功能内聚的一个模块完成一个功能，独立性强、内部结构紧密，是最理想的内聚。

4.2.3　软件结构设计的优化规则

　　长期以来人们在计算机软件开发的实践中积累了丰富的经验，总结这些经验可得出一些设计规则，设计软件结构时遵守这些规则往往有助于提高软件质量。

1. 提高模块独立性

　　设计软件结构时，力求提高内聚、降低耦合，获得较高的模块独立性。要使一个模块在总体设计中起到应有的作用，它必须提供一定的功能。每一模块的设计目标应是能简明地理解该模块的功能、方便地掌握功能范围，也就是知道模块应该做什么，进而有效地构造该模块。设计模块时应尽可能使其具有通用性，以便重复使用。

2. 模块接口的规则

　　模块的接口要简单、清晰，含义明确，便于理解，易于实现、测试与维护。有时通过模块的分解或合并，可以减少控制信息的传递及对全局数据的引用，降低模块之间接口的复杂程度。

3. 模块的作用范围应在控制范围之内

　　一个模块的作用范围指受该模块内一个判定影响的所有模块的集合。一个模块的控制范围指模块本身及其下属模块的集合。

　　进行软件设计时，模块结构可设计成树形结构。如果一个模块内的一个判定对一些模块有影响，则应把含该判定的模块放在一棵子树的根结点，把受判定影响的模块放到该根结点的子结点或再下层位置，但不能把它们放到兄弟结点或其他上层位置。即，受一个判定影响的模块应在含该判定的模块之下，接受该模块的控制，使得模块的作用范围在控制范围之内。

4. 模块的深度、宽度、扇出和扇入应适当

　　模块的深度指软件结构中模块的层数。如果层数过多，则应考虑是否某些模块过于简单，应予以适当合并。

　　模块的宽度指软件结构内同一层次的模块数的最大值。一般来说，宽度越大，系统结构越复杂。

　　模块的扇出是指一个模块所调用的模块数。按照 Miller 法则，软件结构的扇出不要超过 7 ± 2 个。扇出越大，模块越复杂，所控制的下级模块越多。扇出过小也不好，有时可把下级模块合并到上级模块中。

　　模块的扇入是指有多少上级模块调用它。扇入大，说明共享该模块的上级模块多，这是有好处的，但不要违背模块独立原理而追求高扇入。

　　通常设计得好的软件结构，顶层模块扇出多，中间模块扇出较少，下层调用公共模块。

5. 模块的大小应适中

　　模块的大小与问题的复杂程度相关，如果模块太大，过于复杂，会使设计、调试、维护十分困难，应仔细分析，将过大的模块进一步分解。

　　模块也不要太小，太小会使功能意义消失、模块之间的关系增强、影响模块的独立性，从

而影响整个系统结构的质量。过小的模块有时不值得单独存在，可以把它合并到上级模块中。

模块的大小应考虑模块的功能意义和复杂程度，以易于理解、便于控制为标准。

不能以模块的大小为绝对标准，应根据具体情况仔细斟酌，最主要的是应使模块功能不太复杂、边界明确，模块分解不应降低模块的独立性。

4.3 软件结构设计的图形工具

第3章已介绍了需求分析阶段使用的一些分析工具，在进行软件结构设计时也有一些图形工具可利用。进行软件结构设计需描绘系统模块的层次结构，可采用层次图和结构图。

4.3.1 层次图

层次图（H图）适合描绘软件的层次结构，特别适合在自顶向下设计时使用。在层次图里，除顶层之外，每个方框里可加编号。编号的规律是，每个处理的下层处理的编号在上层编号后加"."及序号。序号可用数字，也可用英文字母。像这样带编号的层次图称为 HIPO（Hierarchy plus Input-Process-Output）图。

一般顶层的模块含有退出、输入、处理、输出、查询和系统维护模块。根据系统的具体要求，下层再将功能进一步细化。例如查询可以用多种方式、按不同的条件进行。数据库里存放的数据可以进行插入、修改、删除、排序等。

【例4.5】 画出医疗费管理系统的HIPO图。

【例3.1】的医疗费管理系统中数据输入分为报销（1.A）、结算（1.B）、累加（1.C）3个步骤；统计可以分为超支、未超支和全校总支出等；查询输出可以从7种内容中选择一种；系统维护分为改医疗费限额（4.A）、初始化（4.B）、人员调动（4.C）3个功能，如图4.5所示。

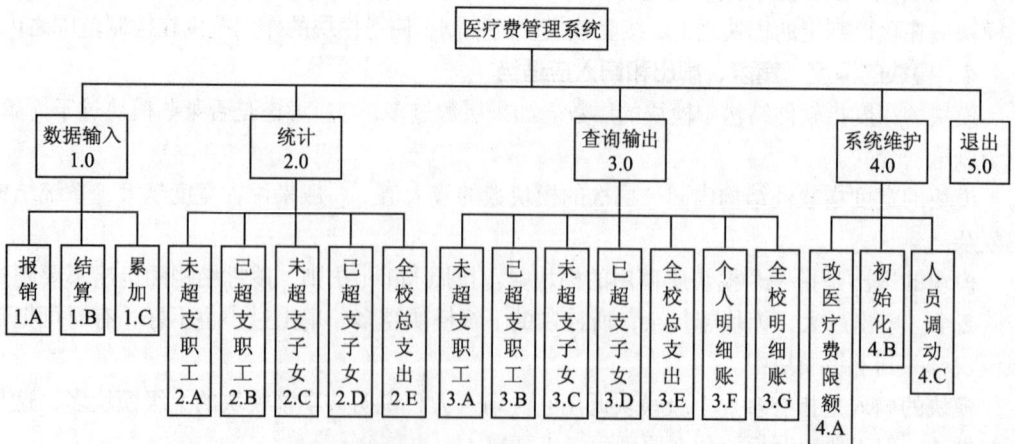

图4.5 医疗费管理系统的HIPO图

【例4.6】 商品销售管理系统的结构设计。

根据需求分析结果，商品销售管理系统设立以下模块。

（1）进入系统。

有"登录"、"查询"（查询"商品目录""库存"）、"退出"功能。

（2）营业员。

可进入"销售"功能模块。

（3）采购员。

可进入"缺货目录"及"进货目录"功能模块。

（4）会计。

可选择生成"商品明细表"、"日结算"（分"商场日结算""职工日结算"两种）及"月/年结算"。

（5）系统管理。

系统管理有"商品管理"（"删除商品""调整价格"）、"供应商管理"（"添加供应商""删除供应商""编辑供应商"）、"职工管理"（"添加职工""删除职工""修改职工"）等功能。

（6）售后服务。

有"退货""维修""换货"等功能。

商品销售管理系统的 HIPO 图如图 4.6 所示（部分功能略去）。

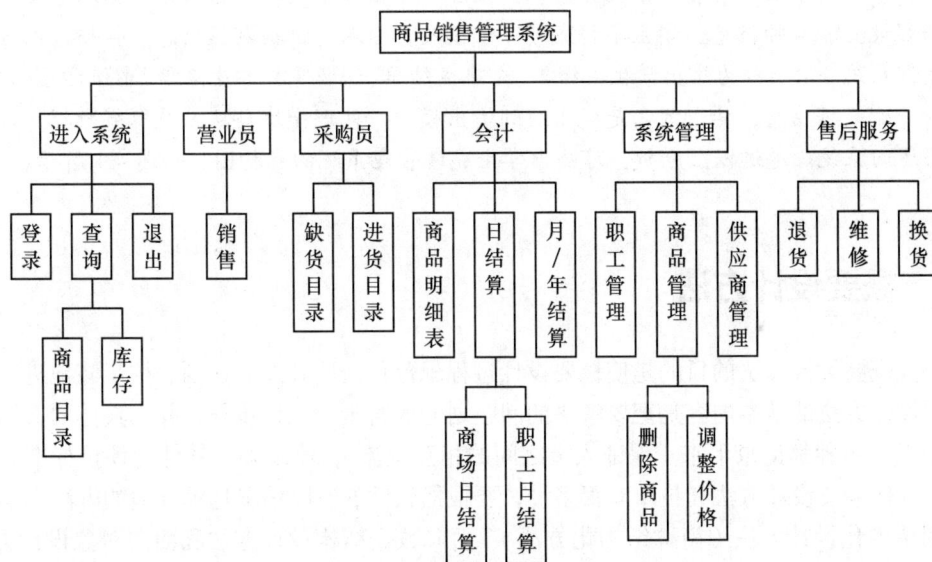

图 4.6　商品销售管理系统的 HIPO 图

4.3.2　结构图

结构图（Structure Chart，SC）是进行系统设计的一种重要工具，用于表达系统内部各部分之间的逻辑结构和相互关系。结构图和层次图都是用于描述软件结构的图形工具，结构图主要描述软件结构中模块之间的调用关系和信息传递问题，层次图着重描述软件系统的层次结构。

1. 结构图的符号

结构图的符号主要有方框、箭头以及条件结构或循环结构的框图。

（1）方框代表模块，框内通常注明模块的名称和主要功能。

（2）方框之间的大箭头或直线表示模块的调用关系。

（3）带注释的小箭头表示模块调用时传递的信息及其传递方向。尾部加空心圆的小箭头表示传递数据信息；尾部加实心圆的小箭头表示传递控制信息。

（4）条件结构：条件符合时调用模块 A，不符合时调用模块 B，如图 4.7（a）所示。

（5）循环结构：模块 H 循环调用模块 A、B、C，如图 4.7（b）所示。

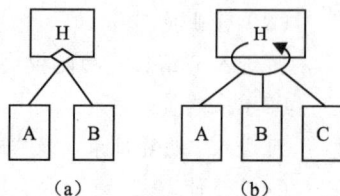

图 4.7　结构图的符号

2. 结构图的绘制

结构图只描述一个模块调用哪些模块，没有描述调用次序，也没有表明模块内部的成分，通常上层模块除了调用下层模块的语句之外，还可以有其他语句，结构图上体现不出这种情况。画结构图可以作为检查设计正确性和模块独立性的方法，通过检查数据传递情况，分析数据传递是否齐全、是否正确、是否有多余的不必要的数据传递，还可分析模块分解或合并的合理性，以便选用最佳方案。

【例 4.7】 画出学生成绩管理系统的结构图。

【例 3.2】的学生成绩管理系统含输入、处理和输出 3 个模块。输入分为输入学生基本情况、课程设置、教师信息、学生单科成绩 4 个模块，输入时传输数据信息，传输方向是从输入模块到系统。输出分为输出学生成绩单、全班成绩单、课程重修学生名单、留级学生名单等，输出时传输数据信息，传输方向是从系统到输出模块。处理模块要从系统取得数据，处理后将结果返回系统。通过以上分析，可画出学生成绩管理系统的结构图，如图 4.1 所示。

4.4　概要设计方法

研究概要设计方法的目的是使概要设计过程规范化，使开发有计划、按步骤地进行。软件概要设计方法的基本内容是把要解决的问题划分成若干个工作步骤，并用具体的文档格式把每个工作步骤都记录下来（保证人员之间的相互交流），以及确定软件的评价标准。已经推出的软件概要设计方法和技术有很多种，要根据软件的实际情况选择合适的方法。本书主要介绍结构化设计方法（简称结构化方法）、面向数据结构设计方法和面向对象设计方法 3 类软件开发方法。以下介绍前两种方法，面向对象设计方法将在第 8 章介绍。

4.4.1　结构化方法

结构化方法又称面向数据流设计方法，它的设计步骤是先根据系统数据流图建立系统逻辑模型，再进行结构设计。

结构化方法是 1974 年由爱德华·尤登（E.Yourdon）和拉里·康斯坦丁（L.Constantine）等人提出，在模块化、自顶向下、逐步求精、结构化程序设计（Structured Programming，SP）等技术的基础上发展起来的，它与结构化分析一起，构成一个完整的结构化分析和结构化设计技术，又称 Yourdon 方法，是目前使用最广泛的方法之一。

1. 建立系统逻辑模型

数据流是软件开发人员进行需求分析的出发点和基础。数据流从系统的输入端进入系统后要经过一系列的变换或处理，最后由输出端流出。面向数据流设计方法在需求分析的基础上把数据流图转换为对软件结构的描述，用结构图来描述软件结构。

面向数据流设计方法把数据流映射成软件结构，根据数据流的类型不同，映射的方法也不相同。数据流可分为变换型和事务型两种。使用面向数据流设计方法时，首先要对数据流进行分析，判断数据流是属于变换型还是事务型，然后对数据流进行针对性处理。

（1）变换型数据流。

数据沿输入通路进入系统，同时由外部形式变换为内部形式，通过变换中心，经加工处理后再沿输出通路变换为外部形式离开系统，这种数据流称为变换型数据流。

（2）事务型数据流。

数据沿输入通路到达某一个处理，该处理根据输入数据的类型在若干个处理序列中选择某一个来执行，这种数据流称为事务型数据流，而这样的处理称为事务中心，如图 4.8 所示。

使用面向数据流设计方法时，首先判断数据流的类型。若是事务型数据流，则分析其事务中心和数据接收通路，再映射成事务处理结构，分析每个事务以确定它的类型，选取某一条活动通路；若是变换型数据流，则应区分输入和输出分支，将输入数据映射成变换结构，经加工处理后变换为输出数据离开系统。

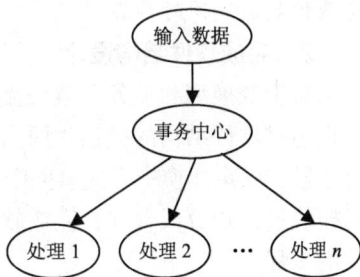

图 4.8　事务型数据流示意图

【例 4.8】　学生成绩管理系统属于变换型数据流。

【例 3.2】的学生成绩管理系统的主要工作过程如下。

在学生入学时要输入与学生成绩管理系统有关的信息，如每个学生的基本情况（系、专业、班级、学号、姓名及性别等），而学生的家庭地址、电话、党团员等信息不属于学生成绩管理系统，应由学生档案管理系统另行处理。每学期考试后，由各任课教师分别输入班级学生的各门课的单科平时成绩和考试成绩。

处理过程是：计算每个学生的单科成绩总评分，由计算机自动进行，在计算出学生成绩总评分后才可得到输出数据——学生成绩单给学生，全班单科成绩表（含各分数段人数）给教师，全班各科成绩汇总表、成绩不及格学生的重修名单和留级名单给教务处。

综上，数据进入系统后，进行处理（计算总评分，分析留级情况、重修情况），得到输出结果。因而学生成绩管理系统属于变换型数据流。

【例 4.9】　职工工资管理系统属于事务型数据流。

职工工资数据库里存放了所有职工的工资数据，包括职工号、姓名、性别、部门、职务、职称、基本工资、工龄工资、岗位津贴、交通补贴、伙食补贴、住房补贴、病事假扣款、养老金扣款、医疗保险扣款、个人所得税扣款、应发合计、应扣合计及实发金额等。该系统含有职工的调入和调出、增加工资、打印工资单等功能。

分析：该系统含多项功能，每次选择一种功能进行处理，因而属于事务型数据流。

同理，【例 4.2】的图书馆管理系统也属于事务型数据流。

在一个大型系统的数据流图中可以发现变换型和事务型两类结构往往同时存在。有时系统的总体结构具有多种事务处理能力，但在它们的某（几）条通路上可能出现变换型结构。有时系统的整体结构为变换型，其中某些部分又可能具有事务型的特点。对于两类结构同时存在的系统，可以将系统分级处理。系统的高层数据流图属于哪一类，就按这一类进行处理，对于某一部分内部属于另一类结构的数据流换一种办法处理。要按实际情况灵活处理，把两种类型的分析应用到同一系统的不同部分。

【例 4.10】 医疗费管理系统中事务型、变换型两种数据流同时存在。

【例 3.1】的某高校医疗费管理系统的主要功能包括数据输入、查询、统计及系统维护（初始化、职工调动、修改医疗费限额等），每次进入系统时可选择功能执行，因而总体上看属于事务型数据流。但其中数据输入子功能先输入当日数据，然后结算当日累计数据供出纳员核对；每笔账要存入明细账中，再和每个职工已报销的数据累加。在这个子功能中，数据输入后，要依次进行多个处理，因而属于变换型数据流。因此，在这个系统中，事务型、变换型两种数据流同时存在。

2. 完成软件结构设计

对于变换型和事务型数据流，面向数据流设计方法的任务是把数据流图表示的逻辑模型转换为对软件结构的描述。面向数据流设计方法的过程是，首先分析数据流类型，然后划分流程段，确定变换中心或事务中心；对两种类型分别进一步分析，转换为软件结构中的模块，对模块进行划分或合并，完成软件结构设计。下面分别介绍对两种类型的数据流进行分析设计的步骤。

（1）变换型分析。

变换型分析经以下几个步骤把具有变换特点的数据流图映射成软件结构。

① 复查系统逻辑模型，确保系统的输入数据和输出数据符合实际情况。

② 复查、细化数据流图。

③ 为确保系统逻辑模型的正确性，把处理细化为相对独立的子功能。

④ 确定数据流具有变换特性还是事务特性。

⑤ 把系统划分为输入数据、数据变换及输出数据三大部分，再把数据变换划分为几个具体步骤。

通过以上分析，系统的处理过程就很清楚了，软件结构也可确定了。

例如，【例 3.2】的学生成绩管理系统具有变换特性，其结构如图 4.1 所示。

（2）事务型分析。

任何系统的数据进入系统后都要进行加工处理，最后得到输出结果，因而都可使用变换型方法来设计软件结构。但是当数据流具有明显的事务型特点时，应采用事务型数据流分析设计方法。事务型数据流通常有一个输入数据项，它的不同的处理结果会导致系统在下一步进入多个不同的处理分支中的某一个，这个数据项即称为事务项。事务型数据流映射成软件结构时，数据流的事务中心对应软件结构的控制中心，把数据流图中事务中心分出的各个处理通路映射成控制中心下属的各个子模块。

【例 4.11】 画出职工工资管理系统的结构图。

职工工资管理系统具有事务特性，可建立一个主菜单让用户选择执行菜单中列出的功能，包括职工调动、工资变动、打印工资单、输出统计报表等。程序中菜单变量的值就是控制中心，取不同的值就使程序调用不同的子模块，执行不同的子程序。主控模块调用子模块，模块调用时数据传递的方向可以在图中表示。职工工资管理系统的结构图如图 4.9 所示。

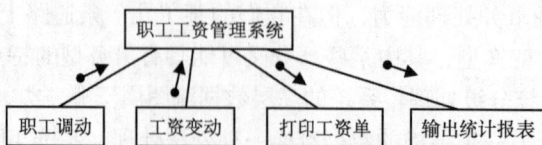

图 4.9 职工工资管理系统的结构图

4.4.2　面向数据结构设计方法

面向数据结构设计方法是按输入、输出以及计算机内部存储信息的数据结构进行软件设计的，把对数据结构的描述变换为对软件结构的描述。

在许多应用领域中，信息的结构层次清楚，输入数据、输出数据以及内部存储的信息有一定的结构关系。数据结构不仅影响软件的结构设计，还影响软件的处理过程。如重复出现的数据通常由循环结构来控制；如果一个数据结构具有选择特性，可能出现，也可能不出现，就采用条件结构来控制；如果一个数据结构为分层次的，软件结构也必然为分层次的。所以，数据结构充分地揭示了软件结构。使用面向数据结构设计方法，首先需要分析、确定数据结构，并用适当的工具清晰地描述数据结构，最终得出对程序处理过程的描述。

面向数据结构设计方法有两种，即 Jackson 方法和 Warnier 方法。这两种方法只是图形工具不同。本书只介绍 Jackson 方法。

Jackson 方法由英国的 M.Jackson 提出，在欧洲较为流行。它特别适用于设计企事业管理类的数据处理系统。Jackson 方法的主要图形工具是 Jackson 图，它既可以表示数据结构，也可以表示程序结构。

Jackson 方法把数据结构（或程序结构）分为以下 3 种基本类型（见图 4.10）。

（1）顺序结构。

顺序结构的数据由一个或多个元素组成，每个元素依次出现一次。图 4.10(a) 表示数据 A 由 B、C、D 这 3 个元素顺序组成。

（2）选择结构。

选择结构的数据包含两个或多个元素，每次使用该数据时，按一定的条件从这些元素中选择一个。图 4.10(b) 表示数据 A 根据条件从元素 B 或 C 中选择一个。元素 B 和 C 的右上方加符号"∘"表示从中选择一个。

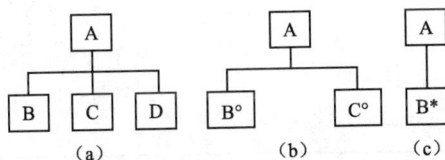

图 4.10　数据结构的 3 种基本类型

（3）重复结构。

重复结构的数据，由根据条件出现 0 次或多次的数据元素组成。图 4.10(c) 表示数据 A 由元素 B 出现 0 次或多次组成。元素 B 后加符号"*"表示重复。

Jackson 图有以下特点。

① 能对结构自顶向下进行分解，可以清晰地表示层次结构。

② 结构易读、形象、直观。

③ 既可表示数据结构，也可表示程序结构。

Jackson 方法采用以下 4 个步骤。

① 分析并确定输入数据和输出数据的逻辑结构。

② 找出输入数据结构和输出数据结构中有对应关系的数据单元。

③ 从描述数据结构的 Jackson 图导出描述程序结构的 Jackson 图。

④ 列出所有操作和条件，并把它们分配到程序结构的 Jackson 图中。

以下结合具体例子进一步说明 Jackson 方法。

【例 4.12】 用 Jackson 方法对学生成绩管理系统进行结构设计。

对于【例 3.2】的学生成绩管理系统，在学生入学时要输入学生基本情况，在每学期结束时按班级内学生学号的顺序依次输入每位学生的平时成绩和考试成绩，然后由计算机计算每位学生的单科成绩总评分。输出的班级单科成绩表格式如表 4.1 所示，学生个人成绩单格式如表 4.2 所示，班级各科成绩汇总表格式如表 4.3 所示。

表 4.1   班级单科成绩表格式

某某大学

2021 ~ 2022 年第一学期

班级单科成绩表

课程号：1090   课程名：计算机网络基础   院系：计算机科学与技术   班级：21020201

学号	姓名	性别	平时成绩	考试成绩	总评分

分数段	人数	百分比
90 分及以上		
80 ~ 89 分		
70 ~ 79 分		
60 ~ 69 分		
60 分以下		

任课教师签名：

日期：年 月 日

表 4.2   学生个人成绩单格式

某某大学

2021 ~ 2022 年第一学期

学生个人成绩单

学号：2102020116   姓名：王力   院系：计算机科学与技术   班级：21020201

课程名	平时成绩	考试成绩	总评分	考试/考查
高等数学				
计算机网络基础				
英语				
政治				
体育				

表 4.3　班级各科成绩汇总表格式

某某大学

2021 ~ 2022 年第一学期

班级各科成绩汇总表

院系：计算机科学与技术　　　　　　　　　　　　　　　班级：21020201

学号	姓名	高等数学	计算机网络基础	英语	政治	体育

根据以上输入数据和所需的输出表格，可画出输入数据结构、输出数据结构及程序结构的 Jackson 图，如图 4.11 所示，操作步骤如下。

（1）输入数据结构的 Jackson 图如图 4.11(a) 所示。

（2）输出数据结构的 Jackson 图如图 4.11(b) 所示。

（3）根据输入、输出数据结构的 Jackson 图用双向箭头画出对应关系。

（4）从输入、输出数据结构关系导出程序结构的 Jackson 图。

图 4.11　学生成绩管理系统输入、输出数据结构的 Jackson 图

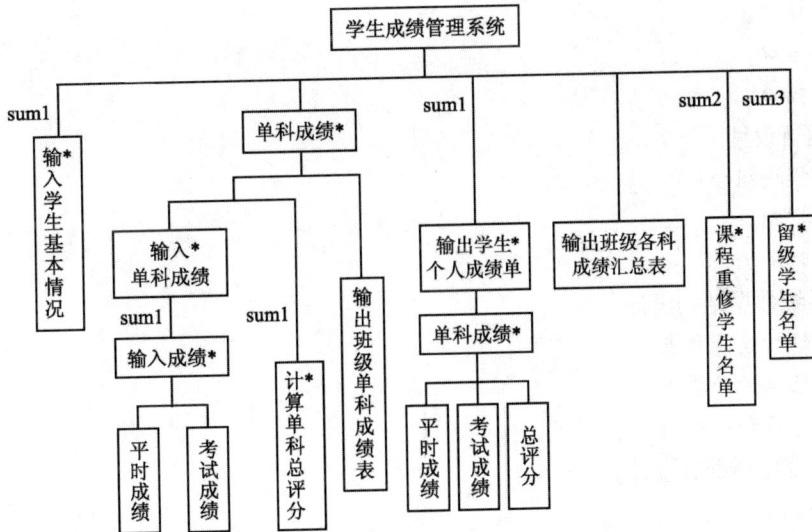

（5）列出所有操作和条件，并把它们分配到程序结构的 Jackson 图的适当位置，如图 4.12 所示。

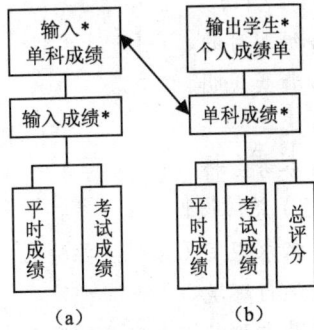

图 4.12　学生成绩管理系统程序结构的 Jackson 图

其中，计算单科总评分的公式为：总评分 = 平时成绩 ×0.3+ 考试成绩 ×0.7。

- 重复条件 sum1：对所有学生都执行一次。
- 重复条件 sum2：单科成绩不及格人数。
- 重复条件 sum3：留级人数。

4.5　概要设计文档与复审

4.5.1　概要设计说明书

概要设计说明书的内容如下。

（1）引言。

- 编写目的。
- 背景说明。
- 定义。
- 参考资料。

（2）总体设计。

- 需求规定（系统主要输入、输出项目，处理功能和性能要求）。
- 运行环境。
- 基本设计概念和处理流程。
- 结构。
- 功能需求与程序的关系。
- 人工处理过程。
- 尚未解决的问题。

（3）接口设计。

- 用户接口。
- 外部接口。
- 内部接口。

（4）运行设计。

- 运行模块组合。
- 运行控制。
- 运行时间。

（5）系统数据结构设计。

- 逻辑结构设计要点。
- 物理结构设计要点
- 数据结构和程序的关系。

（6）系统出错处理设计。

- 出错信息。
- 补救措施（后备技术、降效技术、恢复及再启动技术）。
- 系统维护设计。

4.5.2 概要设计复审

概要设计复审的参加人员如下。

- 结构设计负责人。
- 设计文档的作者。
- 课题负责人。
- 行政负责人。
- 对开发任务进行技术监督的软件工程师、技术专家。
- 其他方面代表人员。

概要设计复审的主要内容是审查软件结构设计和接口设计的合理性，要充分、彻底地评价数据流图，严格审查结构图中参数的传输情况，检查全局变量和模块间的对应关系，对系统接口设计进行检查，纠正设计中的错误和缺陷，使有关设计人员了解与任务有关的接口情况。

4.5.3 数据库设计说明书

数据库设计说明书的编写目的是对所设计的数据库中的所有标识符、逻辑结构和物理结构做具体的设计规定。数据库设计说明书的编写内容如下。

（1）引言。
- 编写目的。
- 背景说明。
- 定义。
- 参考资料。

（2）外部设计。
- 标识符和状态。
- 使用它的程序。
- 约定。
- 专门指导。
- 支持软件。

（3）结构设计。
- 概念结构设计。
- 逻辑结构设计。
- 物理结构设计。

（4）运用设计。
- 数据字典设计。
- 安全保密设计。

【例 4.13】 学生成绩管理系统的数据库设计文档。

按照 3.4.2 小节介绍的【例 3.8】的学生成绩管理系统的数据字典，建立课程、系及专业代号、教师任课、班级课程设置、学生基本情况、学生成绩等数据表。

数据表文件建立后建立查询文件，包括按学号顺序排列的学生成绩查询、按成绩总分由高到低排列的学生成绩查询、单科成绩不及格学生查询、留级学生查询、课程查询及教师任课查询等。

- 生成班级课程设置所需要的数据表：课程、系及专业代号、教师任课。
- 生成学生个人成绩单所需要的数据表：班级课程设置、学生基本情况、学生成绩。
- 生成班级各科成绩汇总表所需要的数据表：班级课程设置、学生基本情况、学生成绩。
- 生成班级单科成绩表所需要的数据表：班级课程设置、学生基本情况、学生成绩、教师任课。
- 生成单科成绩不及格学生查询和留级学生查询所需要的数据表：班级课程设置、学生基本情况、学生成绩。

本例题所需数据表的结构从略。

本章小结

概要设计的基本任务是以可行性研究报告和需求分析规格说明书作为设计的基础，确定模块结构、数据文件结构、系统接口设计和测试方案策略，编写概要设计说明书、用户手册和测试计划。概要设计要经过严格的复审，才能进入详细设计阶段。

软件结构设计的基本原理是信息隐蔽、模块化、抽象、模块分割。

模块设计的优化规则如下。

（1）尽量做到高内聚、低耦合，提高模块独立性。

（2）模块的接口简单、清晰，便于理解，可维护性好。

（3）模块的作用范围应在控制范围之内。

（4）模块的深度、宽度、扇出和扇入应适当。

（5）模块的大小应适中。

软件结构设计的图形工具有层次图和结构图。

在概要设计阶段常用的传统软件工程方法主要有面向数据流设计方法和面向数据结构设计方法。

习题4

1. 什么是概要设计？其基本任务是什么？
2. 什么是模块？模块有哪些属性？
3. 什么是模块化？模块分割的原则是什么？
4. 什么是软件结构设计？软件结构设计的优化规则是什么？
5. 什么是模块的作用范围？什么是模块的控制范围？它们之间应建立什么关系？
6. 画出【例3.2】的学生成绩管理系统的HIPO图。
7. 画出【例4.2】的图书馆管理系统的HIPO图。
8. 画出第3章习题5的房产经营管理系统的HIPO图。
9. 选择填空。

在众多设计方法当中，结构化方法是应用最广泛的方法之一，结构化方法是建立良好程序结构的方法，它提出衡量模块结构质量的标准是模块间联系与模块内部联系的紧密程度，结构化方法的最终目标是___①___。用于表示模块间的调用关系的图是___②___。另一种划分模块的方法称为___③___方法，是面向数据结构设计方法。

① A. 模块间联系紧密，模块内联系紧密

 B. 模块间联系紧密，模块内联系松散

 C. 模块间联系松散，模块内联系紧密

 D. 模块间联系松散，模块内联系松散

② A. PAD B. 结构图

 C. N–S 图 D. HIPO 图

③ A. Jackson B. Yourdon

 C. Turing D. Wirth

10. 选择填空。

模块内聚性用于衡量模块内各组成部分之间彼此结合的紧密程度。若一组语句在程序中多处出现，为节省内存，而把这些语句放在一个模块中，该模块的内聚是___①___。而将几个逻辑上相似的组成部分放在同一个模块中，该模块的内聚是___②___。如果模块中所有组成部分引用共同的数据，该模块的内聚是___③___。而模块内的某个组成部分的输出是另一个组成部分的输入，该模块的内聚是___④___。若模块中所有组成部分结合起来完成一项任务，该模块的内聚是___⑤___。

A. 功能内聚 B. 顺序内聚

C. 通信内聚 D. 过程内聚

E. 偶然内聚 F. 时间内聚

G. 逻辑内聚

第 5 章

详细设计

概要设计阶段确定了软件系统的结构，对软件的功能进行分解，按功能把软件划分为模块，并设计出完成预定功能的模块结构，确定了系统内部各模块之间的数据通信，以及系统与用户之间的通信。

详细设计是软件设计的第二阶段，在软件概要设计之后进行。详细设计的主要任务是确定每个模块具体的执行过程，该阶段还要进行系统界面设计、数据代码设计、数据输入/输出设计和数据安全设计。

系统界面设计要完成系统外部接口、系统内部接口和用户界面的设计。用户界面设计是软件与使用者之间的通信接口的设计。

根据详细设计的过程细节，可以直接而简单地进行程序设计。在详细设计阶段，可以对软件测试计划进行进一步细化，也可以根据程序结构写出更详细的测试计划。

5.1 过程设计

过程设计应在数据结构设计、软件结构设计和接口设计完成之后进行。过程设计的任务是设计软件结构中每个模块功能的实现算法，要确定完成每个模块功能所需要的算法和数据结构。

传统的软件工程方法学采用结构化设计技术完成软件设计工作。结构化设计是进行软件设计的一种带约束的方法，建立在自顶向下设计、逐步求精方法和数据流分析等原则基础上。

结构化设计只用 3 种基本控制结构，包括顺序结构、条件结构和循环结构，用且仅用这 3 种结构可以组成任何复杂的程序。过程设计就是用这 3 种结构的有限次组合或嵌套，描述模块功能的实现算法。过程设计需要使用一些过程设计工具来描述控制的流程、处理的功能、数据的组织和功能实现的细节等。采用结构化方法进行过程设计，可提高软件的可读性、可测试性和可维护性。

过程设计规定运用方法的顺序、应该交付的文档、开发软件的管理措施和各阶段任务完成的标志。

过程设计不是具体地编写程序，而是从逻辑上设计能正确实现每个模块功能的处理过程。实际上，用顺序结构和循环结构完全可以实现条件结构，因此，理论上最基本的控制结构只有顺序结构和循环结构两种。

　　过程设计应当尽可能简明、易懂，根据详细设计阶段的过程设计所描述的细节，可以直接且简单地进行程序设计。结构化程序设计技术是实现过程设计的关键技术。

　　在进行过程设计时要描述程序的处理过程，可采用图形、表格或语言类工具。无论采用哪类工具，都需对设计进行清晰、无歧义性的描述，应表明控制流程、系统功能、数据结构等方面的细节，以便在系统实现阶段能根据详细设计的描述直接编写程序。

　　以下介绍过程设计阶段使用的工具，包括流程图、盒图（N–S 图）、问题分析图（PAD）、判定表、判定树及过程设计语言等。

5.1.1　流程图

　　流程图是用于对问题进行定义、分析或求解的一种图形工具，图中用符号表示操作、数据、流程、设备等。

　　目前采用的中华人民共和国国家标准《信息处理　数据流程图、程序流程图、系统流程图、程序网络图和系统资源图的文件编制符号及约定》（GB/T 1526—1989），等同于国际标准 ISO 5807:1985，适用于任何信息处理系统。

1. 流程图的分类

　　国家标准 GB/T 1526—1989 中规定，流程图分为数据流程图、程序流程图、系统流程图、程序网络图和系统资源图 5 种。

　　（1）数据流程图。

　　数据流程图表示求解某一问题的数据通路，同时规定了处理的主要阶段和所用的各种数据媒体。数据流程图包括如下符号。

- 指明数据存在的数据符号，这些数据符号也可指明该数据所使用的媒体。
- 指明对数据执行的处理的处理符号，这些符号也可指明该处理所用到的机器功能。
- 指明几个处理和（或）数据媒体之间的数据流的流线符号。
- 便于读、写数据流图的特殊符号。

　　在处理符号的前后应该都是数据符号。数据流程图以数据符号开始和结束。

　　（2）程序流程图。

　　程序流程图表示程序中的操作顺序。程序流程图包括如下符号。

- 指明实际处理操作的处理符号，它包括根据逻辑条件确定要执行的路径的符号。
- 指明控制流的流线符号。
- 便于读、写程序流程图的特殊符号。

　　传统的程序流程图又称为程序框图，用来描述程序设计，是历史最悠久、使用最广泛的方法之一。在详细的程序流程图中，每个符号对应于源程序的一行代码，这对于提高大型系统的可理解性作用并不大。传统的程序流程图的一些缺点使得越来越多的人不再使用它。传统的程序流程图的主要缺点有如下几点。

- 不利于逐步深入的设计。
- 图中用箭头可随意地将控制进行转移，这不符合结构化程序设计精神。
- 不易表示系统中所含的数据结构。

　　为了克服程序流程图的缺陷，可以在绘制时只用 3 种基本控制结构进行组合或完整地嵌套，避免相互交叉的情况，以保证程序是结构化的。

（3）系统流程图。

系统流程图表示系统的操作控制和数据流，除数据流程图所具有的功能外，增加了定义系统所执行的逻辑路径的功能，对数据所执行的处理描述也比数据流程图更加详细。

（4）程序网络图。

程序网络图表示程序激活路径和程序与相关数据流的相互作用。在系统流程图中，一个程序可能在多个控制流中出现；但在程序网络图中，每个程序仅出现一次。程序网络图包括如下符号。

- 指明数据存在的数据符号。
- 指明对数据执行的操作的处理符号。
- 表明各处理的激活和处理与数据间流向的流线符号。
- 便于读、写程序网络图的特殊符号。

（5）系统资源图。

系统资源图表示适用于一个问题或一组问题求解的数据单元和处理单元的配置。系统资源图包括如下符号。

- 表明输入、输出或存储设备的数据符号。
- 表示处理器（如中央处理机、通道等）的处理符号。
- 表示数据设备和处理器间的数据传送，以及处理器之间的控制传送的流线符号。
- 便于读、写系统资源图的特殊符号。

2. 流程图符号

国家标准 GB/T 1526—1989 中的主要流程图符号如表 5.1 所示。

表 5.1　流程图符号

符号	名称	符号	名称
▭	处理	⬠	显示
◇	判断	⬔	循环开始
⬡	准备	⬓	循环结束
⬛	人工操作	○	连接符
▱	人工输入	⬭	端点符
▱	数据	⋯	省略符
⬭	存储数据	──	流线
⬚	文件	⬛	内存储器

3. 流程图符号使用约定

国家标准 GB/T 1526—1989 中规定，使用流程图符号需符合如下约定。

（1）符号的用途是标识它所表示的功能，而不考虑符号内的内容。

（2）图中各符号均匀地分配空间，连线应保持合理长度，尽量少用长线。

（3）不要改变符号的角度和形状，尽可能统一各种符号的大小。

（4）应把理解某符号功能所需的最少量的说明文字置于符号内，若说明文字太多，可使用一个注解符。

（5）符号标识符的作用是便于其他文件引用。

（6）分支符号如图 5.1 所示，多分支符号如图 5.2 所示，每个出口应加标识符，以反映其逻辑通路。

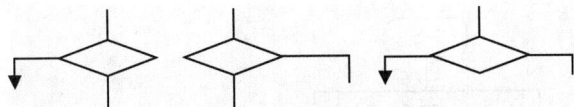

图 5.1　分支符号

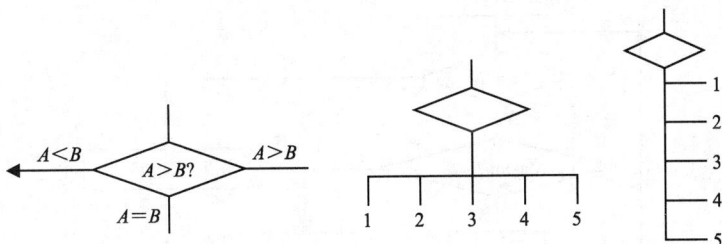

图 5.2　多分支符号

（7）流线可以指示数据流或控制流。可以用箭头指示流程方向（简称流向）。当流向从左到右、自上而下时，箭头可以省略；反之要用箭头指示流向。

流线的交叉：应当尽量避免流线的交叉。当出现流线交叉时，不表示两条交叉的流线有逻辑上的关系，也不对流向产生任何影响。

两条或更多的进入流线可以汇集成一条流线后再进入；一条流出线也可分成多条流线流出。各连接点应相互错开以提高清晰度，并在必要时使用箭头指示流向。

（8）连接符：连接符往往是成对出现的，在出口连接符与对应的入口连接符中应记入相同的文字、数字、名称等识别符号表示衔接，如图 5.3 所示。图 5.3（a）所示是某流程图的一部分，其中有一个分支流向 A，而分支 A 的详细流程如图 5.3（b）所示。

（9）详细表示线：在处理符号、数据符号或其他符号中画一横线，表示该符号在同一文件集的其他地方有更详细的表示。横线加在图形符号内靠近顶端处，并在横线上方写上详细表示的标识符。详细表示处始末均应有端点符，始端写上与加横线符号相同的标识符。在图 5.4（a）所示的流程图中的 B4 处理框内加有一条横线，B4 的详细流程图如图 5.4（b）所示，开始和结束都有端点符。

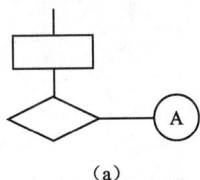 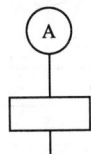 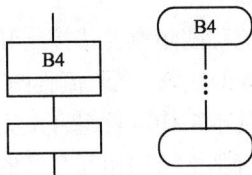 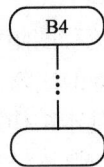

（a）　　　　（b）　　　　　　　（a）　　　（b）

图 5.3　流程图连接符及分支 A 的详细流程　　　图 5.4　流程图符号加详细表示线及 B4 的详细流程

【例5.1】 画出计算阶乘数 $N!$ 的程序流程图。

该程序是计算阶乘数 $N!$，让用户输入 N 的值，由计算机输出 $N!$ 的值。当 $N!$ 的值不超过 32767 时，输出结果；当 N 的值较大时，有可能 $N!$ 的值大于 32767，则告诉用户"N 太大"。让变量 I 从 1 到 N 递增，本程序通过累乘 $S=S×I$ 来实现 $N!$ 的计算。为了使 $S×I \leqslant 32767$，设 Maxint=32767，在累乘时，不断检测 Maxint/$I < S$（即 32767/$I < S$）是否成立，如果成立，则 $S×I > 32767$，值太大，跳出循环。计算 $N!$ 的程序流程图如图5.5所示。

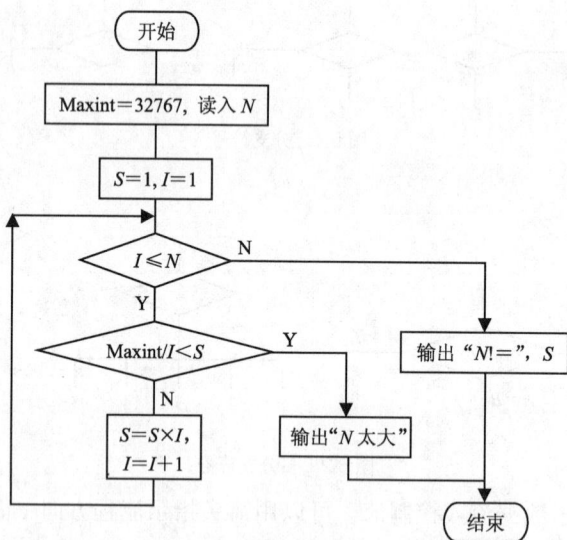

图5.5　计算 $N!$ 的程序流程图

4. 流程图的3种基本结构

流程图的3种基本结构为顺序结构、条件结构和循环结构，如图5.6所示，图中的 C 是判定条件。

顺序结构如图5.6（a）所示。

条件结构可分为两种，一种是 IF...THEN...ELSE 型条件结构，如图5.6（b）所示；另一种是 CASE 型多分支结构，如图5.6（c）所示。

循环结构也有两种，一种是先判断循环条件的 WHILE 型循环结构，如图5.6（d）所示；另一种是后判断循环条件的 REPEAT...UNTIL 型循环结构，如图5.6（e）所示。

为了克服流程图随意转移控制和不利于结构化设计的缺陷，在画流程图时，只用以上3种基本结构进行组合或完整地嵌套，不要有基本结构相互交叉的情况，不可随意地转移程序流程，以保证流程图是结构化的。

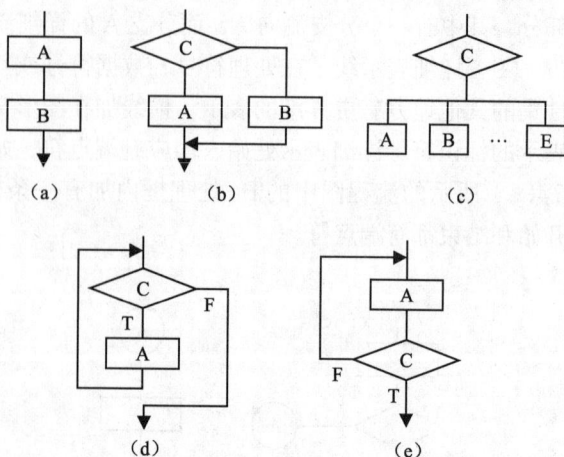

图5.6　流程图的3种基本结构

图 5.5 所示的流程图中有从循环程序中转移出来的流线，所以不符合结构化设计的要求。后文中【例 5.2】将图 5.5 改成了符合结构化设计要求的盒图。

5.1.2　盒图

盒图是纳西（Nassi）和施奈德曼（Shneiderman）提出的，又称 N-S 图。盒图没有箭头，不允许随意转移，只允许程序员用结构化设计方法来思考问题、解决问题。

1. 盒图的符号

盒图的符号都画在一个矩形框内，可以根据结构化设计的要求表示软件的层次结构、条件结构、循环结构和嵌套结构。盒图的图形符号简介如下。

（1）顺序结构，如图 5.7(a) 所示。一个任务放在一个框内，从上到下顺序执行。每个任务框内都可以嵌套其他结构。

（2）IF...THEN...ELSE 型条件结构，如图 5.7(b) 所示。ELSE 部分和 THEN 部分的框内可以嵌套其他结构。

（3）CASE 型多分支结构，如图 5.7(c) 所示。

（4）循环结构，有两种，一种是先判断循环条件的 WHILE 型循环结构，如图 5.7(d) 所示；另一种是后判断循环条件的 UNTIL 型循环结构，如图 5.7(e) 所示。循环体矩形框内可以嵌套其他结构。这里要特别注意，循环结构中循环体与循环条件之间的竖直线和水平线是直角转弯的，要注意区别两种循环结构的表示方法。

（5）调用子程序 A，如图 5.7(f) 所示。

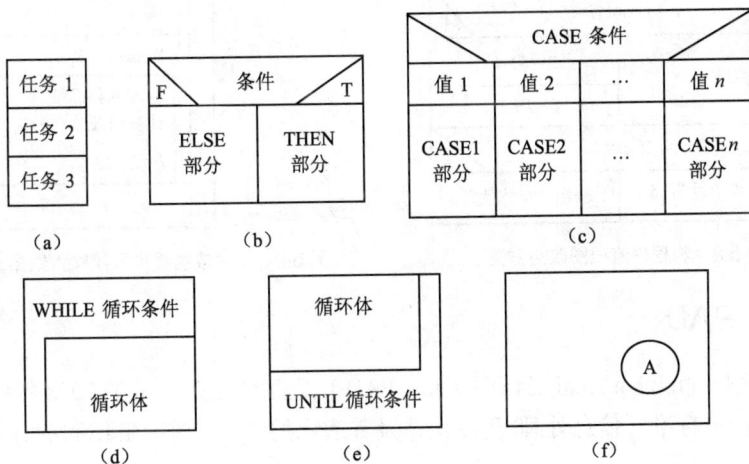

图 5.7　盒图的符号

2. 盒图的特点

坚持使用盒图作为过程设计工具，有利于软件开发人员养成用结构化设计方法进行软件设计的习惯。盒图具有以下特点。

- 能清晰地描述功能域。
- 没有表示任意转移控制的符号，因而只能表示结构化设计的结构。
- 易于确定数据的作用域是全局还是局部。
- 易于描述系统模块的层次结构和嵌套关系。

• 容易转换为高级程序设计语言。

【例5.2】 将图5.5所示的含有转移流线的程序流程图改为盒图。

让变量 I 从 1 到 N 递增，本程序通过累乘 $S=S×I$ 来实现 $N!$ 的计算。为了使 $S×I ≤ 32767$，设 Maxint=32767，在累乘时，不断检测 Maxint/$I < S$（即 32767/$I < S$）是否成立，如果成立，则 $S×I > 32767$，值太大，跳出循环。由于盒图是没有转移控制符号的，由此可以保证程序是结构化的，为了实现流程图中的转移功能，可以设置一个标记值 A，其初始值为 1。在上述条件不符合时，标记值不变，循环正常进行；当满足条件 $S×I > 32767$，也就是 Maxint/$I < S$ 时，设置标记值为 $A=2$，循环结束，输出结果。该题的盒图如图5.8所示。

【例5.3】 画出学生成绩管理系统的盒图。

【例3.2】的学生成绩管理系统输入数据部分的盒图如图5.9所示，其中 S_1 是班级学生人数，S_2 是课程数，每门课程都要输入班级中每位学生的成绩，并计算出班级单科成绩的总评分。

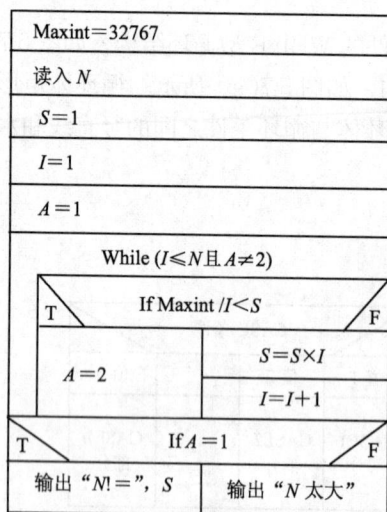

图5.8　将程序流程图改为盒图

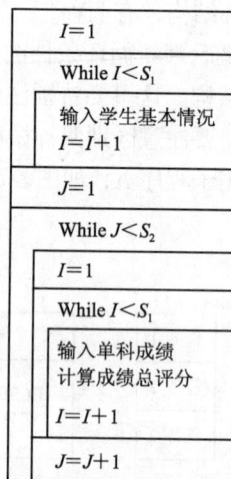

图5.9　学生成绩管理系统输入数据部分的盒图

5.1.3　PAD

问题分析图（Problem Analysis Diagram，PAD）是日本日立公司于1973年发明的。按中华人民共和国国家标准《信息处理 程序构造及其表示的约定》（GB/T 13502—1992）的规定，PAD 的符号如下。

1. PAD 的基本符号

（1）顺序结构：自上而下顺序执行处理 P1、P2、P3，如图5.10（a）所示。

（2）条件结构：条件 C 成立时执行处理 P1，否则执行处理 P2，如图5.10（b）所示。

（3）CASE 型多分支结构：根据条件选择执行所对应的处理，如图5.10（c）所示。

（4）先检测循环条件的 WHILE 型循环结构：如图5.10（d）所示。

（5）后检测循环条件的 UNTIL 型循环结构：如图5.10（e）所示。

（6）语句标号：如图5.10（f）所示。

（7）定义：如图 5.10（g）所示。

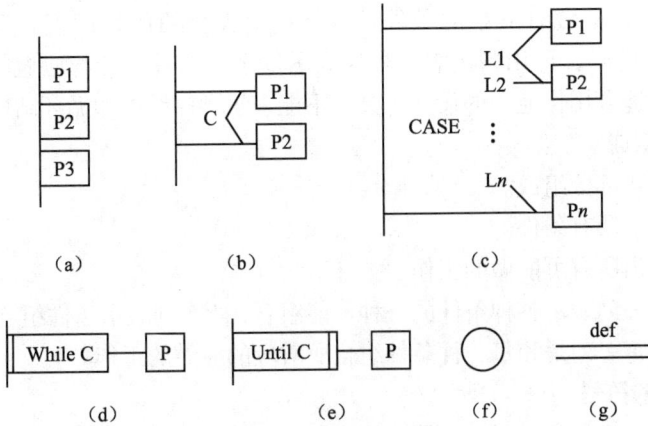

图 5.10　PAD 的基本符号

2. PAD 的特点

（1）用 PAD 表示的程序从最左边的竖线的上端开始，自上而下、自左向右执行。

（2）用 PAD 设计的软件结构必然是结构化的程序结构。

（3）结构清晰、层次分明。

（4）PAD 既可用于表示程序逻辑，也可用于描绘数据结构。

（5）PAD 可支持自顶向下、逐步求精的设计方法。开始时对某个处理可先用语句标号表示，其具体过程用定义符号 def 逐步增加，直到详细设计完成。

PAD 为常用高级程序设计语言的各种控制语句都提供了对应的图形符号，显然将 PAD 转换为对应的高级程序设计语言程序是很容易的。

【例 5.4】　画出学生成绩管理系统的 PAD。

【例 3.2】的学生成绩管理系统输入数据部分的 PAD 如图 5.11 所示，其中 S_1 是班级学生人数，S_2 是课程数，每门课程都要输入班级中每位学生的成绩，并算出成绩总评分。

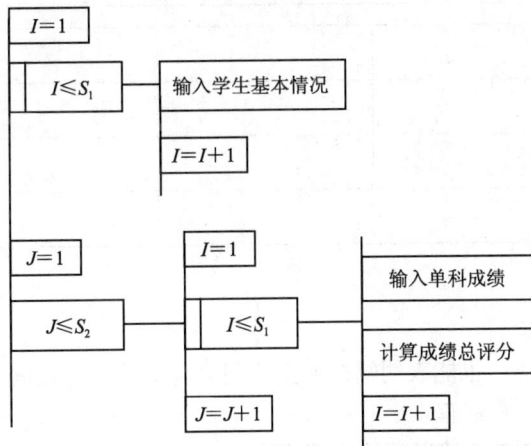

图 5.11　学生成绩管理系统输入数据部分的 PAD

5.1.4　判定表

有一类问题，其中含有复杂的条件选择，用前面介绍的程序流程图、盒图、PAD 等都不易表达清楚。此时，可用判定表清晰地表示复杂的条件组合与应做的工作之间的对应关系。但判定表不适合用作通用的设计工具，不能表示顺序结构和循环结构。

1．判定表的组成

判定表由以下 4 部分组成。

（1）左上部列出所有条件。

（2）左下部列出所有可能做的工作。

（3）右上部每一列表示各种条件的一种可能组合，所有列表示条件组合的全部可能情况。

（4）右下部的每一列是和每一种条件组合所对应的应做的工作。

2．判定表中的符号

（1）右上部用 T 表示条件成立，用 F 表示条件不成立，空白表示条件成立与否不影响。

（2）右下部画 × 表示在该列上面规定的条件下做该行左边列出的那项工作，空白表示不做该项工作。

【例 5.5】 **用判定表表示旅游票价优惠规定。**

某旅行社根据旅游淡季、旺季及是否团体订票，确定旅游票价的折扣率。具体规定如下。人数在 20 人以上的算团体，20 人以下的算散客。每年的 4 月～5 月、7 月～8 月、10 月为旅游旺季，旅游旺季团体票优惠 5%，散客不优惠；旅游淡季团体票优惠 30%，散客优惠 20%。用判定表表示旅游票价优惠规定。

分析：此题的旅游票价优惠条件有 2 个，一个是旅游的淡季或旺季，另一个是旅客属于团体或散客。价格有 4 种：不优惠、优惠 5%、优惠 20%、优惠 30%。

旅游票价优惠规定可用判定表表示，如表 5.2 所示。

表 5.2　旅游票价优惠规定判定表

团体	T	F	T	F
淡季	T	T	F	F
不优惠				×
优惠 5%			×	
优惠 20%		×		
优惠 30%	×			

5.1.5　判定树

判定树和判定表一样，也能表明复杂的条件组合与对应处理之间的关系。判定树是一种图形表示方式，更易被用户理解。

【例 5.6】 **用判定树表示旅游票价优惠规定。**

将【例 5.5】的旅游票价优惠规定改为用判定树表示，如图 5.12 所示。

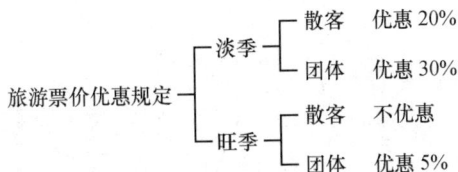

图 5.12　旅游票价优惠规定判定树

5.1.6　过程设计语言

过程设计语言（Process Design Language，PDL）常指由凯恩（Caine）和戈登（Gordon）开发的一种专门的软件设计工具。PDL 也被称为伪码，是一种混杂语言，混合使用叙述性说明和某种结构化的程序设计语言的语法形式。

1. PDL 的特点

PDL 的特点如下。

（1）关键字有固定语法，提供结构化的控制结构和数据说明，并在控制结构的头尾都加关键字，体现模块化的特点，如 IF...ENDIF、DO WHILE...ENDDO、CASE...ENDCASE 等。

（2）用自然语言叙述系统处理功能。

（3）有说明各种数据结构的手段。

（4）能描述模块定义和调用以及模块接口模式。

PDL 作为软件设计工具与具体使用哪种编程语言无关，能方便地转换为程序员所选择的任意一种编程语言，但转换的难易程度有所不同。

PDL 的缺点是不如图形工具那样形象、直观，在描述复杂的条件组合与对应处理之间的关系时不如判定表那样清晰。

2. 用 PDL 表示程序结构

用 PDL 可以表示程序的 3 种基本结构，可以描述模块定义和调用、数据定义和输入 / 输出等。

（1）顺序结构。

采用自然语言描述顺序结构：

```
处理 1
处理 2
处理 3
…
```

（2）条件结构。

① IF...THEN...ELSE 结构：

```
IF  条件
    THEN   处理 1
    ELSE   处理 2
ENDIF
```

② IF...THEN 结构：

```
IF  条件
    THEN    处理 1
ENDIF
```

③ CASE 结构：

```
CASE   条件   OF
CASE(1)
    处理1
CASE(2)
    处理2
...
CASE(n)
    处理n
ENDCASE
```

（3）循环结构。

① FOR 循环结构：

```
FOR i=1   TO   n
    循环体
END FOR
```

② WHILE 循环结构：

```
WHILE  条件
    循环体
ENDWHILE
```

③ UNTIL 循环结构：

```
REPEAT
    循环体
UNTIL 条件
```

（4）模块定义和调用。

① 模块定义：

```
PROCEDURE  模块名（参数）
    ...
RETURE
```

② 模块调用：

```
CALL  模块名（参数）
```

（5）数据定义。

```
DECLARE 类型    变量名,…
```

其中，类型可以是字符、整型、实型、指针、数组及结构等。

（6）输入 / 输出。

```
GET（输入变量表）
PUT（输出变量表）
```

目前，PDL 已有多种版本，如 PDL/Pascal、PDL/C、PDL/Ada 等，可以自动生成程序代码，可以提高软件的生产率。

5.2　用户界面设计

对于交互式软件系统来说，用户界面设计是接口设计的一个重要组成部分。现在用户界面设计在系统软件设计中所占的比例越来越大，有时可能占总工作量的一半。

用户界面设计的质量直接影响用户对软件产品的评价，影响软件产品的竞争力和寿命，因此应对用户界面设计给予足够的重视。

用户界面设计包括用户界面设计问题、用户界面设计过程、用户界面设计的基本原则、用户界面设计指南。

5.2.1　用户界面设计问题

用户界面设计需要考虑系统响应时间、用户帮助设施、出错信息和警告信息的处理以及命令的交互。

1. 系统响应时间

从用户完成某个控制动作（如按 Enter 键或单击）到软件给出预期的响应（输出或做动作）之间的时间称为系统响应时间。响应时间有长度和易变性两个属性。

（1）长度。

响应时间过长，用户会不满意。

响应时间过短，会迫使用户加快操作节奏，从而容易引起操作错误。

（2）易变性。

响应时间相对平均响应时间的偏差称为易变性。

响应时间的易变性小，有助于用户建立稳定的工作节奏。

响应时间的易变性大，暗示系统工作出现异常。

合理设计系统功能的算法，使系统响应时间不要过长；如果系统响应时间过短，可以设置适当的延时。总之，要根据用户的要求来调节系统响应时间。

2. 用户帮助设施

几乎每个软件用户都需要帮助，用户帮助设施可使用户不离开用户界面就能解决问题。

常见的帮助设施有下述两类。

（1）集成的帮助设施。

集成的帮助设施设计在软件里，对用户工作内容敏感，用户可以从与操作有关的主题中选择一个，获取帮助。集成的帮助设施可以缩短用户获得帮助的时间，提高界面的友好性。

（2）附加的帮助设施。

附加的帮助设施实际上是一种查询能力有限的联机用户手册。

集成的帮助设施优于附加的帮助设施，在具体设计用户帮助设施时必须对以下问题进行选择。

- 提供部分功能的帮助信息还是提供全部功能的帮助信息。
- 请求帮助的方式：帮助菜单、特殊功能键或 HELP 命令。
- 显示帮助信息的方式：独立窗口、指出参考某个文件或在屏幕的固定位置显示提示信息。
- 返回正常交互的方式：屏幕上的返回按钮或功能键。
- 帮助信息的组织方式：平面结构（所有信息都通过关键字访问）、层次结构或超文本结构。

设计必要的、简明的、合理且有效的帮助信息，可以大大提高用户界面的友好性，使软件受到用户的欢迎。

3. 出错信息和警告信息的处理

出错信息和警告信息是出现问题时给出的消息，有效的出错信息和警告信息能提高交互系统的质量，减少用户的挫折感。设计出错信息和警告信息应考虑以下问题。

（1）信息应以用户可理解的术语描述问题。

（2）信息应提供有助于从系统错误中恢复的建设性意见。

（3）信息应指出错误可能导致的负面后果（例如破坏数据文件），以便用户检查是否出现了这些问题，并在问题出现时予以改正。

（4）信息应伴随听觉上或视觉上的提示，在显示信息的同时发出警告声或用闪烁方式显示，或用明显的颜色表示出错信息。

（5）出错信息不能指责用户。

4. 命令的交互

如今，面向窗口的图形界面已减少了用户对命令行的依赖，但还是有些用户偏爱用命令方式进行交互。提供命令交互方式时，应考虑下列设计问题。

（1）每个菜单项都应有对应的命令。

（2）命令形式：控制序列、功能键或输入命令。

（3）考虑学习和记忆命令的难度，命令应当有提示。

（4）宏命令：代表一个常用的命令序列。只需输入宏命令的标识符，就可以顺序执行它所代表的全部命令。

（5）所有应用软件都有一致的命令使用方法。

5.2.2　用户界面设计过程

用户界面设计是一个迭代的过程，一般步骤如下。

（1）设计和实现用户界面原型。

（2）用户试用该原型，向设计人员提出对界面的评价。

（3）设计人员根据用户的评价修改设计，并实现下一级原型。

（4）不断进行设计、修改，直到用户满意为止。

5.2.3　用户界面设计的基本原则

设计友好、高效的用户界面的基本原则是：用户界面应当具有可靠性、简单性、易学习性、易使用性和立即反馈性。这些往往也是用户评价界面设计的标准。

（1）可靠性。用户界面应当提供可靠的、能有效减少用户出错的、容错性好的环境。一旦用户出错，应当能检测出错误、提供出错信息，给用户改正错误的机会。

（2）简单性。简单性能提高用户工作效率。用户界面的简单性包括输入和输出的简单性、系统界面风格的一致性以及命令名的含义、命令的格式、提示信息、输入/输出格式等的一致性。

（3）易学习性和易使用性。用户界面应提供多种学习和使用方式，应能灵活地适用于所有用户。

（4）立即反馈性。用户界面对用户的所有输入都应立即做出反馈。当用户有误操作时，程序应尽可能明确地告诉用户做错了什么，并向用户提出改正错误的建议。

5.2.4　用户界面设计指南

根据用户界面设计的基本原则，下面分别介绍 3 类用户界面的实用设计指南，分别为一般交互、信息显示和数据输入。

1. 一般交互

一般交互是指整体系统控制、信息显示和数据输入。以下设计指南是全局性的。

（1）保持一致性：菜单选择、命令输入、数据显示、其他功能要使用一致的格式。

（2）提供有意义的反馈：对用户的所有输入都立即提供视觉、听觉的反馈，建立双向通信。

（3）要求确认：在执行有破坏性的动作之前要求用户确认。例如，在执行删除信息、覆盖信息、终止运行等操作前，提示"是否确实要……"。

（4）允许取消操作：应该能方便地取消已完成的操作。

（5）尽量减少用户的记忆量。

（6）提高效率：人机对话、要求用户思考等要提高效率。尽量减少用户按键的次数，减少鼠标指针移动的距离，避免用户对交互操作产生疑惑。

（7）允许用户犯错误：系统应保护自己不受致命性错误的破坏，用户出错后提示出错信息。

（8）按功能对动作分类：如采用分类、分层次的下拉菜单，应尽力提高命令和动作的内聚性。

（9）提供帮助设施。

（10）命令名要简单：用简单动词或动词短语作为命令名。

2. 信息显示

为了满足用户的需求，应用软件的用户界面所显示的信息应当完整、明确、易于理解、有意义。以下是关于信息显示的设计指南。

（1）用户界面显示的信息应简单、完整、清晰、含义明确。

（2）可用不同方式显示信息：用文字、图片、声音表示信息；按位置、大小、颜色、分辨率等区分信息。

（3）只显示与当前工作内容有关的信息。

（4）使用一致的标记、标准的缩写和适当的颜色。

（5）产生必要的出错信息。

（6）使用大小写、缩进和文本分组等方式帮助理解。

（7）使用模拟显示方式表示信息。例如，用垂直方向的矩形表示温度、压力等的变化，用颜色变化表示警告信息等。

（8）高效率地使用显示屏，用窗口分隔不同类型的信息。使用多个窗口时，应使每个窗口都有空间显示信息，窗口的大小应选择得当。

3. 数据输入

在设计数据输入类的用户界面时，考虑到用户的很多时间用于选择命令和向系统输入信息，所以应做到以下几点。

（1）尽量减少用户的输入动作。可用鼠标从预定的一组输入中选择某一个，或在给定的值域中指定输入值，或利用宏命令把一次击键转变为复杂的输入数据集的过程。

（2）保持信息显示和数据输入的一致性，如文字大小、颜色、位置应与输入一致。

（3）允许用户自己定义输入，如定义专用命令、警告信息、动作确认等。

（4）允许用户选择输入方式，如键盘、鼠标、扫描仪等。

（5）使当前不适用的命令不可用。

（6）允许用户控制交互流程，如跳过不必要的动作、改变工作的顺序、将系统从错误状态中恢复正常。

（7）为所有输入动作提供帮助。

（8）消除冗余的输入。利用程序可以自动获得或计算出来的信息不应要求用户提供。

例如当前日期、时间等，计算机可以自动获得。又如，单位的职工信息管理系统中，姓名、性别、部门、职称等应当预先存放在数据库中，使用时只要输入职工号，就可以立即通过程序调用数据库，显示出该职工号所对应的姓名、性别、部门、职称等信息，不需要每次输入这些信息。另外，整数后面不要求用户输入".00"。

进入移动互联网时代后，基于 Web 的系统和应用（WebApp）使用得很多，对于其用户界面设计、测试等内容，本书将在第 9 章具体介绍。

【例 5.7】　商品销售界面的设计。

在【例 2.1】的商品销售管理系统中，用户以营业员身份登录后，可进入商品销售界面。商品销售界面应包括销售时需要输入的主要信息，如商品的编号、数量；应包括需要选择执行的操作按钮；还应包括销售时主要的输出数据，如商品的编号、名称、单价、数量、合计等，如图 5.13 所示。

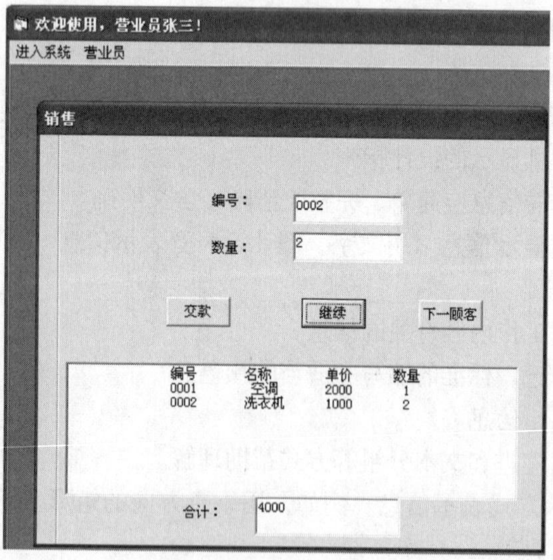

图 5.13　商品销售界面

销售模块执行过程：营业员逐个输入商品的编号及数量，顾客所购买的商品的编号、名称、单价、数量及合计等即可自动显示在下方的列表中，单击"继续"按钮可继续输入顾客购买的下一种商品信息。

单击"下一顾客"按钮可以结束对一位顾客的销售服务，此时会出现提示"结束本次交易并打印，确定吗？"。若选择"否"，则仍为这位顾客服务，输入下一个商品的编号及数量；若选择"是"，则打印这位顾客的商品清单并计算总价，清除下方列表内容，为下一位顾客提供销售服务。

当营业员下班时，单击"交款"按钮可以结束当日的交易，此时会出现提示"结束当日交易，确定吗？"。若选择"是"，则登记这位营业员一天的全部营业额并退出系统；若选择"否"，则这位营业员可继续为顾客服务。

每销售一种商品，都会将数据库中对应的库存量减去销售数量，得到新的库存量。一位顾客的交易完成时，需要打印顾客所购买的商品清单、总价、日期、经手人等。其中的"日期"可采用计算机系统日期。而"经手人"问题这样考虑：由于营业员要为很多顾客服务，不要让营业员多次输入他的姓名，可以利用营业员进入系统时输入的工号，将其姓名从数据库中调出，只要该营业员没有退出系统，"经手人"始终可以使用其姓名。图 5.13 所示的商品销售界面中即显示了系统当前使用者的姓名是张三。

5.3　数据代码设计

在计算机软件系统中，如果存放的数据量很大，需要对数据进行代码设计，其目的是将自然语言转换成便于计算机处理的、无二义性的形态，从而提高计算机的处理效率和操作性能。

1. 代码的定义和作用

数据代码是为了对数据进行识别、分类、排序等操作所使用的数字、文字或符号。

数据代码具有识别、分类和排序 3 项基本功能。尤其在信息处理系统中，代码应用涉及的面广、量大，必须从系统的整体出发，综合考虑各方面的因素，精心设计代码。

在一个系统中，如果使用的代码复杂、量大，人们无法准确地记忆，可以用代码词典记录代码与数据之间的对应关系，必要时可以设计代码联机查询功能，以方便用户的使用和查找。有时，代码需要随时进行增加、删除、修改、查询等，可以设计相应的代码管理功能。

2. 代码的特性

代码具有简洁性、保密性、可扩充性和持久性等特性。

（1）简洁性：减少存储空间、消除二义性。

（2）保密性：不了解编码规则的人不知道代码的含义。

（3）可扩充性：设计代码时要留有余地，方便在软件生命周期内增加代码。

（4）持久性：代码应可以在软件的生命周期内长久使用。代码的变换会影响数据库和程序。

5.3.1　数据代码设计原则

数据代码设计原则是标准化、唯一性、可扩充性、简单性、规范化、适应性。

（1）标准化：尽可能采用国际标准、国家标准、部颁标准或习惯标准，以便信息的交换和维护。如会计科目编码、身份证号、图书资料分类编码等，要根据国家标准编码。

（2）唯一性：一个代码只代表一个信息，每个信息只有一个代码。

（3）可扩充性：设计代码时要留有余地，方便代码的更新、扩充。

（4）简单性：代码结构简单、尽量短，便于记忆和使用。

（5）规范化：代码的结构、类型、缩写格式要统一。

（6）适应性：代码要尽可能反映信息的特点，唯一地标识某些特征，如物体的形状、大小、颜色，材料的型号、规格、透明度等。

另外，有以下一些实用规则可供参考。

（1）只有两个特征值的，可用逻辑值代码，如电路的闭合、断开。

（2）特征值的个数不超过10时，可用数字代码。

（3）特征值的个数不超过20时，可用字母代码。

（4）数字、字母混用时，要注意区分相似的符号，示例如下。

数字	字母
1	I
0	O、D
8	B
5	S
2	Z
9	q

（5）代码出现颠倒使用的情况时，要注意区分数字6和数字9、字母M和字母W。

（6）代码正反使用时，要注意区分字母p和字母q。

5.3.2　代码种类

在代码设计中，可用数字、符号的组合构成各种编码方式，代码种类一般分为顺序码、信息块码、归组分类码、助记码、数字式字符码及组合码等。

1. 顺序码

以数字的大小或字母的前后次序的排列组合作为代码使用，称为顺序码。这是最简单的代码体系，例如，可在财务凭证、售票、发票、银行支票等票据类数据中用顺序码表示单据号。

2. 信息块码

将代码按某些规则分成几个信息块，在信息块之间留出一些备用码，每块内的码是按顺序编排的，这样编成的代码称为信息块码。

例如，中华人民共和国行政区划代码（GB/T 2260—2007）就是典型的信息块码，其代码结构由6位数字组成，形式如XXYYZZ。其中，前两位XX代表省、自治区、直辖市、特别行政区，如11代表北京市、12代表天津市、31代表上海市、32代表江苏省等；中间两位YY表示市、地区、自治州、盟、直辖市所辖区/县汇总码、省（自治区）直辖县级行政区划汇总码，如01～20、51～70表示市，01、02还用于表示直辖市所辖市辖区、县汇总码；21～50表示地区、自治州、盟；后两位ZZ表示县、自治县、县级市、旗、自治旗、市辖区、林区、特区，如01～20表示市辖区、地区（自治州、盟）辖县级市、市辖特区以及省（自治区）直辖县级行政区划中的县级市；21～80表示县、自治县、旗、自治旗、林区、地区辖特区；81～99表示省（自治区）直辖县级市。例如320106，表示江苏省南京市鼓楼区。

学生的学号也可以用信息块码来编码，将学号分为几个信息块，如学生的入学年份、系的代码、专业代码、班级代码等，每个信息块内部按顺序排列，信息块之间留出备用码。

3. 归组分类码

将信息按一定的标准分为大类、中类、小类，每类分配顺序代码，就构成归组分类码。与信息块码不同的是，归组分类码不是按整个代码分组的，而是按代码的代号分组的，各组内的位数没有限制。表5.3所示是归组分类码示例。

表5.3　归组分类码示例

信息	代码
哲学	100
宗教	200
社会科学	300
法律	320
商法	325
公司法	3252
股份公司法	32524
合股公司法	32525

4. 助记码

助记码是将数据的名称适当压缩组成的代码，有利于记忆。

助记码多用汉语拼音、英文字母、数字等混合组成，例如12英寸电视机的代码是12TV，29英寸电视机的代码是29TV。

5. 数字式字符码

按规定的方式将字符用数字表示，所形成的代码称为数字式字符码。

计算机中通用的ASCII就是数字式字符码，表5.4列出了部分ASCII。

表5.4　部分 ASCII

ASCII	字符	ASCII	字符
048	0	065	A
049	1	066	B
050	2	067	C
051	3	068	D
052	4	069	E
053	5	070	F
054	6	071	G
055	7	072	H
056	8	073	I
057	9	074	J

6. 组合码

在很多应用中，仅选用一种代码形式进行编码往往不能满足要求，选用几种形态的代码合成编码则会产生很好的效果。组合码使用起来十分方便，只是代码的位数较多。

5.3.3　数据代码设计方法

数据代码设计一定要遵循简单性、唯一性、标准化、可扩充性、规范化等原则，设计代码的目的是提高信息的处理效率。对于软件系统中的主要数据，尤其是汉字词语，一般都要编码，有利于识别、分类和检索。

代码设计的基本步骤如下。

（1）确定编码对象。选择采用代码后可以提高输入、输出、查询效率的数据作为编码对象，如学校的学生、教师、图书、设备，商场的商品、供货单位、财务科目等。

（2）明确编码目的。确定编码后需要进行的工作，如识别、分类、排序等，编码目的不同，所选用的代码种类也不相同。

（3）确定代码数目。确定当前的代码数目和将来可能扩充的代码数目。

（4）确定代码的使用范围和使用期限。

（5）确定代码的体系和代码位数。这是编码的关键，要使所设计的代码简短、易记、不易混淆。要根据代码使用的目的来确定采用哪种体系。

（6）确定编码规则。确定编码规则之前要与使用人员认真讨论，根据使用人员的需求、计算机的处理能力、便于记忆和维护综合考虑。

（7）编写代码。

（8）编写代码词典。代码词典应记录数据与代码的对应关系、代码的使用方法和示例、修改代码的手续及规则、管理代码的部门和权限等。

5.4　数据输入/输出设计

在详细设计阶段，要对系统输入/输出的所有细节进行调查研究和具体设计，此后才能进入下一个阶段——程序设计阶段。

5.4.1　数据输入设计

数据输入设计需要对信息的发生、收集、介质化、输入，以及信息内容等方面进行详细的调查、研究后才能进行。

（1）信息的发生。信息的形式多种多样，数据的数量、信息产生的周期等都要搞清楚。

（2）信息的收集。信息收集的途径、场合、方法、负责人等。现在信息可以通过网络收集或人工收集。

（3）信息的介质化。信息可以通过磁卡、扫描仪、光电读入器等联机实时输入，也可以在终端通过键盘、软盘等设备输入。

（4）信息的输入。信息输入的形式、设备、周期、时间，输入的信息和文件等。

（5）信息内容。信息内容包括信息的项目排列、数据名称、数据项的属性、数据范围等。
输入设计要根据用户的实际需要进行，并使输入设备、介质的种类尽可能减少。

5.4.2 数据输出设计

数据输出设计应充分考虑用户的需求，输出处理要根据输出内容、输出方式、信息分配等具体情况，进行分析、研究后再进行设计。

（1）输出内容。输出的内容和格式必须满足用户的要求。

应充分了解输出信息的名称、使用目的、使用对象、使用周期、保密程度及传送方法等。设计人员应了解用户需要哪些输出内容，而不是规定用户必须接受什么输出内容。

（2）输出方式。输出的方式可以是屏幕显示、打印或其他。

屏幕显示常用于人机对话等处理形式。

打印又可分为集中打印或分散打印。集中打印由计算机打印后分发给用户。分散打印是指信息可以先输出到磁盘或网络等介质，再由用户打印。

输出也可以转由计算机进行其他处理，或产生中间结果以向其他系统传递信息。

（3）信息分配。信息的分配要表明通过什么途径、采用什么方式、什么周期、送给什么人，要防止信息的遗失、泄密、延误等。

5.5 数据安全设计

计算机应用的不断发展为人们的工作与生活带来了方便，同时也存在许多隐患。计算机的故障、人为的错误、软件中的隐患都可能使数据信息被破坏或泄露，给社会和个人带来损失。在设计软件系统时，应十分重视软件数据的安全性问题。

1. 安全事故

软件系统发生的安全事故可分为以下几类。

（1）数据被破坏或修改。

（2）保密的数据被公开。

（3）数据和系统不能为用户服务。

2. 安全控制方法

常用的安全控制方法有以下 5 种。

（1）检查数据的正确性、完整性。输入数据的原始凭证不能遗漏或遗失。对原始凭证可以采用编号的方法，发现缺号及时核对、查找。

输入数据时，要采用各种校验方法，及时改正错误。可以采取检查数据的类别、数据的合理性、数据的范围，数据合计检查、平衡检查、校验位检查等方法。

（2）检查用户使用权限。可以利用用户名和密码、磁卡和集成电路卡片、签名、指纹、声音、瞳孔、人脸等检查用户的使用权限。

软件系统各部分的使用权限，可以由系统管理员进行设置。具有不同业务职责的人员使用不同的模块。

（3）系统运行日志。系统运行日志记录系统运行时产生的特定事件。它提供发现权限检查中的问题、系统故障恢复、系统监督等信息，为用户提供检查系统运行情况的功能。运行日志的设置将大大减少恶意窃取系统信息的机会，减少系统运行错误。

（4）监督检查违规行为。通过检查书写内容、机器自动记录内容、自动监视等方法检查违规行为。在系统运行中需要动态地进行实时违规监察处理，将测试出来的违规行为及时通报给安全监控系统，提出警告或进行必要的处理。违规行为的监督检查需要一定的组织和责任体系来予以保证。

（5）加密。加密是将数据按某种算法变换成难以识别的形态，其目的是在网络通信过程中对数据进行保护，防止数据泄密。接收数据的一方要使用相应的解密算法，将数据还原。对于使用解密算法的用户应记录到运行日志中，以便及时检查违规行为。

3. 数据安全受破坏时的措施

要预防由于计算机硬件、软件或操作上的错误，破坏数据的正确性。万一出现错误，应及时发现错误，认真分析错误的影响程度。

重要的数据要有备份，避免系统设备被破坏而造成损失。

系统发生故障后，在恢复系统的同时要找出事故原因，预防事故再次发生。

软件工程的各个阶段都应有专门人员监督检查软件开发、使用中数据的正确性、可信度，保护系统资源不受侵犯，保证系统全部资源和功能的安全性、可靠性。

5.6　详细设计文档与复审

在软件工程的详细设计阶段，需要编写的软件文档主要有详细设计说明书和操作手册；详细设计阶段结束时，要对它们进行复审，复审通过后，才可进入下一阶段——软件实现阶段。

5.6.1　详细设计说明书

详细设计说明书的编写内容如下。

1. 引言

（1）编写目的。

（2）背景说明。

（3）定义。

2. 程序系统的结构

用一系列图表列出本软件系统内每个程序（包括每个模块和子程序）的名称、标识符和它们之间的层次结构关系。每个程序根据实际需要说明以下内容，并不是每个程序都需要写出下列全部内容。

（1）程序描述。

（2）功能。

（3）性能。

（4）输入项。

（5）输出项。

（6）算法。

（7）流程逻辑。

（8）接口。

（9）存储分配。

（10）注释设计。

（11）限制条件。

（12）测试计划。

（13）尚未解决的问题。

5.6.2 操作手册

在详细设计阶段，描述了实现系统功能的具体算法，因而可以写出初步的操作手册，编码阶段再对操作手册进行补充和修改。操作手册的编写内容如下。

1. 引言

（1）编写目的。

（2）背景说明。

（3）定义。

（4）参考资料。

2. 软件概述

（1）软件的结构。结合软件系统所具有的功能，包括输入、处理和输出，提供该软件的总体结构图表。

（2）程序表。列出本系统内每个程序的标识符、编号和简称以及程序的功能。

（3）文卷表。列出将由本系统引用、建立或更新的每个永久性文卷，说明它们各自的标识符、编号、简称、存储媒体和存储要求。

3. 安装与初始化

具体说明为使用本软件而需要进行的安装与初始化过程，包括程序的存储形式、安装与初始化过程中的全部操作命令、系统对这些命令的反应与答复、表明安装工作完成的测试实例等；此外，还应说明安装过程中所需用到的专门软件。

4. 运行说明

运行是指提供一个启动控制信息后，直到计算机系统等待另一个启动控制信息时为止的计算机系统执行的全部过程。

（1）运行表。要列出每个可能的运行，说明每个运行的目的，指出每个运行所执行的程序。

（2）运行步骤。逐个说明每个运行及完成整个系统运行的步骤。以对操作人员最方便、最有用的形式，说明运行的有关信息，如运行控制、操作信息和运行目的。

● 操作要求：启动方法、预定时间启动、预计的运行时间和解题时间、操作命令和与运行有关的其他事项。

● 输入 / 输出文卷：占用硬件设备的优先级以及保密控制等。

● 输出：提供本软件输出的有关信息、输出媒体、文字容量、分发对象和保密要求。

● 输出的复制：提供有关信息、复制的技术手段、纸张或其他媒体的规格、装订要求、分发对象及复制份数。

5. 非常规过程

非常规过程提供有关应急操作或非常规操作的必要信息，如出错处理操作、向后备系统的切换操作以及其他必须向程序维护人员交代的事项和步骤。

6. 远程操作

如果本软件能够通过远程终端控制运行，则说明其操作过程。

5.6.3　详细设计的复审

软件的详细设计完成后，必须从软件的正确性和可维护性两个方面，对实现功能的逻辑、数据结构和界面等进行审查。

详细设计的复审可用下列形式之一完成。

- 设计人员和设计组的另一成员一起进行静态检查。
- 由检查小组进行较正式的软件结构设计检查。
- 由检查小组进行正式的设计检查，对软件设计质量给出评价。

实践证明，正式的详细设计复审工作在发现设计错误方面与软件测试同样有效，并且更加容易发现设计错误。

本章小结

用户界面设计的质量直接影响用户对软件产品的评价，软件工程中应对用户界面设计给予足够的重视。

过程设计应在数据结构设计、软件结构设计、接口设计完成之后进行，它是详细设计阶段应完成的主要任务之一。

过程设计不是具体地编写程序，而是从逻辑上设计正确实现每个模块功能的处理过程。过程设计应当尽可能简明、易懂。

详细设计阶段使用的工具有流程图、盒图、PAD、判定表、判定树、PDL 等，读者应当熟练掌握这些工具。

习题 5

1. 试述用户界面设计应考虑的因素。

2. 选举学生会委员，共需选举 7 位委员，试设计选票统计系统。选举规则：无记名投票，每张选票最多可选 7 位委员，超过 7 人为废票；读入选票，统计并输出有效选票的总数及每位候选人的得票数；得票数超过有效选票数一半的候选人中，得票数在前 7 位的当选；若得票数过半者不足 7 人，则票数过半者当选，而未过半数者进入下一轮选举，争夺余下名额，直至选举完成。试画出该系统的盒图和 PAD。

3. 某校拟对参加计算机程序设计考核成绩好的学生进行奖励，成绩合格者奖励 20 元，成绩在 80 分以上者奖励 50 元，成绩在 90 分以上者奖励 100 元。要求设计一个计算机程序，输入参加考核的学生名单和成绩，输出获奖者名单、成绩及所获奖金，统计各类获奖学生人数占总人数的比例。试画出该系统的程序流程图、盒图和 PAD。

4. 某校对于各种不同职称的教师，根据其是本校专职教师还是外聘教师决定其讲课的课时津贴费。本校专职教师每课时津贴费：教授 90 元，副教授 70 元，讲师 50 元，助教 40 元。外聘教师每课时津贴费：教授 100 元，副教授 80 元，讲师 60 元，助教 50 元。试分别用判定表和判定树表示课时津贴费规定。

5. 下面是用 PDL 写出的程序，请画出对应的 PAD 和盒图。

```
While  C  do
  If  A>0  then  A1  else  A2  endif
  If  B>0  then
          B1
          If  C>0  then  C1  else  C2  endif
          Else  B2
  Endif
  B3
  Endwhile
```

第6章

软件实现

软件设计要经历概要设计、详细设计和软件实现3个阶段。软件实现包括软件编码和软件测试。

软件编码也称程序设计，是在详细设计的基础上，将详细设计中的对软件处理过程的描述，转换为用某种程序设计语言书写的程序。

本课程的前导课程是"计算机程序设计语言"，本章不是讲如何编写程序，而是介绍如何选择程序设计语言、在编写程序时应当注意保持的程序设计风格、程序设计质量的评价和程序设计文档的编写。

软件测试是软件实现阶段保证软件质量的重要措施。本章将介绍软件测试的方法、步骤、软件测试方案的设计等。

6.1 结构化程序设计

需求分析阶段、概要设计阶段和详细设计阶段所产生的文档，都不能直接在计算机上运行。软件编码就是将软件设计的结果翻译成计算机可以理解的形式，用程序设计语言书写程序，从而使系统的需求和设计能真正地实现。在程序设计阶段必须进行模块测试，一边进行程序设计，一边进行模块测试。因而系统的实现阶段要进行程序设计和模块测试两项工作。

实践表明，编码中出现的问题主要是由设计中存在的问题引起的。因而笔者主张在编码之前对系统进行分析、设计，尽可能在编码之前保证软件设计的正确性。在编码时，程序员应当简明、清晰、高质量地进行程序设计，将系统设计付诸实施。在这个阶段，程序设计语言的选择、程序设计的方法和编码的风格会对程序的可读性、可靠性、可测试性和可维护性产生直接的影响。

结构化程序（Structured Program）是由基本的控制结构构造而成的程序。每个控制结构只有一个入口点和一个出口点。控制结构集包括指令序列、指令或指令序列的条件选择以及一个指令或指令序列的重复执行。

结构化程序设计（Structured Programming，SP）是一种良好的软件开发技术。它采用自顶向下设计和实现的方法，严格地使用结构化程序构造软件。此技术可降低程序设计的复杂性，提高清晰度，便于排除隐含的错误，有利于程序的修改。

结构化程序设计主张系统的模块仅采用顺序、条件、循环3种基本控制结构，不主张用

GOTO 语句来随意转移程序的控制；每种基本控制结构只有一个入口、一个出口，只完成一个操作；强调对模块采用自上而下、逐步细化的设计方法；将这 3 种基本控制结构根据程序的逻辑，嵌套或组合成结构化程序，完成预定的功能。

事实上，用且仅用这 3 种基本控制结构就可以组成任何一个复杂的、具有层次结构的程序。结构化程序设计就是用这 3 种基本控制结构进行有限次的组合或嵌套，实现模块功能的。

经典的结构化程序设计只允许使用顺序、IF...THEN...ELSE 型条件结构和 DO...WHILE 型循环结构这 3 种结构；扩展的结构化程序设计还允许使用 DO...CASE 型多分支结构和 DO...UNTIL 型循环结构；修正的结构化程序设计增加了使用 LEAVE（离开）或 BREAK（终止）的结构。

结构化程序设计的最大优点之一是所得到的源程序具有清晰性，并能较好地适合自顶向下或自底向上的程序设计技术。

在需求分析阶段，结构化分析建立系统模型，定义和描述用户需求，确定软件设计和验收的标准。在详细设计阶段，结构化设计方法使系统结构具有模块化和清晰性的特性。在软件编码阶段，结构化程序设计使软件易于理解和修改，便于重复使用。

6.2 选择程序设计语言

1960 年以来已出现了数千种不同的程序设计语言，但只有一小部分得到了广泛应用。一个具体的项目进行软件编码之前的一项重要工作是选择适当的程序设计语言。在选择程序设计语言时，要比较各种可用语言的适用程度，选择最适合的语言。

1. 程序设计语言的发展

（1）机器语言。

机器语言由二进制 0、1 代码构成指令，不同的 CPU 具有不同的指令系统。机器语言程序难编写、难修改、难维护，需要用户直接对存储空间进行分配，编程效率极低。

（2）汇编语言。

汇编语言是机器指令的符号化，与机器指令有着直接的对应关系，所以汇编语言同样存在难学、难用、容易出错、维护困难等缺点，其优点是系统接口易于实现、执行效率高。

（3）高级程序设计语言。

高级程序设计语言（简称高级语言）使用的概念和符号与人们通常使用的概念和符号比较接近，它的一条语句往往对应若干条机器指令。高级语言的特性是一般不依赖于计算机硬件结构，通用性强。高级语言是面向用户的、基本上独立于计算机种类和结构的语言。其最大的优点是：形式上接近于算术语言和自然语言，概念上接近于人们通常使用的概念。例如，ALGOL 语言是高级语言的开拓者，BASIC 语言是易于初学者掌握的高级语言，FORTRAN 语言用于科学计算，Pascal 语言是第一个结构化程序设计语言等。

（4）非过程化语言。

第四代语言（Fourth Generation Language，4GL）是非过程性语言，编码时只需说明"做什么"，不需描述算法细节。数据库查询和应用程序生成器是 4GL 的两个典型应用。用户可以用结构查询语言（Structure Query Language，SQL）对数据库中的信息进行复杂的操作。其主要特征如下。

- 有可视化的、友好的用户界面，操作简单，使非计算机专业人员也能方便地使用它。
- 兼有过程性和非过程性双重特性。非过程性语言只需告诉计算机"做什么"，不必描述怎么做，怎么做由计算机语言来实现。
- 有高效的程序代码，能缩短开发周期，减少维护的成本。
- 有完备的数据库管理功能。
- 有应用程序生成器。提供一些常用的程序来实现文件的维护、屏幕管理、报表生成、查询等任务，从而有效地提高软件生产率。

2. 选用汇编语言的情况

机器语言和汇编语言都依赖于计算机硬件结构，指令系统因机器而异，难学、难用。其缺点是编程效率低、容易出错、维护困难；其优点是易于实现系统接口，执行效率高。

一般在设计应用软件时，应当优先选用高级语言，只有下列 3 种情况才选用汇编语言。

（1）软件系统对程序执行时间和使用空间都有严格限制。

（2）系统硬件是特殊的微处理机，不能使用高级语言。

（3）大型系统中的某一部分，其执行时间非常关键，或直接依赖于硬件，这部分用汇编语言编写，其余部分用高级语言编写。

3. 目前常用的程序设计语言

目前常用的程序设计语言有如下几种。

（1）C 语言。

C 语言是面向过程的高级语言，需要编译、链接才能得到可执行的目标程序，但是其生成的目标代码质量好，程序执行效率高。C 语言描述问题比汇编语言迅速，工作量小，可读性好，易于调试、修改和移植。使用 C 语言编写的程序既有高级语言的特点又有低级语言的功能，可用于编写系统软件或嵌入式应用软件。

（2）C++。

C++ 是在 C 语言基础上发展的一种面向对象的程序设计语言。它既可以进行 C 语言的过程化程序设计，又可以进行基于对象的程序设计，还可以进行以继承和多态为特点的面向对象的程序设计，可以定义类、多态性、异常处理，支持数据封装、继承、多继承和数据隐藏等。

（3）Java。

Java 是一种面向对象的、用于网络环境的程序设计语言，需要 Java 虚拟机解释执行。Java 不仅吸收了 C++ 的各种优点，还摒弃了 C++ 里难以理解的多继承、指针等概念，具有功能强大、简单易用和跨平台的特征，被广泛应用于服务器程序和移动设备程序中，是目前应用最多的程序设计语言之一。C# 与 Java 类似，是 .NET 平台上的编程语言。

（4）Python。

近年兴起的 Python 是一种面向对象的解释型高级语言，简单而功能强大，易于学习、编辑周期短。Python 与 C++ 一样支持多继承。类的设计中有两种重用方法：类的继承与类的组合。Python 支持与多种数据库之间的连接，可以调用使用 C 语言或 C++ 编写的程序。Python 具有良好的跨平台特性，可运行于 Windows、UNIX、Linux、Android 等大部分操作系统平台。Python 在 Web 开发、数据科学——机器学习、数据分析、数据可视化和脚本编写等方向有很多用途，是目前应用越来越多的高级语言。

4. 选用高级语言的实用标准

选用高级语言考虑的因素通常有项目的应用领域、软件的开发环境、用户的要求、软件开发人员的知识等。

程序设计语言特点不同，适用领域也不同，以下从不同角度介绍选择高级语言的方法。

（1）项目的应用领域。

① 科学工程计算。需要大量的标准库函数，以便处理复杂的数值计算，可选用的语言有 FORTRAN 语言、Pascal 语言、C 语言等。

② 数据处理与数据库应用。可选用的语言有 COBOL 语言、SQL。COBOL 语言是商用程序设计语言。SQL 为 IBM 公司开发的数据库查询语言。

③ 实时处理。实时处理软件一般对性能的要求很高，可选用的语言有汇编语言、Ada 语言等。

④ 系统软件。编写操作系统、编译系统等系统软件，可选用 C 语言、汇编语言、Pascal 语言、Java 语言或 Ada 语言。

⑤ 人工智能。如果要完成知识库系统、专家系统、决策支持系统、推理工程、语言识别、模式识别等人工智能领域内的系统，可选用 Prolog、LISP 语言。

（2）软件开发的方法。

有时编程语言的选择依赖于开发的方法。如果要用快速原型模型来开发，要求能快速实现原型，因此宜采用 4GL。如果是面向对象方法，宜采用面向对象的语言编程，如 Java、Python 等。

（3）软件开发环境。

软件开发的前提是需要具备足够的硬件环境。不同的软件开发环境，所使用的编程语言不同。例如，Visual Basic、Visual C、Visual FoxPro（VFP）及 Delphi 等都是可视化的软件开发工具，提供了强有力的调试功能，可提高软件生产率，减少错误，有效地提高软件质量。

（4）移动互联应用系统。

移动互联网有以下几种不同的操作系统，所使用的编程语言有所不同。

● Android 是一种基于 Linux 内核的开放源代码操作系统，主要用于移动设备，如智能手机、平板电脑、电视等。Android 平台需要 Java 编程语言。

● Apple 公司的 iOS 用 Objective-C 语言，新发布的语言是 Swift。

● Microsoft 公司的 Windows Phone 所用的编程语言是 C、C++、C# 等。

（5）根据系统用户的要求来选择。

当系统交付使用后由用户负责维护时，应选择用户所熟悉的编程语言书写程序。

（6）软件开发人员的知识。

如果和其他标准不矛盾，则应选择一种软件开发人员熟悉的编程语言，使开发速度更快，质量更易保证。同时，开发人员应仔细分析软件项目的类型，勇于学习新知识，掌握新技术。

6.3　程序设计风格

程序设计风格指编写程序的特点、习惯、逻辑思路等。

20 世纪 70 年代以来，计算机的运算速度大大提高，计算机的存储容量也越来越大，软件的规模增大了，软件的复杂性增加了，为了延长软件的生命周期，需要经常对软件进行维护。所以软件程序设计的目标从强调运算速度、节省内存转变到强调程序的可读性、可维护性。与此同时，程序设计风格也从追求"技巧"变为提倡"简明"。

良好的程序设计风格可以减少错误，缩短读程序的时间，有利于写出高质量的程序，从而提高软件开发和维护的效率。在多个程序员共同编写一个大型的软件产品时，良好的、一致的风格有利于相互交流，避免因不协调而产生问题。

下面简述程序设计风格。

1. 源程序文档编写规则

在编写源程序文档时，标识符名称、注解、程序布局等要合理。

（1）选用含义鲜明的标识符。标识符的名字不要太长，若用缩写，规则应一致。要给每个标识符加注解或在数据字典中写明含义。

（2）注解是程序员和程序读者之间通信的重要工具，通常在每个模块开始处用注解简述模块的功能、主要算法、接口特点、调用方式、开发简史以及重要数据的含义、用途、限制、约束等。注解的内容一定要正确，程序有变动时，注解要与程序内容始终保持一致。要用空格或空行区分注解和程序。

（3）程序布局。适当利用阶梯形式，使程序的层次结构清晰、明显。

2. 数据说明

数据说明要易于理解和维护，可以按下述原则进行编制。

（1）数据说明的顺序应规范，如按数据类型或数据结构来确定数据说明的顺序。顺序的规则在数据字典中加以说明，方便查找数据说明情况，从而有利于测试和维护。

（2）说明同一语句的多个变量时，应按英文字母的顺序排列。

（3）对于复杂的数据结构，要加注释语句。

（4）变量说明不要遗漏，变量的类型、长度、存储及初始化要正确。

3. 语句构造要简单直接

程序的语句构造要简单直接，构造时应注意下列问题。

（1）不要为了节省空间把多个语句写在同一行。

（2）尽量避免复杂的条件测试。

（3）尽量减少对"非"条件的测试。

（4）对于多分支语句，应尽量把出现可能性大的情况放在前面，这样可以缩短运算时间。

（5）避免大量使用循环嵌套语句和条件嵌套语句。

（6）利用括号使逻辑表达式或算术表达式的运算次序清晰、直观。

（7）每个循环要有终止条件，不要出现死循环，也要避免出现不可能被执行的循环。

4. 输入／输出语句

在编写输入／输出语句时，应考虑以下原则。

（1）检验输入数据的合法性、有效性。

（2）检查输入项的重要组合的合理性。

（3）提示输入的请求，并简明地说明可用的选择或边界数值。

（4）输入格式简单，方便用户使用，尽量保持格式的一致性。

（5）批量输入数据时，使用结束标志。

（6）输出信息中不要有文字错误，要保证输出结果的正确性。

（7）输出数据表格化、图形化。

（8）给所有输出数据加标志。

5. 程序效率

在符合上述各规则的前提下，提高效率也是必要的。程序效率主要指处理机工作时间、内存容量这两方面的利用率，以及系统输入、输出的效率。人机交互界面如果设计得清晰、合理，会减少用户脑力劳动的时间，提高人机通信的效率。

在目前计算机硬件设备运算速度大大提高、内存容量增加的情况下，提高效率不是最重要的，程序设计主要应考虑的是程序的正确性、可理解性、可测试性和可维护性。

总之，要善于积累编程经验，培养良好的程序设计习惯，使编出的程序清晰、易懂、易于测试和维护，从而提高软件的质量。

6.4　程序设计质量评价

不同的设计课题对质量要求会有不同的侧重点，程序设计质量的评价需要考虑多方面的因素，最基本要求是正确性，即在运行过程中可能遇到的各种条件下，都能保证正确地操作运行；还要注重软件是否具有清晰的结构，以及是否具备易使用性、易维护性、简单性和易移植性。

（1）正确性：通过对算法的精心设计和详尽的检查实现程序的正确性。

（2）清晰的结构：程序的结构必须与数据相适应，采用结构化设计方法，模块的输入和输出过程精确定义。

（3）易使用性：操作简便，使用户学习使用软件花费的时间减少。

（4）易维护性：程序易读、易理解就容易测试，也容易修改和扩充。修改模块化结构的程序，对程序的总体结构不会产生影响。

（5）简单性：简单的程序结构容易理解、容易修改。要把复杂的问题简单化，需要具有一定的程序设计经验和娴熟的技巧，还要有一定的耐性。

（6）易移植性：程序从某一环境移植到另一环境的能力。

6.5　程序设计文档

程序设计的依据是详细的设计文档。在程序设计阶段，设计文档有源程序以及记载开发时间、开发人员、测试记录的文档，同时需对用户手册、操作手册等做相应的补充和修改。每次对程序进行修改时，都要及时更新程序所对应的各项软件文档。

在编码结束前，应对每个程序模块的源程序进行静态分析和模块测试，做好测试记录。静态分析和模块测试时，应检查下述内容。

● 程序与详细设计是否相符合，模块的运行是否正确。

● 内部文件和程序的可读性如何。

● 坚持结构化程序设计标准，语言使用是否得当。

如果编码时发现软件系统设计上的错误，应从相应的详细设计开始修改。下面对静态分析和模块测试的具体方法进行详细介绍。

6.6 软件测试目标和原则

大量统计资料表明，软件测试工作量往往占软件开发总工作量的40%以上。在某些情况下，如对于关系到人的生命安全的软件，测试工作量可能会达到软件工程其他阶段总工作量的3～5倍。

软件测试首先要明确测试目标和测试原则，要掌握测试方法和策略，确实做到以尽量少的测试次数，尽可能地将软件中存在的问题找出来，要做到事半功倍，并确保软件的质量良好。

6.6.1 软件测试目标

G.J.Myers在《软件测试的艺术》一书中对测试提出的如下规则，不妨可看作软件测试的目标。

（1）软件测试是为了发现程序中的错误而执行程序的过程。

（2）好的测试方案能够发现尚未发现的错误。

（3）成功的测试是发现了尚未发现的错误的测试。

如果认为测试是为了表明程序是正确的，从主观上不是为了查找错误而进行测试，这样的测试是不大会发现错误的，因为测试者没有发现错误的主观意愿。

人类的活动具有高度的目的性，如果测试的目的是要证明程序有错，就会选择一些容易发现程序错误的测试数据来进行测试。相反，如果测试的目的是要证明程序无错，就会选择使程序不易出错的数据来进行测试。

从心理学角度看，程序编写者在程序设计时反复进行了模块测试，在综合测试阶段，若再由编写者自测是不适当的。因为编写者往往主观上自认为没有问题了，通常应由其他人员组成测试小组，来完成综合测试工作。

总之，软件测试的目的是通过人工或计算机执行程序有意识地发现程序中的设计错误或编码错误。

6.6.2 软件测试原则

软件测试中，人们的心理因素很重要，有必要确定一些测试原则，将一些容易被忽视的、实际上又显而易见的问题作为原则来加以重视。

（1）在测试开始时，不要认为程序中没有错误。如果没有测试错误的愿望，是不太可能找出错误的。

（2）要避免测试自己编写的程序，由别人来测试会更客观、更有效。但在发现错误之后，要找出错误的根源并纠正错误时，则应由程序编写者来进行。

（3）测试用例要有输入数据和对应的预期结果。如果得到的输出结果与预期的正确结果不一致，就可判定程序中有错误。如果没有对应的结果，人们会下意识地认为只要结果出来，程序就是正确的。

（4）要对合理的输入数据和不合理的输入数据都进行测试，这样才可测试出程序的排错能力。

（5）不仅要检查程序功能是否完备，还应检查程序是否做了多余的工作。程序做了不应做的工作也是一个大错。

（6）要精心设计测试方案，尽量把软件中的错误测试出来。

（7）对错误较多的程序段应进行更深入的测试，因为错误较多的程序段质量较差，修改错误时容易引入新的错误。

（8）应长期保存所有测试用例，直至该程序被废弃。测试用例对以后的使用有参考价值，当程序改错或改进后，可以查看原先能正确运行的部分现在是否有错。若出错，则说明修改不当。

6.7　软件测试方法

在进行软件分析、设计的过程中，难免有各种各样的错误，软件开发过程始终需要有质量保证活动。软件测试是主要的质量保证活动之一。软件测试是由人工或计算机来执行并评价系统或系统部件的过程，以验证软件是否满足规定的需求，或识别期望的结果和实际结果之间有无差别。

在软件编码阶段要同时进行软件的模块测试，编码结束后，要进行模块的拼接（也称集成），并进行集成测试、系统测试和确认测试等综合测试。

软件测试方法分为静态分析和动态测试两类，动态测试又分为黑盒法和白盒法两种。

6.7.1　静态分析与动态测试

软件测试方法很多，有分析方法（包括静态分析与白盒法）、非分析方法（黑盒法）。按照测试过程是否执行程序来分，分为静态分析与动态测试。

1. 静态分析
静态分析不执行被测试软件，通过对需求分析说明书、软件设计说明书及源程序做结构检查、流程图分析、编码分析等来找出软件错误。这是十分有效的软件质量控制方法。软件测试中常用的静态分析方法是算法分析和接口分析。接口分析用来检查模块或子程序间的调用是否正确。

2. 动态测试
动态测试通过执行程序并分析程序来查错。

为了进行软件测试，需要预先准备好两种数据，一是输入数据，二是预期的输出结果。

以发现错误为目标的用于软件测试的输入数据及与之对应的预期输出结果叫测试用例。设计测试用例是动态测试的关键。一个设计良好的测试用例，应对发现程序错误具有较高的概率。

如果想要以某种方法查出程序中的所有错误，就把所有可能的输入情况都作为测试情况来进行，这就是所谓穷尽测试（Exhaustive Testing）。实际上，穷尽测试往往是无法做到的。例如，编写一个程序"输入 3 个整数，判断以这 3 个整数为边长时能否组成三角形，能否组成等腰三角形"。要对该程序进行测试，用户可以输入任意整数数据，每一组 3 个数据，都是可能的输入，例如，1、1、1，2、2、2，1、2、3，3、4、5，12、13、14，等等，要想穷尽测试是绝对做不到的。

由于穷尽测试不可能做到，必须设法用有限次的测试获得最大的收益，用尽可能少的测试次数尽量多地找出程序中潜在的错误。

6.7.2　黑盒法与白盒法

设计测试用例要尽可能以最少的测试用例集合，测试出更多的潜在错误。设计测试用例的方法可分为黑盒法和白盒法两类。

1. 黑盒法

黑盒法（Black Box Testing）又称功能测试，其测试用例完全是根据程序的功能说明来设计的。在应用这种方法测试时，测试者完全不考虑程序内部结构和内部特性，把软件看成一个黑盒，测试时仅关心如何寻找出可能使程序不按要求运行的情况，因而测试是在程序接口上进行的。

黑盒法是最基本的测试法之一，其主要目的是发现以下错误。

（1）是否有不正确的或遗漏的功能。

（2）检查输入能否被正确地接收，软件能否正确地输出结果。

（3）访问外部信息是否有错。

（4）性能上能否满足要求。

2. 白盒法

白盒法（White Box Testing）又称结构测试，其测试用例是根据程序内部的逻辑结构和执行路径来设计的。

对于一些简单的程序，穷尽测试无法实现，而穷尽路径测试有可能实现。用白盒法测试时，从检查程序的逻辑着手，检验程序中的每条通路是否都能按预定要求正确工作。

不论是黑盒法，还是白盒法，都不可能进行穷尽测试，所以软件测试不可能发现程序中存在的所有错误。因此必须精心设计测试方案，力争用尽可能少的测试次数尽量多地找出程序中潜在的错误。

在软件测试时，常把黑盒法和白盒法联合起来进行，这也称为灰盒法。

6.8　软件测试步骤

一个大型软件系统通常由若干子系统构成，每个子系统又由若干模块构成。一开始就对整个系统进行测试是行不通的。测试一般分为模块测试、集成测试、系统测试、确认测试和平行运行几个步骤。在程序设计阶段要进行模块测试。模块拼接成子系统、子系统再拼接成系统时，都要进行的测试称为集成测试。软件交付给用户前要进行确认测试。系统测试和确认测试通常要以程序审查会和人工运行的形式得到专家和用户的认可。重要软件要经过平行运行阶段，全面测试软件、验证软件的正确性，才能保证系统的质量。

6.8.1　模块测试

模块测试也称单元测试，其目的是检查每个模块是否能独立、正确地运行。模块测试通常在程序设计时进行，因此，软件实现阶段包括程序设计和模块测试两项工作。

软件系统中，每个模块有单独的功能，各个模块之间相互依赖的关系较少，检查模块正确性的测试方案也较容易设计。在这个阶段所发现的错误往往是在编码和详细设计时产生的。通常，在编码阶段就进行模块测试。模块测试常用白盒法测试。

由于模块并不是独立的程序，模块测试时，要增加少量程序段，使模块能够接收数据，或输出一些数据来代替模块之间的接口，模块连接后再将这些临时增加的程序段去掉。这些临时性程序段可称为测试模块，这需要增加软件成本，但也是必不可少的成本。

测试模块主要有驱动程序（也称驱动模块）和存根程序（也称桩模块）两种。

（1）驱动程序代替主程序，用来测试子程序。它主要用在接收测试数据后，调用被测试模块，输出测试结果，由此来检验子程序的处理是否正确。

（2）存根程序也称"虚拟子程序"，代替被测试模块所调用的模块，利用存根程序测试主模块。

驱动程序和存根程序是模块测试中必须编写的测试模块，但是在测试结束后，通常不把它交给用户。

6.8.2　集成测试

子系统的组装称为集成化。集成测试是测试和组装软件的系统化技术，在把模块按照设计要求组装起来的同时进行集成测试，主要目标是发现与接口有关的问题。

1．集成测试分类

集成测试分为子系统测试和系统测试两种。

（1）子系统测试。

子系统测试是把通过模块测试运行正确的模块放在一起形成子系统后再测试。这个步骤着重测试模块的接口，测试模块之间能否相互协调及通信时有没有问题。

（2）系统测试。

系统测试是把经过测试运行正确的子系统组装成完整的系统后再进行测试。系统测试的目的是测试整个硬件和软件系统，验证系统是否满足规定的需求。这个阶段发现的问题往往是需求说明和软件系统设计时产生的。

集成化可以将子系统逐次增加（渐增式），也可以一次全部连接（非渐增式）。渐增式集成测试所需要开发的测试软件要多一些，但可及时发现接口错误，已测试的软件在增加新模块时也受到测试，测试较彻底。非渐增式集成测试时用于开发测试软件的开销要少一些，但发现问题后要找到产生问题的原因比较困难。因此，在进行集成测试时普遍使用渐增式测试方法。

2．渐增式集成策略

有两种不同的渐增式集成策略，即自顶向下集成和自底向上集成。

（1）自顶向下集成。

自顶向下集成即从主控模块开始，把附属的模块组装到软件结构中，可使用深度优先的策略或宽度优先的策略。

在组装模块的同时进行测试，能在早期实现和验证系统的主要功能，早期发现上层模块的接口错误；底层模块中的错误发现较晚，需要使用存根程序，不需要驱动程序。

在众多模块中有一种可称为关键模块的程序段，关键模块与多项软件需求有关，含高层控制，有确定的性能需求。每当新的模块加进来时，系统发生了变化，有可能产生新的错误。重新执行已经做过测试的某个子集，以保证集成没有带来错误，称为回归测试。回归测试时测试用例应能测试程序每个主要功能中的一类或多类错误，并着重测试关键模块。

（2）自底向上集成。

自底向上集成策略从软件结构最底层的模块开始组装和测试，不需要存根程序，需要驱动程序，底层模块的错误发现早，但是总体结构的合理性及上层模块的接口错误发现较晚。

6.8.3　程序审查会和人工运行

1. 程序审查会

程序审查会成员通常由程序员、不参加设计的测试专家及调解员（当程序员与测试专家意见有分歧时从中调解）组成，开会之前需先把程序清单和设计文档分发给程序审查会成员。

会议内容如下。

（1）程序员逐句讲述程序的逻辑结构，由测试专家提问、研究，判断是否有错误存在。经验表明，程序员在大声讲解程序时往往自己就会发现问题，这也是相当有效的检测方法。

（2）程序审查会成员根据常见程序错误分析程序。为了确保会议的效率，应使参加者集中精力查找错误，而不是改正错误。会后再由程序员自己来改正错误。程序审查会的时间每次最好控制在90到120分钟之间，时间太长了效率不高。

程序审查会的优点是一次审查会可以发现许多错误，而用计算机测试方法发现错误时，通常需要先改正这个错误才能继续测试，错误是一个一个地被发现并改正的。

2. 人工运行

人工运行是阅读程序查错的一种方法，人工运行小组的成员由编程人员及其他有丰富经验的程序员、其他项目的参加者等组成。

人工运行时，要求与会者模拟计算机运行程序，把各种测试情况沿着程序逻辑走一遍，通过向程序员询问程序的逻辑设计情况来发现错误。与会者应该评论程序，不要把错误看作由于程序员的弱点而造成，而应看作由于程序开发困难而造成。人工运行对于与会者在程序设计风格、技巧方面的经验积累是很有益的。

6.8.4　确认测试

软件确认是在软件开发过程结束时对软件进行评价，以确认它和软件需求规格说明书是否一致的过程。确认（Validation）测试也称验收（Verification）测试，其目标是验证软件的有效性。

1. 确认测试必须有用户积极参与，以用户为主进行

程序员经过反复测试检查不出问题后，在交付给用户使用之前，应该在用户的参与下进行确认测试。为了使用户能积极主动地参与确认测试，特别是为了让用户能有效地使用系统，通常在软件验收之前，由开发部门对用户进行操作培训。

确认测试常使用黑盒法测试。确认测试时，主要使用真实数据，在实际运行环境下进行系统运行，目的是验证系统能否满足用户的需求。这里常常会发现需求规格说明书中的一些错误，应当及时改正。确认测试若不能满足用户需要，要与用户充分协商，确定解决问题的方案；在修改软件后仍需再次进行确认测试。只有在确认测试通过后，才能进入下一阶段的工作。

2. 软件配置复审

确认测试的一项重要内容是复审软件配置，目的是保证软件配置的所有组成部分都齐全，各方面的质量都符合要求；文档与程序一致，要编排好目录，有利于维护。

确认测试过程要严格遵循用户指南及其他操作程序，以便仔细检验用户手册的完整性和正确性；一旦发现遗漏或错误必须记录下来，并且进行补充或改正。

3. Alpha 测试和 Beta 测试

如果一个软件是为一个用户开发的，可由该用户进行一系列确认测试以确认所有需求是否都得到了满足。

如果一个软件是为许多用户开发的，要让每一个用户都进行正式的确认测试是不切实际的。大多数软件厂商使用 Alpha 测试和 Beta 测试来发现往往只有最终用户才能发现的错误。

Alpha 测试由用户在开发人员的场地并在开发人员的指导下进行测试，开发人员负责记录错误和运行中遇到的问题。

Beta 测试由软件的最终用户在客户场所进行，用户记录测试过程中遇到的一切问题，并定期报告开发人员。开发人员对软件进行修改，并准备发布最终产品。

6.8.5 平行运行

比较重要的软件要有一段试运行时间，此时新开发的系统与原先的旧系统同时运行，称为平行运行。

平行运行时要及时与旧系统比较处理结果，这样做有以下几个好处。

（1）让用户熟悉系统运行情况，并验证用户手册的正确性。

（2）若发现问题可及时对系统进行修改。

（3）可对系统的性能指标进行全面测试，以保证系统的质量。

G.M.Weinberg 在《程序开发心理学》一书中提出了读程序的必要性。20 世纪 70 年代后，人们不仅在机器上测试程序，而且进行人工测试，即用程序审查会和人工运行的方法查找错误。实践证明，这两种基本的人工测试方法相当有效，对逻辑设计和编码能有效地发现30% ~ 70% 的错误，有的程序审查会能查出程序中 80% 的错误。

以上介绍的测试步骤，可根据系统的规模大小、复杂程度来适当选用。一般先进行模块测试再进行集成测试。对于规模较小的系统，子系统测试可与系统测试合并，人工运行可在模块测试及系统测试过程中进行。

确认测试对于任何系统都是必不可少的。对于较大的系统，应召开程序审查会。对于重要的软件系统应采用平行运行，以免软件的错误造成不良后果。

6.9 设计测试方案

测试阶段最关键的技术问题是设计测试方案。测试方案包括以下 3 个方面内容。

（1）要测试的功能。

（2）输入的数据。

（3）对应的预期输出结果。

不同的测试数据在发现程序错误上起的作用差别很大。由于不可能进行穷尽测试，因此要选用少量、高效的测试数据，尽可能完善地进行测试。

本节将介绍适用于黑盒法测试的等价类划分法、边界值分析法、错误推测法及适用于白盒法测试的逻辑覆盖法。通常用黑盒法设计基本测试方案，再用白盒法做补充。

6.9.1　等价类划分法

1. 方法

等价类划分（Equivalence Partitioning）法是黑盒法设计测试方案的一种，它把所有可能的输入数据划分成有限个等价类，用每个等价类中的一个典型值作为测试数据。

在等价类中各个数据的测试作用与这一类中所有其他数据的测试作用相同，因此在每个等价类中只用一组数据作为代表进行测试来发现程序中的错误。等价类可以交错。

2. 等价类划分的规则

如果一个等价类中的数据是有效的，则称这个等价类是有效等价类，反之就是无效等价类。

（1）如果输入数据有规定范围，则范围内的数据属于有效等价类，小于最小值或大于最大值均属于无效等价类。

（2）如果输入数据有规定的个数，则符合规定个数的数据属于有效等价类，不输入数据或超出规定个数的数据属于无效等价类。

（3）如果输入数据有一个规定的集合，而且程序对不同的输入数据有不同的处理，则集合中的元素属于有效等价类，集合外的元素属于无效等价类。

（4）如果输入数据有一定的规则，则符合规则的数据组成有效等价类，各种不符合规则的数据组成不同的无效等价类。

3. 等价类划分法的步骤

（1）研究程序的功能说明，以确定输入数据是有效等价类还是无效等价类。

（2）分析输出数据的等价类，以便根据输出数据的等价类导出相应的输入数据等价类。

4. 等价类测试步骤

（1）划分等价类，为每个等价类编号。

（2）设计测试用例，使它覆盖尽可能多的有效等价类，直到所有有效等价类均被覆盖为止。

（3）设计新的测试用例，每个测试用例覆盖一个且仅覆盖一个无效等价类，直到所有无效等价类均被覆盖为止。

6.9.2　边界值分析法

实践表明，处理边界情况时程序最容易发生错误。这里的边界是指输入与输出等价类直接在边界值上及稍大于边界值或稍小于边界值的数据。

边界值分析（Boundary Value Analysis）法与等价类划分法的区别是，边界值分析法要把等价类的每个边界都作为测试数据，而等价类划分法只在每一个等价类中任选一个作为代表进行测试。

通常在设计测试方案时联合使用等价类划分法和边界值分析法两种技术。

（1）如果输入值有规定范围，则测试这个范围内及两个边界和刚刚超出范围的情况。例如，输入值范围是 [1,2]，应测试 0.99、1、1.01、1.99、2、2.01 这几个输入数据的执行情况。

（2）如果输入数据有规定的个数，分别对最多个数、最少个数、稍大于最多个数和稍小于最少个数的情况进行测试。例如，某旅馆管理系统中对每个客房住宿情况进行管理。某房间有 3 个床位，那么这个房间可以住 1 ~ 3 人。在这个房间没有人住、有 1 个人住、有 2 个人住、有 3 个人住时，有人想住这个房间时系统能否正确处理，都应进行测试。

（3）在输入值有一定规则或有规定的集合时，要多思考以找出各种边界条件，对它们进行测试，尽量不要遗漏可能产生错误的情况。

（4）对输出数据等价类的边界情况，要分析出与其对应的输入数据，对它们也应进行测试。边界值分析法看起来很简单，若能正确地掌握这种分析法，往往会是最有效的测试方法之一。

6.9.3 错误推测法

错误推测法主要考虑某些容易发生错误的特殊情况来设计测试用例。错误推测法主要靠直觉和经验进行，因而没有确定的步骤。

等价类划分法和边界值分析法都只孤立地考虑单个数据输入后的测试效果，而没有考虑多个数据输入时不同的组合所产生的效果，有时可能会遗漏容易出错的输入数据的组合情况，有效的办法是用判定表或判定树把输入数据的各种组合与对应的处理结果列出来进行测试。还可以把人工检查代码与计算机测试结合起来，特别是几个模块共享数据时，应检查在一个模块中改变共享数据时其他共享这些数据的模块是否能正确处理。

6.9.4 逻辑覆盖法

白盒法根据程序逻辑结构进行测试，逻辑覆盖（Logic Coverage）法是一系列测试过程的总称，这些测试是逐渐地、越来越完整地进行通路测试。穷尽路径测试往往做不到，而尽可能选择最有代表性的通路，尽量完整地进行各种通路测试是可以做到的。

从覆盖程序的详细程度来考虑，逻辑覆盖有以下几种不同的测试过程。

（1）语句覆盖。

选择足够多的测试数据，使被测程序中每个语句至少执行一次。

（2）判定覆盖。

判定覆盖又叫分支覆盖，不仅每个语句都必须至少执行一次，而且每个判定的可能结果都至少执行一次，即每个分支至少执行一次。

（3）条件覆盖。

不仅每个语句都至少执行一次，而且使每个判定表达式中的每个条件都取到各种可能的结果，从而可测试比较复杂的路径。

（4）判定 / 条件覆盖。

判定 / 条件覆盖要求选取足够多的测试数据，使每个判定表达式都取到各种可能的结果，并使每个判定表达式中的每个条件都取到各种可能的值。

（5）条件组合覆盖。

条件组合覆盖要求选取更多的测试数据，使每个判定表达式中条件的各种可能组合都至少出现一次，从而达到更强的逻辑覆盖标准。

（6）点覆盖。

把程序流程图中的每个符号看成一个点，原来连接不同处理符号的箭头改为连接不同点的有向弧，就可得到一个有向图，称为程序图。点覆盖要求选取足够多的测试数据，使得程序执行时至少经过程序图中的每个点一次。显然，点覆盖和语句覆盖的要求是相同的。

（7）边覆盖。

边覆盖要求选取足够多的测试数据，使程序执行路径至少经过程序图中的每条边一次。

（8）路径覆盖。

路径覆盖要求选取足够多的测试数据，使程序的每条可能执行路径都至少执行一次。

【例6.1】 按不同逻辑覆盖法设计测试数据。

图6.1所示的是某程序流程图的一部分，为了方便对程序的执行路径进行表示，图中的每个程序框用一个字母来代表。要求：对某模块进行测试，该模块包括程序流程图中a、b、c、d这4这个程序框，整个模块的流程从程序框s进入，到程序框e流出。图中的y表示条件成立时的程序流向，n表示条件不成立时的程序流向。下面按不同逻辑覆盖法设计对该模块进行测试的输入数据，并分析程序的执行路径。

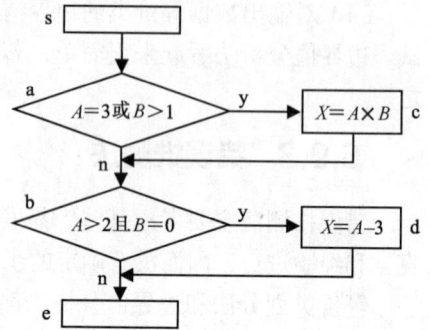

图6.1 【例6.1】的程序流程图

（1）语句覆盖。

测试数据为 $A=3$、$B=0$ 时，执行路径为 s→a→c→b→d→e，所有语句都执行一次。

（2）判定覆盖。

可用两组测试数据，当测试数据为 $A=3$、$B=0$ 时，执行路径为 s→a→c→b→d→e；当测试数据为 $A=2$、$B=0$ 时，执行路径为 s→a→b→e。

这样分支 a→c、a→b、b→d 及 b→e 都执行了一次，符合判定覆盖要求，也符合语句覆盖要求，但其中 $B>1$ 的条件没有满足过。

（3）条件覆盖。

条件覆盖要求每个判定表达式中每个条件都取到不同的可能情况，一般来讲要比判定覆盖强，但有时会不如判定覆盖所经过的路径多。例如，本题条件为 $A=3$ 或 $A\neq3$，$B>1$ 或 $B\leqslant1$，$A>2$ 或 $A\leqslant2$，$B=0$ 或 $B\neq0$，当测试数据为 $A=2$、$B=2$（$A\neq3$，$B>1$，$A\leqslant2$，$B\neq0$）时，执行路径为 s→a→c→b→e；当测试数据为 $A=3$、$B=0$（$A=3$，$B\leqslant1$，$A>2$，$B=0$）时，执行路径为 s→a→c→b→d→e。

这里 a→b 这条路径未走，比判定覆盖少走了一条路径。

（4）判定/条件覆盖。

判定覆盖不一定包含条件覆盖，条件覆盖也不一定包含判定覆盖。如前文所述，判定/条件覆盖要求选取足够多的测试数据，使每个判定表达式都取到各种可能的结果，并使每个判定表达式中的每个条件都取到各种可能的值。这样一来，既做到判定覆盖，也做到条件覆盖。

例如，【例6.1】中，测试数据为 $A=3$、$B=0$（$A=3$，$B\leqslant1$，$A>2$，$B=0$）时，执行路径为 s→a→c→b→d→e；测试数据为 $A=2$、$B=0$（$A\neq3$，$B\leqslant1$，$A\leqslant2$，$B=0$）时，执行路径为 s→a→b→e；测试数据为 $A=2$、$B=2$（$A\neq3$，$B>1$，$A\leqslant2$，$B\neq0$）时，执行路径为 s→a→c→b→e。

此时判定覆盖和条件覆盖都满足了，从而语句覆盖肯定也是满足的。

有时满足条件覆盖标准时，各种判定情况也都包含在内了，也就符合了判定/条件覆盖要求。

（5）条件组合覆盖。

条件组合覆盖要求选取更多的测试数据，使每个判定表达式中条件的各种可能组合都至少出现一次，从而达到更强的逻辑覆盖标准。

【例 6.1】中可能的条件组合如表 6.1 所示，测试数据从每种条件组合范围内任选一组值。

表 6.1 【例 6.1】中测试数据的条件组合及对应的执行路径

序号	条件组合	执行路径
1	$A > 3$, $B < 0$	s→a→b→e
2	$A > 3$, $B = 0$	s→a→b→d→e
3	$A > 3$, $0 < B < 1$	s→a→b→e
4	$A > 3$, $B > 1$	s→a→c→b→e
5	$A = 3$, $B < 0$	s→a→c→b→e
6	$A = 3$, $B = 0$	s→a→c→b→d→e
7	$2 < A < 3$, $B < 0$	s→a→b→e
8	$2 < A < 3$, $B = 0$	s→a→b→d→e
9	$2 < A < 3$, $0 < B < 1$	s→a→b→e
10	$2 < A < 3$, $B > 1$	s→a→c→b→e
11	$A < 2$, $B < 1$	s→a→b→e
12	$A < 2$, $B > 1$	s→a→c→b→e

显然，满足条件组合覆盖要求的测试数据也一定满足判定覆盖、条件覆盖和判定/条件覆盖的要求。

可见，条件组合覆盖是前面介绍的几种覆盖中最强的逻辑覆盖。在对满足条件组合覆盖要求的测试数据进行测试后，仍需检查执行路径，看是否遗漏测试路径。测试数据可以检测的程序路径的多少，也是对程序测试详尽程度的反映。

（6）点覆盖。

把【例 6.1】的程序流程图中的每个符号看成一个点，原来连接不同处理符号的箭头改为连接不同点的有向弧，得到程序图（见图 6.2）。点覆盖要求选取足够多的测试数据，使得程序执行时经过程序图中的每个点至少一次。如本题选 $A=3$、$B=0$ 即可。

（7）边覆盖。

边覆盖要求选取足够多的测试数据，使程序执行路径至少经过程序图中的每条边一次。不妨将路径编号，如图 6.2 所示。

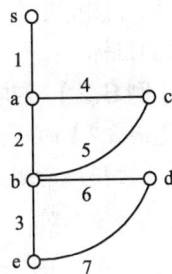

图 6.2 【例 6.1】的程序图

测试数据为 $A=3$、$B=0$ 时，执行路径为 1→4→5→6→7；测试数据为 $A=2$、$B=1$ 时，执行路径为 1→2→3。

测试数据为 $A=3$、$B=2$ 时，执行路径为 1→4→5→3；测试数据为 $A=4$、$B=0$ 时，执行路径为 1→2→6→7。

这样使程序执行路径至少经过了程序图中的每条边一次。

（8）路径覆盖。

路径覆盖要求选取足够多的测试数据，使程序的每条可能执行路径都至少执行一次。程序图中可能执行的路径有 1→2→3、1→2→6→7、1→4→5→3、1→4→5→6→7 这 4 条，为了做到路径覆盖，需设计 4 组测试数据，如下。

（1）$A=1$、$B=1$ 时，执行路径为 $1 \rightarrow 2 \rightarrow 3$。

（2）$A=4$、$B=0$ 时，执行路径为 $1 \rightarrow 2 \rightarrow 6 \rightarrow 7$。

（3）$A=1$、$B=2$ 时，执行路径为 $1 \rightarrow 4 \rightarrow 5 \rightarrow 3$。

（4）$A=3$、$B=0$ 时，执行路径为 $1 \rightarrow 4 \rightarrow 5 \rightarrow 6 \rightarrow 7$。

路径覆盖是相当强的逻辑覆盖测试标准，用这个标准测试程序，可保证程序中每条可能的路径都至少执行一次，因而测试数据有代表性，检错能力较强。但路径覆盖只考虑每个判定表达式的取值，并不考虑表达式中各种可能的组合情况。

路经覆盖测试技术设计测试用例的步骤如下。

（1）根据过程设计结果画出程序图。

（2）计算程序图中独立路径的数量。

（3）确定线性独立路径的基本集合。

（4）设计可强行执行基本集合中每条路径的测试用例。

（5）执行每个测试用例，并把实际输出结果与预期结果相比较。

若把路径覆盖和条件组合覆盖相结合，可以设计出更完善的测试方案。

6.9.5　实用测试策略

前面介绍了几种基本测试方法，不同方法各有所长。在对软件系统进行测试时，应联合使用各种测试方法进行综合测试，通常先用黑盒法设计基本测试用例，再用白盒法补充一些必要的测试用例，具体测试策略如下。

（1）用等价类划分法设计测试方案。

（2）使用边界值分析法，既测试输入数据的边界情况，又检查输出数据的边界情况。

（3）如果含有输入条件的组合情况，要分析所有条件组合的执行情况。

（4）必要时用错误推测法补充测试方案。

（5）用逻辑覆盖法检查现有测试方案，若没有达到逻辑覆盖标准，再补充一些测试用例。

软件测试是十分繁重的工作，以尽量低的成本尽量多地查找到错误，是测试方案设计时追求的目标。

【例 6.2】 对学生成绩管理系统的"输入学生成绩"子模块设计测试用例。

【例 3.2】的学生成绩管理系统中，学生成绩是由不同的任课教师分别按班级批量输入的，在设计该模块的测试用例时，既要考虑它的输入过程，也要考虑其输出结果。

数据输入时，测试的等价类分为班级编号有效、无效，课程号有效、无效，成绩输入有效、无效。输出结果中，成绩不及格的处理有重修、留级两种，其等价类分为处理正确和错误两类。对每个等价类分别设计测试用例。

设计一些典型的学生成绩作为测试用例，将测试用例输入后，要检查系统在执行下列情况时是否符合要求。

（1）输入班级编号、课程号后，就应当出现该班学生名单及每位学生的平时成绩、考试成绩两栏，供教师输入。

（2）成绩输入结束后，计算每位学生的总评分，并将平时成绩、考试成绩、总评分列出供教师复查、确认。教师确认成绩后，计算全班各分数段的人数。

（3）班级各门单科成绩全部输入完后，测试班级成绩汇总表的生成是否正确。

（4）测试课程重修学生名单、留级学生名单的生成是否正确。

如果将教师担任的班级、课程情况预先存储好，每位教师只需输入其任课的班级、课程的成绩，这样可避免输入不正确的班级编号和课程号。成绩输入后有"确认"这一步骤，让教师核对、检查成绩，保证输入的数据正确，提高运行速度。

【例 6.3】　商品销售管理系统测试方案的设计。

对该系统的测试，首先进行模块测试，可选取适当的数据，按下列执行次序来测试各模块。

（1）采购员新增商品、进货、查询缺货目录。

（2）营业员销售商品，输入商品编号及数量，检查输出的数据是否正确。

（3）账册管理，检查商品明细表的生成是否正确，查询商品数量是否正确变动；分别选择执行"商场日结算""职工日结算""月／年结算"选项，检查这些结算是否正确。

（4）系统管理，包括以下几方面内容。

● 商品管理：删除商品、调整价格。

● 供应商管理：添加供应商、删除供应商、修改供应商。

● 职工管理：添加职工、删除职工、修改职工信息。

（5）售后服务，包括退货、换货、维修等功能。

（6）系统"登录"，在系统功能的设计、调试基本完成后，加入系统"登录"功能，而不是在系统设计初期设置此功能，这样可避免在编写调试程序时每次都要输入用户名和密码的麻烦。

在测试"登录"模块时，可输入不同的用户名、密码，检查是否成功进入对应的功能模块，并测试查询商品目录、查询库存和退出功能是否正确。

6.10　软件调试、验证与确认

6.10.1　软件调试

1．软件调试的目的

软件调试也称纠错，是在进行了成功的测试之后才开始的工作。软件测试的目的是尽可能多地发现程序中的错误。软件调试的目的是确定错误的原因和位置、分析和改正程序中的错误。

2．软件调试的方法

软件调试是繁重的脑力劳动，需要有丰富的经验。软件调试可以和软件测试结合起来进行。

（1）进行软件测试，检查哪个模块、哪段程序有错。

（2）纠错，要确定错误发生的确切位置和错误的原因并改正错误。纠错主要靠分析与错误有关的信息，可用演绎法先列出所有可能的错误原因，利用测试数据排除一些原因后证明、确定错误原因；也可用归纳法把错误情况收集起来，分析它们之间的相互关系，找出其中规律，以便找出错误原因；还可采用一些自动纠错工具作为辅助手段。

3．软件调试技术

（1）对计算机工作过程进行模拟或跟踪，记录中间结果，发现错误立即纠正。

（2）设置输出语句。在程序中设置输出语句，可输出某些标记或变量的值以确定错误的位置。

- 在调用其他模块或函数之前、之后输出信息，以确定错误发生在调用之前还是之后。
- 在程序循环体内的第一个语句前设置输出信息，用以检查循环的执行情况。
- 在分支点之前输出标记或变量的当前值。
- 抽点输出，在程序员认为必要的地方设置输出语句。

（3）逐层分块调试。软件调试可先调试底层小模块，再调试上层模块，最后调试整个程序。

（4）对分查找调试。如果已知程序内若干个关键部位的某些变量的正确值，则可在程序的中点附近赋值语句或输入语句对这些变量赋以正确值，然后检查程序的输出结果。如果输出结果正确，则可认为程序的后半段无错，接着到程序前半段查找错误，否则应在程序的后半段查找错误。反复使用此法，缩小查找范围，直到找出错误位置。

（5）回溯法。回溯法是常用的调试方法，调试小型程序时用这种方法是非常有效的。具体做法是，从发现问题的地方开始，人工沿程序的控制流往回追踪源程序代码，直到找出错误原因为止。但是，当程序规模扩大后，应该回溯的路径数目变多，人工回溯将变得不可行。

调试不仅修改软件产品中的错误，还改进软件过程；不仅排除现有程序中的错误，还避免今后程序中可能出现的错误。

6.10.2　软件验证

软件验证也称程序正确性证明，其准则是证明程序能完成预定的功能。

目前一些可视化的高级语言具有软件验证的功能，并在使用中改进、完善。有关大型程序正确性证明的大量研究工作还在继续进行。

为了保证软件质量，在软件开发的整个过程中要坚持遵守软件开发的规范，自始至终重视软件质量的问题。在软件生命周期每一阶段结束时都要进行复审，在软件测试的每一阶段都要对软件进行验证。

软件测试可以发现程序中的错误，但不能证明程序中没有错误，也就是说不能证明程序的正确性。因而要保证软件的可靠性，测试技术是一种重要的技术，但也是一种不完善的技术。如果能研制一种行之有效的程序正确性证明技术，那么软件测试的工作量将大幅度减少。

软件验证是确定软件开发周期中一个给定阶段的产品是否满足需求的过程。软件验证的方法如下。

（1）确定软件操作正确。

（2）指示软件操作错误。

（3）指示软件执行时产生错误的原因。

（4）把源程序和软件配置的其他组成部分自动输入系统。

在软件测试（模块测试、集成测试）阶段，软件开发人员用尽可能少的测试数据，尽可能多地发现程序中的错误。软件验证要进行评审、审查、测试、检查、审计等活动，对某些项、处理、服务或文件等是否和规定的需求一致进行判断并提出报告。

6.10.3　软件确认

软件确认是指在软件开发过程结束后，对所开发的软件进行评价，以确定它是否和软件需求一致的过程。软件确认测试又称有效性测试。需求规格说明书是软件确认测试的基础。

软件确认测试一般在实际应用环境下运用黑盒法完成，由专门测试人员和用户参加测试。软件确认测试需要软件需求规格说明书、用户手册等文档，要预先制定测试计划，确定测试项目，测试后要写出测试分析报告（将在 6.11 节介绍）。

软件确认的方法如下。

（1）软件确认工作应在用户直接参与下，在最终用户环境中进行，即在事先规定的时期内运行软件的全部功能，考查软件运行有无严重错误。系统功能和性能要满足需求规格说明书中的全部要求，得到用户认可。

（2）完成测试计划中的所有要求，分析测试结果，并书写测试分析报告和开发总结。

（3）按用户手册和操作手册进行软件实际运行，验证软件的实用性和有效性，并修正所发现的错误。

软件确认工作最好由未参加设计或实现该软件的人员来进行，并有用户方领导参加。为了使用户能有效地操作软件系统，通常由开发部门对用户进行操作培训，以便使用户积极地参加软件确认工作。

软件确认必须从用户的立场出发，对测试结果进行评审，看软件是否确实满足用户的需要。还要评审软件配置，这是软件生命周期中维护阶段的主要依据，要确保软件配置齐全、正确、符合要求。软件确认评审通过，意味着软件产品可以移交。

6.11　软件测试计划和分析报告

《计算机软件文档编制规范》（GB/T 8567—2006）规定了有关测试的文件有软件测试计划、软件测试说明和软件测试报告。

1. 软件测试计划
软件测试计划描述测试活动的范围、方法、资源和进度，规定被测试的项、特性、应完成的测试任务、承担各项工作的人员的职责及与本计划有关的风险等。

每项测试活动都包括测试内容、进度安排、设计考虑、测试数据的整理方法及评价准则等。

2. 软件测试说明
软件测试说明包括以下内容。

（1）测试设计说明。

每项测试的控制、输入、输出、过程、评价准则、范围、数据整理及评价尺度等。

（2）测试用例说明。

要测试的功能、输入值以及对应的输出结果，在使用具体测试用例时对测试规程的限制。

（3）测试规程说明。

规定对于系统执行指定的测试用例来实现测试设计所要求的所有步骤。

3. 软件测试报告
软件测试报告有以下内容。

（1）测试项传递报告：测试项的位置、状态等。

（2）测试日志：记录测试执行过程中发生的情况，如活动和事件的条目、描述。

（3）测试事件报告：测试执行期间发生的一切事件的描述和影响。

（4）测试总结报告：总结与测试设计说明有关的测试活动、差异、结果概述、评价、活动总结及批准者等。

每个单位或每个软件项目都可以根据需要，选用部分或全部的软件测试文件。在软件开发的早期就应初步制定软件测试计划，在概要设计阶段补充黑盒法测试的具体方案和测试计划，在详细设计阶段补充白盒法测试的具体方案和测试计划。在软件交付使用前要写出软件测试报告。

软件测试阶段结束时，应完成以下文档。

（1）软件测试报告。

（2）经修改并确认的用户手册和操作手册。

（3）软件开发总结。

本章小结

程序设计也称为软件编码，是在软件定义、需求分析、概要设计、详细设计后进行的设计过程，是在软件详细设计的基础上进行的，通过软件编码得到软件设计的结果。

结构化程序设计是将顺序、条件、循环 3 种基本控制结构进行组合和嵌套，以容易理解的形式并按照避免使用 GOTO 语句等原则进行的程序设计方法。结构化程序设计使软件易于理解，易于修改，便于重复使用。

在设计应用软件时，应当优先选用高级语言，只在某些特殊情况下才选用汇编语言。

程序设计风格直接影响软件的质量、可维护性和可移植性。

软件测试是由人工或计算机来执行、评价系统或系统部件的过程，以验证软件系统是否满足规定的需求或识别期望的结果和实际结果之间有无差别。

测试的根本任务是发现软件中的错误。

软件编码阶段应对源程序进行静态分析和模块测试，以保证程序的正确性。

软件测试过程的早期使用白盒法，后期使用黑盒法。

设计测试方案的基本目标是选用尽可能少的高效测试数据做到尽可能完善的测试，从而尽可能多地发现软件中的错误。

（1）用等价类划分法设计测试方案。

（2）使用边界值分析法，既测试输入数据的边界情况，又检查输出数据的边界情况。

（3）如果含有输入条件的组合情况，要分析所有条件组合的执行情况。

（4）必要时用错误推测法补充测试方案。

（5）用逻辑覆盖法检查现有测试方案，若没有达到逻辑覆盖标准，再补充一些测试方案。

软件调试是查找、分析和纠正程序错误的过程。

调试的目的是将测试时发现的软件错误及时改正。调试首先要确定错误的位置，然后改错，应尽量避免引进新的错误。

调试不仅修改软件产品中的错误，还改进软件过程；不仅排除现有程序中的错误，还避免今后程序中可能出现的错误。

测试和调试常常交替进行。

软件确认是指在软件开发过程结束时对所开发的软件进行评价，以确定它是否和软件需求一致的过程。

习题 6

1. 在进行软件开发时，如何选择程序设计语言？

2. 什么是程序设计风格？为了具有良好的程序设计风格，应注意哪些问题？

3. 从下面关于程序设计的叙述中选择正确的叙述。

① 在编程前，首先应当仔细阅读软件的详细设计说明书，必须依照详细设计说明书来编写程序。

② 在编程时，应该对程序的结构进行充分考虑，不要急于开始编码，要仔细地琢磨程序应具有什么功能，这些功能如何实现。

③ 只要有了完整的程序说明书，即使程序的编写形式让人看不懂也没有关系。

④ 编程时只要输入/输出的格式正确，其他各项规定无足轻重。

⑤ 好的程序不仅处理速度快，而且易读、易修改。

4. 从下列叙述中选择符合程序设计风格指导原则的叙述。

① 嵌套的层数应当加以限制。

② 尽量多使用临时变量。

③ 不用可以省略的括号。

④ 使用有意义的变量名。

⑤ 应当尽可能把程序编写得短一点。

⑥ 注解越少越好。

⑦ 程序的格式应有助于读者的理解。

⑧ 应当多用 GOTO 语句。

5. 软件测试目标是什么？测试时应注意哪些原则？

6. 什么是黑盒法测试？什么是白盒法测试？用黑盒法和白盒法测试软件时分别有哪几种方法？

7. 叙述设计测试数据分别满足语句覆盖、条件覆盖、路径覆盖、条件组合覆盖的原则。

8. 针对第 5 章习题 3，设计测试数据，并写出对应的测试路径及所满足的覆盖条件。

9. 选择填空。

程序的 3 种基本结构是＿＿①＿＿，它们的共同点是＿＿②＿＿。结构化程序设计的一种基本方法是＿＿③＿＿。软件测试的目的是＿＿④＿＿，软件调试的目的是＿＿⑤＿＿。

① A. 过程，子程序，分程序　　　　B. 顺序，条件，循环
　　C. 递归，堆栈，队列　　　　　　D. 调用，返回，转移

② A. 不能嵌套使用　　　　　　　　B. 只能用来写简单程序
　　C. 已经用硬件实现　　　　　　　D. 只有一个入口和一个出口

③ A. 筛选法　　　　　　　　　　　B. 递归法
　　C. 归纳法　　　　　　　　　　　D. 逐步求解法

④ A. 证明程序中没有错误　　　　B. 发现程序中的错误

　　C. 测量程序的动态特性　　　　D. 检查程序中的语法错误

⑤ A. 找出错误所在并改正错误　　B. 排除存在错误的可能性

　　C. 对错误性质进行分类　　　　D. 统计出错的次数

10. 选择填空。

软件测试的目的是___①___。为提高测试的效率，应该___②___。使用黑盒法测试时，测试数据应根据___③___来确定。使用白盒法测试时，测试数据应根据___④___和指定的覆盖标准来确定。一般来说，与设计测试数据无关的文档是___⑤___。软件集成测试工作最好由___⑥___承担，以提高集成测试的效果。

① A. 评价软件的质量　　　　　　B. 发现软件中的错误

　　C. 找出软件中所有的错误　　　D. 证明软件是正确的

② A. 随机地选取测试数据

　　B. 取一切可能的输入数据作为测试数据

　　C. 在完成编码后制定软件测试计划

　　D. 选择发现错误可能性大的数据作为测试数据

③④ A. 程序的内部逻辑　　　　　B. 程序的复杂程度

　　 C. 使用说明书　　　　　　　D. 程序的功能

⑤ A. 需求规格说明书　　　　　　B. 总体设计说明书

　　C. 源程序　　　　　　　　　　D. 项目开发计划

⑥ A. 该软件的设计人员　　　　　B. 该软件开发组的负责人

　　C. 该软件的编程人员　　　　　D. 不属于该软件开发组的软件设计人员

11. 选择填空。

软件测试中常用的静态分析方法是___①___和___②___。___②___用来检查模块或子程序间的调用是否正确。分析方法（白盒法）中常用的方法是___③___方法。非分析方法（黑盒法）中常用的方法是___④___方法和___⑤___方法。

①② A. 引用分析　　　B. 算法分析　　　C. 可靠性分析　　　D. 效率分析

　　 E. 接口分析　　　F. 操作性分析

③④⑤ A. 路径测试　　B. 等价类划分　　C. 相对图　　　　D. 归纳测试

　　　 E. 综合测试　　F. 追踪　　　　　G. 深度优化　　　H. 排错

12. 选择填空。

软件测试方法可分为分析方法和非分析方法两种。分析方法是通过分析程序的___①___来设计测试用例的方法，除了测试程序外，它还适用于对___②___阶段的软件文档进行测试。非分析方法是根据程序的___③___来设计测试用例的方法，除了测试程序外，它还适用于对___④___阶段的软件文档进行测试。使用白盒法测试程序时常按照给定的覆盖条件选取测试用例。

___⑤___覆盖使得每一个判定获得每一种可能的结果。___⑥___覆盖要求选取更多的数据，对判定表达式中条件出现的各种可能情况都进行测试。___⑦___覆盖既是判定覆盖，又是条件覆盖，它并不保证各种条件都能取到所有可能的值。___⑧___覆盖比其他条件都要严格，但它不能保证覆盖程序中的每一条路径。模块测试一般以___⑨___为主，测试的依据是___⑩___。

①③ A. 应用范围　　　B. 内部逻辑　　　C. 功能　　　　　D. 输入数据

②④ A. 编码　　　　　B. 软件详细设计　C. 软件总体设计　D. 需求分析

⑤⑥⑦⑧ A. 语句　　　　B. 判定　　　　　C. 条件　　　　　D. 判定 / 条件

　　　　　E. 条件组合　　F. 路径

⑨ A. 白盒法　　　　B. 黑盒法

⑩ A. 模块功能说明书　　B. 系统模块结构图　　C. 系统需求规格说明书

13. 选择填空。

在众多设计方法当中，结构化设计方法是应用最广泛的一种，这种方法可以同分析阶段的___①___方法及编码阶段的___②___方法前后衔接。

①② A. Jackson　　　B. 结构化分析　　　C. 结构化程序设计　　　D. Parnas

14. 判别正误，正确画"√"，错误画"×"（填入□内）。

□ ① 测试最终是为了证明程序无错误。

□ ② 在进行同等测试后，若 A 部分发现并改正了 10 个错误，B 部分发现并改正了 5 个错误，则重新进行测试 A、B 两部分时，A 部分发现错误的可能性比 B 部分要大。

□ ③ 对一个模块进行测试的根本依据是测试用例。

□ ④ 用黑盒法测试时，测试用例是根据程序内部逻辑设计的。

□ ⑤ 一组测试用例是判定覆盖，则一定是语句覆盖。

□ ⑥ 一组测试用例是条件覆盖，则一定是语句覆盖。

□ ⑦ 如果 A、B 是两个测试等价类，M 是 A、B 中的一个实例，取 M 做测试用例，测试效率一定是高的。

□ ⑧ 在整个测试过程中，增量式组装测试所需时间比非增量式组装测试所需时间多。

□ ⑨ 验收测试依据系统需求规格说明书。

□ ⑩ 按结构图的组装测试策略，自顶向下与自底向上结合起来，比增量式组装测试速度快。

15. 从下列叙述中选出正确的叙述。

① Pascal、COBOL、FORTRAN 中的任何一种语言的任何程序都可以变换成另外两种语言的功能上等价的程序。

② 信息隐蔽原则禁止在模块外使用在模块接口说明中所没有说明的关于该模块的信息。

③ 目标代码优化是指对翻译好的目标代码重新加工。

④ 有 GOTO 语句的程序一般无法机械地变成功能等价的无 GOTO 语句的程序。

⑤ 据统计，软件测试的费用约占软件开发费用的 1/2。

⑥ 对程序的穷举测试在一般情况下是可以做到的。

⑦ 程序模块的内聚度应尽可能地小。

16. 从供选择的答案中选出与下列关于测试各条叙述相关的内容，将答案字母写到对应位置。

① 对可靠性要求很高的软件，如操作系统，由第三方对源代码进行逐行检查。　　_____

② 已有的软件被改版时，由于受到变更的影响，改版前正常的功能可能发生异常，性能也可能下降。因此，对变更的软件进行测试是必要的。　　_____

③ 在了解被测试模块的内部结构或算法的情况下进行测试。　　_____

④ 为了确认用户的需求，先做出系统的主要部分，提交给用户试用。　　_____

⑤ 在测试具有层次结构的大型软件时，有一种方法是从上层模块开始，自上而下进行测试。此时，有必要用一些模块替代尚未测试过的下层模块。　　_____

A. 白盒法　　　B. 回归测试　　　C. 模拟器　　　D. 存根程序
E. 驱动程序　　F. 静态分析　　　G. 黑盒法　　　H. 快速原型模型

17. 一个关于判别三角形种类的程序，输入 3 个整数 a、b、c，作为三角形的 3 条边，程序根据输入值，分析并判定后输出一个结论：这 3 条边可以组成的是一般三角形、等腰三角形、等边三角形或者不能组成三角形。请根据这个程序的功能要求编写测试用例。

18. 程序代码的测试与软件测试有何异同？

19. 软件测试和软件调试有什么区别？

第 7 章

软件维护

软件产品投入使用就进入了软件维护阶段。软件维护是软件生命周期的最后一个阶段，也是花费时间和精力最多的阶段。说来也许令人难以相信，软件维护的工作量可以占软件开发全部工作量的一半以上。在软件运行过程中，由于种种原因，计算机程序经常需要改变。除了要纠正程序中的错误外，还要增加功能及进行优化。而在修改程序、解决问题的时候，程序的变动又会不断产生新的问题，还需要对软件进行修改。软件设计时要考虑到尽量能使软件容易维护，在软件维护时可以节省很多的时间和精力。

7.1 软件维护过程

软件维护（Software Maintenance）就是指在软件产品交付之后，为了延长软件的使用寿命，对其进行修改以改正错误，或改进其性能和其他属性，或使产品适应新的运行环境。

7.1.1 软件维护的种类

软件维护分为改正性维护、适应性维护、完善性维护和预防性维护 4 种。

1. 改正性维护

软件测试不大可能找出一个大型软件系统的全部隐含错误。也就是说，几乎每一个大型程序在运行过程中，都会不可避免地出现各种错误。专门为改正错误、排除故障、消除程序漏洞（Bug）而进行的软件维护叫作改正性维护（Corrective Maintenance）。

2. 适应性维护

计算机领域的各个方面发展变化十分迅速，经常会出现新的系统或新的版本，外部设备及其他系统元件也经常在改进，而应用软件的使用时间，往往比原先的系统环境的使用时间更为长久，因此，常需对软件加以改造，使之适应新的环境。为使软件产品在新的环境下仍能使用而进行的维护称为适应性维护（Adaptive Maintenance）。

3. 完善性维护

软件交给用户使用后，用户往往会要求扩充系统功能，增加系统需求规格说明书中没有规定的功能与性能特征等。为改善软件的性能、增加稳定性、提高处理效率、调整用户界面、减少软件的存储量等而进行的维护是完善性维护（Perfective Maintenance）。

4. 预防性维护

为了进一步提高软件的可维护性和可靠性，需要对软件进行的其他维护称为预防性维护（Preventive Maintenance）。

综上所述，所谓软件维护就是在软件交付使用之后，为了改正错误或满足新的需要而修改软件的过程。

据有关资料统计，各类软件维护的工作量占比大致如图 7.1 所示。

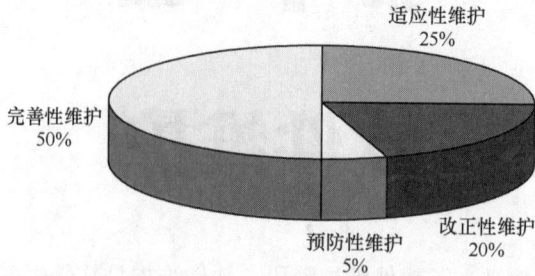

图 7.1　各类软件维护的工作量占比

7.1.2　软件维护的困难

软件的开发过程是否严谨，对软件维护有较大的影响。在软件开发过程中如果没有文档记录，会使软件维护难以进行；软件过程不考虑软件维护问题，同样会使软件难以维护。

1. 非结构化维护与结构化维护

不采用软件工程方法开发的软件，只有程序没有文档，维护工作很难进行，称为非结构化维护。采用软件工程方法开发的软件，每个阶段都有文档，容易进行各种维护，称为结构化维护。因维护要求而引起的可能的事件流程图如图 7.2 所示。

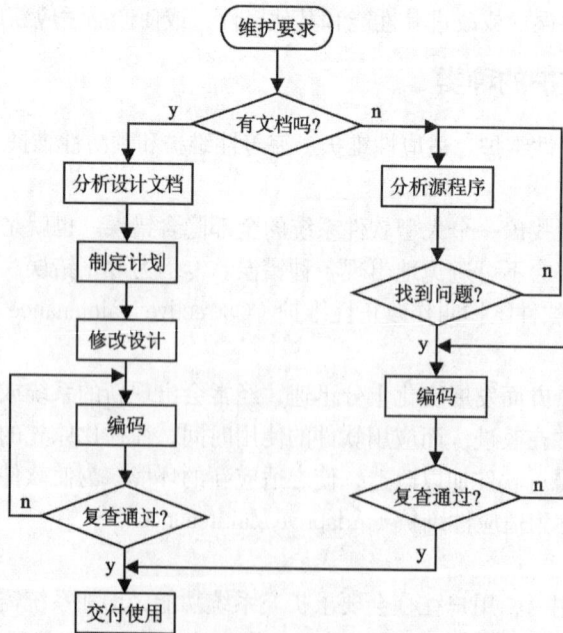

图 7.2　非结构化维护与结构化维护的流程图

（1）非结构化维护。

图 7.2 右边的分支表示的是非结构化维护的流程。由于只有源程序，因此维护工作只能

从分析源程序开始。

源程序内部的注解和说明一般不会很详尽，而软件结构、全程数据结构、系统接口、性能、设计约束等细微的特征往往很难完全搞清楚，甚至常常会误解这些问题。因此，往往会为分析源程序而花费大量的精力。

（2）结构化维护。

图 7.2 左边的分支表示的是结构化维护的流程。由于有完整的软件文档，维护任务就可从分析设计文件开始，进而确定软件的结构特性、功能特性和接口特性，确定需要的修改将会带来的影响并制定实施计划；然后修改设计，编写相应的源程序代码，对所做的修改进行复查，并利用测试说明书中包含的信息重复进行过去的测试，以确保没有因本次修改而把错误引入软件中；最后把修改后的软件交付使用。

与非结构化维护相比，结构化维护能避免精力的浪费，并提高维护的总体质量。

2．软件过程中不考虑维护问题造成软件维护困难

在软件生命周期的需求分析、设计阶段，如果不进行严格而又科学的管理和规划，必然会造成维护阶段的困难。下面列举一些造成软件维护困难的常见问题。

（1）理解他人编写的程序往往是非常困难的。软件文档越少，维护困难自然就越大。如果只有程序代码，而没有说明文档，将出现更严重的困难。

（2）软件开发人员经常流动，因而当需要维护时，往往无法依赖开发人员本人来对软件进行解释和说明。

（3）需要维护的软件往往没有足够的、合格的文档。维护时仅有文档是不够的，容易理解并且和程序代码完全一致的文档才对维护真正有价值。

（4）绝大多数软件在设计时并不会充分考虑到以后修改的便利问题，因此，事后修改不但十分困难，而且很容易出错。

没有采用软件工程方法开发出来的软件总是会出现以上问题，而采用软件工程方法则可避免或减少上述问题。

7.1.3　软件维护的实施

软件开发机构在实施软件的维护时，需要有正式或非正式的组织保证，要详细记录具体的维护过程，软件维护通常要遵循一定的工作流程，具体如下。

1．维护组织

也许并非每个软件开发机构都必须建立正式的维护组织，但至少应设立专门负责维护的非正式组织。

维护组织通常以维护小组的形式出现，维护小组分为非长期维护小组和长期维护小组。

非长期维护小组执行特殊或临时的维护任务，如对程序进行排错、进行完善性维护等，也可采取同事复查或同行复查方法来提高维护的效率。

长期维护小组由维护组长、维护副组长、维护负责人、维护程序员等人员组成。

（1）维护组长是技术负责人，应当是有一定经验的系统分析员，具有一定的管理经验，熟悉系统的应用领域，负责向上级报告维护工作。

（2）维护副组长是维护组长的助手，应具有和维护组长相近的业务水平和工作经验，负责与开发部门或其他维护小组联系，在开发阶段收集与维护有关的信息，在维护阶段同开发人员继续保持联系。

（3）维护负责人是维护的行政领导，管理维护的人事工作。

（4）维护程序员负责分析程序的维护要求，并进行程序修改工作。维护程序员应当具有软件开发与维护的知识和经验，还应当熟悉程序应用领域的知识。

2．维护文档

维护文档有维护要求表、软件修改报告两种。

（1）维护要求表。

软件维护人员应当向用户提供空白的维护要求表，由要求维护的用户填写。该表应能完整描述软件产生错误的情况（包括输入数据、输出数据及其他有关信息）。对于适应性维护的要求，则应提出简单明了的维护要求规格说明。维护要求表由维护组长和维护负责人进行研究、审查批准，要避免盲目地维护。

（2）软件修改报告。

维护组织在收到用户的维护要求表后，应写一份软件修改报告，由维护组长和维护负责人审查批准后实施。该报告应包含下述内容。

- 按维护要求表进行维护所需要的工作量。
- 维护要求的性质。
- 该项要求与其他维护要求相比的优先程度。
- 预计修改后的状况。

3．维护的流程

维护的流程为用户填写维护要求表、审查批准、进行维护并做详细记录。

维护组织收到用户的维护要求表后，把维护要求表交给维护组长去评价，再由维护程序员决定如何进行修改。

（1）确定维护的类型。

维护工作首先要根据维护要求表确定维护属于哪种类型。如果属于改正性维护，则需评价其出错的严重性。如果错误严重，就进一步指定人员，在系统管理员的指导配合下，分析错误的原因，进行维护。对不太严重的错误，则该项改正性维护可与其他软件开发的任务一起统筹安排。如果属于完善性或适应性维护，则先确定各个维护要求的优先次序，并且安排所需工作时间。从其意图和目标来看，属于开发工作，因此可将其视同开发任务。如果某项维护要求的优先级特别高，可立即开始维护工作。

不管是改正性、完善性还是适应性维护，都需要进行同样的技术工作，包括修改软件设计、修改源程序、模块测试、组装、有效性测试及复审等。不同类型的维护侧重点会有所不同，但总的处理方法基本相同。

当然，有时软件维护申请的处理过程并不完全符合上述事件流，例如出现紧急软件问题时，就会出现所谓"救火"性维护要求，在这种情况下，就需要立即投入人力进行维护。

（2）维护记录的保存。

哪些维护记录值得保存下来？有人提出如下清单供读者参考。

- 维护要求表的标识、维护类型。
- 程序名称。
- 所用的编程语言。
- 程序语句数或机器指令条数。
- 程序开始使用的日期。

- 已运行次数、故障处理次数。
- 程序改变的级别及名称。
- 修改程序所增加的源语句数、所删除的源语句数。
- 各次修改耗费的人数 × 时数。
- 软件工程师的姓名。
- 维护开始和结束的日期。
- 累计用于维护的人数 × 时数。
- 维护工作的净收益。

为每项维护工作收集上述数据，进而可对维护工作进行复审。

（3）维护的复审。

软件维护以后要对维护工作进行复审，再次检验软件文档的各个组成部分的有效性，并保证实际上满足了维护要求表中的所有要求。软件维护复审时需检查以下问题。

- 设计、编码、测试工作的完成情况。
- 维护资源的使用情况。
- 维护的主要障碍和次要障碍。

复审对软件维护工作能否顺利进行有重大的影响，也对将来的维护工作有重要意义，可为提高软件组织的管理效能提供重要意见。

7.1.4　软件维护的副作用

维护是为了延长软件的寿命，让软件创造更多的价值。但是维护会产生潜伏的错误或其他不希望出现的情况，称为维护的副作用。维护的副作用有编码副作用、数据副作用和文档副作用 3 种。

（1）编码副作用。

使用程序设计语言修改源程序时可能引入错误。例如，在修改程序的标号、标识符、运算符、边界条件、程序的时序关系等时，要特别仔细，避免引入新的错误。

（2）数据副作用。

修改数据结构时可能造成软件设计与数据结构不匹配，因而导致软件错误。例如，在修改局部变量、全局变量、记录或文件的格式、初始化控制或指针、输入/输出或子程序的参数等时，容易导致设计与数据不一致。

（3）文档副作用。

对数据流、软件结构、模块逻辑或任何其他特性进行修改时，必须对相关的文档进行相应修改，否则会导致文档与程序功能不匹配，文档不能反映软件当前的状态。因此，必须在软件交付之前对软件配置进行评审，以减少文档副作用。

7.2　软件的可维护性

软件的可维护性指软件被理解、改正、调整和改进的难易程度。可维护性是指导软件工程各阶段的一条基本原则，提高软件可维护性是软件工程追求的目标之一。

7.2.1　影响可维护性的因素

影响软件可维护性的因素是多方面的，有维护人员的素质因素、技术条件和管理方面的因素等。其中与开发环境有关的因素如下。

- 是否拥有一组训练有素的软件开发人员。
- 系统结构是否可理解，是否合理。
- 文档结构是否标准化。
- 测试用例是否合适。
- 是否已有嵌入系统的调试工具。
- 所选用的程序设计语言是否合适。
- 所选用的操作系统等是否合适。

在以上影响软件可维护性的因素中，系统结构合理性是软件设计时最应当考虑的。如果系统结构不合理，维护难度会较大。所谓系统结构合理性，主要以下列几点为基础：模块化、结构的层次组织、系统文档的结构、命令的格式和约定、程序的复杂性等。

其他影响软件可维护性的因素还有应用的类型、使用的数据库技术、开关与标号的数量、IF 语句的嵌套层次、索引或下标变量的数量等。

此外，软件开发人员是否能参加维护也是值得考虑的因素。

7.2.2　可维护性的度量

软件的可维护性是难以量化的概念，然而借助维护活动中可以定量估算的属性，能间接地度量可维护性。例如，进行软件维护所用的时间是可以记录并统计的，可以依据下列维护工作所需的时间来度量软件的可维护性。

- 识别问题的时间。
- 修改需求规格说明书的时间。
- 分析、诊断问题的时间。
- 选择维护工具的时间。
- 纠错或修改软件的时间。
- 测试软件的时间。
- 维护复审的时间。
- 软件恢复运行的时间。

软件维护过程所需的时间越短，说明软件维护就越容易。

软件的可维护性主要表现在它的可理解性、可测试性、可修改性、可移植性等方面。因而，对可维护性的度量问题也可分解成对可理解性、可测试性、可修改性、可移植性的度量问题。

1. 可理解性

软件的可理解性表现为维护人员理解软件的结构、接口、功能和内部过程的容易程度。模块化、结构化设计或面向对象设计，与源程序一致的、完整的、正确的、详尽的设计文档和源代码内部的文档，良好的高级语言等，都能提高软件的可理解性。

也可以通过对软件复杂性的度量来评价软件的可理解性，软件越复杂，理解就越困难。具体可以参考本书 11.2.4 小节。

2．可测试性

可测试性代表软件被测试的容易程度。它与源代码有关，要求程序易于理解，还要求有齐全的测试文档，要求保留开发时期使用的测试用例。好的文档资料对诊断和测试至关重要。

可测试性也描述了证实程序正确性的难易程度。可测试性要求软件的需求定义应当有利于进行需求分析，易于建立测试准则，还要便于就这些准则对软件进行评价。

此外，有无可用的测试、调试工具及测试过程的确定也非常重要。在软件设计阶段就应该注意使差错容易定位，以便维护时容易找到纠错的办法。

3．可修改性

可修改性是指修改程序的容易程度。一个可修改的程序往往是可理解的、通用的、灵活的和简明的。所谓通用，是指不需要修改程序就可使程序再次使用。所谓灵活，是指程序容易被分解和组合。

要度量一个程序的可修改性，可以通过对该程序做少量简单的改变来估算改变这个程序的难易程度。例如对程序增加新类型的作业、改变输入 / 输出设备、取消输出报告等。如果对于一个简单的改变，程序中必须修改的模块超过 30%，则该程序属于难以修改之列。

模块设计的内聚、耦合、局部化等因素都会影响软件的可修改性。模块抽象和信息隐蔽越好，模块的独立性越高，则修改时出错的机会也就越少。

4．可移植性

可移植性就是指软件不加改动地从一种运行环境转移到另一种运行环境下的运行能力，也即程序在不同计算机环境下能够有效地运行的程度。可移植性好的软件容易维护。

7.2.3　提高软件的可维护性

要提高软件的可维护性，应从下列几方面入手。

1．明确软件工程的质量目标

提高可维护性是软件工程追求的目标之一。在软件开发的整个过程中，应该始终努力提高软件的可维护性，尽力设计出容易理解、容易测试和容易修改的软件。

2．利用先进的软件技术和工具

软件技术在不断发展，新的软件工具不断出现，针对软件工程的新技术和新工具，应及时学习并应用。

3．选择便于维护的程序设计语言

机器语言、汇编语言不易理解，难以维护，一般只有在对软件的运行时间和使用空间有严格限制或系统硬件有特殊要求时才使用。

高级语言容易理解，可维护性较好；查询语言、报表生成语言、图像语言更容易理解、使用和维护，因此选择适当的程序设计语言非常重要。程序员要慎重、综合地考虑各种因素，并征求用户的意见，选择便于维护的程序设计语言。

4．采取有效的质量保证措施

在软件开发时需确定中间及最终交付的成果，以及所有开发阶段各项工作的质量特征和评价标准。在每个阶段结束前的技术审查和管理复审中，也应着重对可维护性进行复审。验收测试是软件开发结束前的最后一次检查，它对提高软件质量、减少维护费用非常重要，因此应加强软件测试工作，以提高软件的可维护性，确保软件的质量。

5. 完善软件文档

软件文档应包含下述内容。

（1）描述如何使用系统，没有这种描述，系统将无法使用。

（2）描述怎样安装和管理系统。

（3）描述系统需求和设计。

（4）描述系统的实现和测试。

在软件生命周期每个阶段的技术审查和管理复审中，都应对软件文档进行检查，对可维护性进行复审。软件文档的好坏直接影响软件的可维护性。以下是对软件文档的要求。

（1）好的文档能提高程序的可阅读性。

（2）好的文档简明、风格一致、易修改。

（3）程序中的注释有利于增强程序的可理解性。

（4）复杂、较长的程序，更需要有好的文档。

在软件维护阶段，利用历史文档可大大简化维护工作。历史文档有系统开发文档、软件运行错误记录文档和系统维护文档3种。

为了从根本上提高软件的可维护性，在软件开发时，明确质量目标、考虑软件的维护问题是必须的、重要的。在软件开发阶段提供规范、完整、一致的文档，采用先进的软件开发方法和软件开发工具，是提高软件可维护性的关键。

本章小结

软件维护就是指在软件产品交付之后对其进行修改以纠正错误，或改进性能和其他属性，或使产品适应新的环境。

软件维护分为改正性维护、适应性维护、完善性维护和预防性维护4种。

软件的可维护性就是维护人员对该软件进行维护的难易程度，具体包括理解、改正、调整和改进该软件的难易程度。

提高软件的可维护性是软件工程各阶段追求的目标之一。

在软件开发时，明确质量目标、考虑软件的维护问题是必须的、重要的。在软件开发阶段提供规范、完整、一致的文档，采用先进的软件开发方法和软件开发工具，是提高软件可维护性的关键。

习题 7

1. 什么叫软件维护，它有哪几种类型？
2. 非结构化维护和结构化维护的主要区别是什么？
3. 软件维护有哪些副作用？
4. 什么叫软件的可维护性？它主要由哪些因素所决定？
5. 如何度量软件的可维护性？

6. 如何提高软件的可维护性?

7. 从下列叙述中选出关于软件可维护性的正确叙述。

① 在进行需求分析时，就应该同时考虑软件可维护性问题。

② 在完成测试作业之后，为缩短源程序长度，应删去源程序中的注解。

③ 尽可能在软件生产过程中保证各阶段文档的正确性。

④ 编码时应尽可能使用全局量。

⑤ 选择时间效率和空间效率尽可能高的算法。

⑥ 尽可能利用计算机硬件的特点。

⑦ 重视程序的结构设计，使程序具有较好的层次结构。

⑧ 使用软件维护工具或支撑环境。

⑨ 在进行总体设计时应加强模块间的联系。

⑩ 提高程序的易读性，尽可能使用高级语言编写程序。

⑪ 为了加快维护作业的进程，应尽可能增加维护的人数。

8. 从供选择的答案中选出与下列各条叙述关系最密切的内容，将序号填到横线上。

① 软件从一个计算机系统或环境转移到另一个计算机系统或环境的容易程度。 _____

② 软件在投入使用时，实现其指定功能的可能程度。 _____

③ 软件使不同的系统约束条件和用户需求得到满足的容易程度。 _____

④ 在规定条件下和规定时间内，检查软件能否实现所指定功能的可能程度。 _____

⑤ 尽管有不合法的输入，软件仍能继续正常工作的能力。 _____

A. 可测试性　　B. 可理解性　　C. 可靠性　　　D. 可移植性　　E. 可用性

F. 兼容性　　　G. 健壮性　　　H. 可修改性　　I. 可接近性　　J. 一致性

9. 选择填空。

软件的可移植性是用来衡量软件的___①___的重要尺度之一。为了提高软件的可移植性，应注意提高软件的___②___，还应___③___。使用___④___语言开发的系统软件具有较好的可移植性。

① A. 通用性　　　　　　B. 效率　　　　　C. 质量　　　　D. 人机关系

② A. 使用的方便性　　　B. 简洁性　　　　C. 可靠性　　　D. 设备独立性

③ A. 有完备的文档资料　B. 选择好的计算机　C. 减少输入/输出次数

　　D. 选择好的操作系统

④ A. COBOL　　　　　　B. APL　　　　　　C. C　　　　　D. PL/1

　　E. C++

第 **8** 章

面向对象方法、UML 及应用

面向对象（Object-Oriented，OO）方法是 1979 年以后发展起来的，是当前软件工程方法学的主要方向，也是目前最有效、最实用和最流行的软件开发方法之一。面向对象方法是在汲取结构化方法的优点的基础上发展起来的，是对结构化方法的进一步发展和扩充。

软件工程的传统方法将结构化分析和结构化设计人为地分离成两个独立的部分，将描述数据对象和描述作用于数据上的操作分别进行。实际上，数据和对数据的处理是密切相关、不可分割的，分别处理会增加软件开发和维护的难度。

面向对象方法是一种将数据和处理相结合的方法。其开发过程虽然也分为面向对象分析（Object Oriented Analysis，OOA）和面向对象设计（Object Oriented Design，OOD）两个步骤，但面向对象方法不强调分析与设计之间的严格区分，不同的软件工程阶段可以交错、回溯，在分析和设计时所用的概念和表示方法相同。不过，面向对象的分析和设计仍然有不同的分工和侧重点，分析阶段建立一个独立于系统实现的面向对象分析模型；设计阶段考虑与实现有关的因素，对面向对象分析模型进行调整，并补充与实现有关的部分，形成面向对象设计。

软件工程领域在 1995—1997 年期间取得的最重要的成果之一，是统一建模语言（Unified Modeling Language，UML）。UML 是一种直观、通用的可视化建模语言。在进行面向对象的分析和设计时，本书采用 UML 中规定的图形符号来描述软件系统。

8.1 面向对象方法概述

面向对象技术考虑问题的基本原则是，尽可能模拟人类习惯的思维方式。面向对象使描述问题的问题空间（也称为问题域）与实现解法的解空间（也称为求解域）在结构上尽可能一致。

面向对象方法的要点是对象、类、继承和消息传递。

1. 对象

面向对象方法把客观世界中的实体抽象为问题域中的对象，用对象分解取代了传统的功能分解。

2. 类

类是具有相同数据和相同操作的一组相似对象。所有对象都划分成各种类，每个类都定义了一组数据和一组方法，数据用于表示对象的静态属性，是对象的状态信息；方法是允许施加于该类对象上的操作，是该类所有对象共享的。

3. 继承

面向对象方法按照父类（或称为基类）与子类（或称为派生类）的关系，把若干个类组成一个具有层次结构的系统（也称为类等级）。在层次结构中，下层的子类具有与上层的父类相同的特性（包括数据和方法），这种现象称为继承。也就是说，在层次结构中，子类具有父类的特性，子类只需定义本身特有的数据和方法。

例如，学校的学生类可以分为本科生、研究生两个子类。可根据学生入学条件不同、在校学习的学制不同、学习的课程不同等，分别定义不同的子类，但都继承学生类，学生类定义的数据和方法，本科生类和研究生类都自动拥有，如学号、姓名、性别、班级等。本科生类和研究生类只需定义本身特有的数据和方法，如研究生的研究方向等。

4. 消息传递

面向对象方法中对象彼此之间仅能通过传递消息相互联系。对象与传统数据的本质区别是，它不是被动地等待外界对它施加操作，而是必须发消息请求它执行某个操作，处理其数据。对象的信息都被封装在该对象的类的定义中，对象是处理的主体，外界不能直接对它的数据进行操作，这就是封装性。

综上所述，面向对象使用对象、类和继承机制，并且对象之间仅能通过传递消息实现彼此通信。可以用下列方程来概括：

$$面向对象 = 对象 + 类 + 继承 + 消息传递$$

仅使用对象和消息传递的方法，称为基于对象（Object-based）的方法，不能称为面向对象方法。使用对象、消息传递和类的方法，称为基于类（Class-based）的方法，也不是面向对象方法。只有同时使用对象、类、继承和消息传递的方法，才是面向对象方法。

8.1.1　面向对象方法的主要优点

面向对象方法有以下主要优点。

（1）与人类习惯的思维方式一致。

传统的程序设计技术是面向过程的设计方法，以算法为核心，把数据和过程作为相互独立的部分，数据代表问题空间中的客体，程序代码用于处理数据。这样忽略了数据和操作之间的内在联系，问题空间和解空间并不一致。

面向对象技术以对象为核心，尽可能模拟人类习惯的思维方式，使问题空间和解空间结构一致。例如，将对象分类，从特殊到一般建立类等级、获得继承等开发过程，符合人类认知世界、解决问题的思维方式。

（2）稳定性好。

面向对象方法用对象模拟问题域中的实体，以对象间的联系刻画实体间的联系。当系统的功能需求变化时不会引起软件结构的整体变化，只需做局部的修改。由于现实世界中的实体是相对稳定的，因此以对象为中心构造的软件系统也比较稳定。

（3）可重用性好。

面向对象技术可以重复使用一个对象类。例如，创建类的实例，直接使用类；又如，派生一个满足当前需要的新的子类，子类可以重用其父类的数据结构和程序代码，并且可以方便地修改和扩充，而子类的修改并不影响父类的使用。

（4）较易开发大型软件产品。

用面向对象技术开发大型软件产品时，把大型软件产品看作一系列相互独立的小产品，可降低开发的技术难度和开发工作管理的难度。

（5）可维护性好。

由于面向对象的软件稳定性比较好，容易修改，容易理解，易于测试和调试，因此软件的可维护性好。

8.1.2　面向对象方法的主要概念

面向对象方法的主要概念包括对象、类、实例、属性、消息、方法、封装、继承、多态性及重载等。

1. 对象

（1）对象的定义。

在应用领域中有意义的、与所要解决的问题有关系的任何事物都可以作为对象（Object）。对象可以是具体物理实体的抽象、人为的概念、任何有明确边界和意义的事物等，如一名学生、一个班级、一本书等。

一个对象由一组属性和对这组属性进行操作的一组方法（服务）组成。

对象之间通过消息通信，一个对象通过向另一个对象发送消息激活某个功能。

重要的是，在定义对象时，一定要把在应用领域中有意义的、与所要解决的问题有关系的所有事物作为对象。既不能遗漏所需的对象，也不能包含与问题无关的对象。

（2）对象的特点。

① 以数据为核心。

操作围绕对其数据所需要做的处理来设置，操作的结果往往与当时所处的状态（数据的值）有关。

② 主动性。

对象是进行处理的主体，不会被动地等待处理，所以必须通过接口向对象发送消息，请求它执行某个操作，处理它的私有数据。

③ 数据封装。

对象的数据封装在黑盒里，不可见，对数据的访问和处理只能通过公有的操作进行。

④ 本质上具有并行性。

不同对象各自独立地处理自身的数据，彼此通过传递消息完成通信。

⑤ 模块独立性好。

模块内聚性强，耦合性弱。

2. 类

类（Class）是具有相同属性和相同方法的一组对象的集合。它为属于该类的全部对象提供了统一的抽象描述。同类对象具有相同的属性和方法，属性的定义形式相同，每个对象的属性值不同。例如，学生类可以定义的属性包括学号、姓名、班级等，每个学生具有自己特有的属性值。

3. 实例

实例（Instance）是由某个特定的类描述的一个具体对象。一个对象是类的一个实例。例如学生是一个类，某位学生张三就是学生类的一个实例，即对象。

4．属性

属性（Attribute）是类中所定义的数据，它是对客观世界实体所具有的性质的抽象。类的每个实例具有自己特定的属性值。

例如学生类的实例——每位学生有自己特定的姓名、学号、性别、年龄等，所以根据系统的需求，可以定义学生类的属性包括姓名、学号、性别、年龄等。

5．消息

消息（Message）就是向对象发出的服务请求，包含提供服务的对象标识、服务（方法）标识、输入信息、回答信息等。

消息可分为同步消息和异步消息。同步消息的发送者要等待接收者的返回。异步消息的发送者在发送消息后继续自己的活动，不等待消息接收者返回信息。面向对象的消息和函数调用是不同的，函数调用往往是同步的，调用者要等待接收者返回信息。

6．方法

方法（Method）是对象所能执行的操作，也就是类中所定义的服务。方法描述了对象执行操作的算法，以及响应消息的方法。

例如，图书馆管理系统可以定义"读者"类的服务为"借书"和"还书"。

7．封装

封装（Encapsulation）就是把对象的属性和方法结合成一个独立的系统单位，并尽可能隐蔽对象的内部细节。封装使对象形成接口部分和实现部分两个部分。通过封装把对象的实现细节相对外界隐藏起来。对于用户来说，接口部分是可见的，实现部分是不可见的。

封装提供了保护对象和保护客户端两种保护。封装保护对象，防止用户直接存取对象的内部细节。封装保护客户端，防止对象实现部分的变化可能产生的副作用，使实现部分的改变不会影响到相应客户端的改变。

8．继承

利用继承（Inheritance），子类可以自动地拥有父类中定义的属性和方法。

在面向对象的软件技术中，把类组成一个层次结构的系统（类等级），一个类的上层可以有父类，下层可以有子类。这种层次结构系统的一个重要性质是继承性，一个子类直接继承其父类的全部属性和方法，不必重复定义它们。

继承具有传递性，一个类继承其父类的全部属性和方法，并定义本身特有的数据和操作；而它的子类将继承它所有的数据和操作，再定义本身特有的属性和方法。一个类实际继承了它的全部上层类。

继承有单继承和多继承两种。

（1）单继承：一个类只允许有一个父类，即类等级的数据结构为树形结构时，类的继承是单继承。例如，学生分为本科生、专科生、研究生。

（2）多继承：当一个类有多个父类时，类的继承是多继承，此时类的数据结构为网状结构或图。例如，冷藏车继承了货车和冷藏设备两个类的属性。

9．多态性

多态性（Polymorphism）就是指有多种形态。在面向对象技术中，多态是指一个实体在不同条件下具有不同意义或用法的能力。

不同层次的类可以共享一个行为的名字，当对象接收到消息时，根据对象所属的类动态选用该类所定义的算法。例如研究多边形及其两个特殊类正多边形和轴向矩形（顶点在原点、两边与坐标轴重合的矩形）的绘图算法。多边形绘图时需要确定 n 个顶点的坐标。正多边形绘图时需要确定其边数、中心坐标、外接圆半径以及其中一个顶点的坐标。有两条边在坐标轴上的轴向矩形，绘图时只需要确定与坐标原点相对的那个顶点的坐标。这里多边形绘图的算法就具有多态性。

多态性不仅增加了面向对象软件系统的灵活性，进一步减少了信息冗余，而且显著提高了软件的可重用性和可扩充性。

10. 重载

重载（Overloading）有以下两种。

（1）函数重载：在同一作用域内的若干个参数特征不同的函数可以使用相同的函数名。

（2）运算符重载：同一运算符可以施加于不同类型的操作数。

在 C++ 语言中，函数重载是根据变量的个数和类型决定使用哪个函数实现代码的，运算符重载根据被操作数的类型决定使用运算符的哪种语义。

重载进一步提高了面向对象系统的灵活性和可读性。

8.2 UML 概述

8.2.1 UML 的发展

UML 是由面向对象技术专家格雷迪·布区（Grady Booch）、詹姆斯·兰博（James Rumbaugh）和伊瓦尔·雅各布森（Ivar Jacobson）发起，在面向对象的 Booch 方法、对象建模技术（Object Modeling Technique，OMT）方法和面向对象软件工程（Object Oriented Software Engineering，OOSE）方法的基础上，不断完善、发展的一种统一建模语言。

1996 年年底，UML 已经稳定地占领了 85% 的面向对象技术市场，成为事实上的工业标准。1997 年 11 月，对象管理组织（Object Management Group，OMG）批准把 UML 1.1 作为基于面向对象技术的标准建模语言。在计算机学术界、软件产业界、商业界，UML 已经逐渐成为人们为各种系统建立模型、描述系统体系结构、商业体系结构和商业过程时使用的统一工具，在实践过程中，人们还在不断扩展它的应用领域。对象技术组织（Object Technology Organization）已将 UML 作为对象建模技术的行业标准。

模型是为了理解事物而对事物做出的一种抽象，是对事物的一种书面描述。通常，模型由一组图形符号和组织这些符号的规则组成，模型的描述应当无歧义。在开发软件系统时，建立模型的目的是降低问题的复杂性，验证模型是否满足用户对系统的需求，并在设计过程中逐步把实现的有关细节加入模型中，最终用程序实现模型。

UML 采用了面向对象的概念，引入了各种独立于语言的表示符号。UML 通过建立用例模型、静态模型和动态模型完成对整个系统的建模，所定义的概念和符号可用于软件开发过程的分析、设计和实现的全过程，软件开发人员不必在开发过程的不同阶段进行概念和符号的转换。

OOSE 方法的最大特点是面向用例。用例代表某些用户可见的功能，实现一个具体的用户目标。用例代表一类功能，而不是使用该功能的某一具体实例。用例是精确描述需求的重要工具，贯穿于整个软件开发过程，包括对系统的测试和验证过程。

8.2.2　UML 的设计目标

UML 是一种描述、构造、可视化和文档化的软件建模语言。

UML 是面向对象技术软件分析与设计中的标准建模语言，统一了面向对象建模的基本概念、术语及其图形符号，是一种便于交流的通用语言。

设计人员为 UML 设定了以下目标。

（1）为所有建立模型的人员提供通用的建模语言。

（2）尽可能简洁，但又有足够的表达能力。

（3）对良好设计实践的支持，如封装、框架、目标捕获、分布、并发、模式及协作等。

（4）支持现代迭代构造方法，如用例驱动、建立强壮结构。

（5）包含所有面向对象概念。

UML 现在已经做到了以下几点。

（1）运用面向对象概念来构造任何系统模型。

（2）对人和计算机都适用的可视化建模语言。

（3）支持独立于编程语言和开发过程的规格说明。

（4）建立概念模型与可执行体之间的对应关系。

（5）提供可扩展机制和特殊化机制。

（6）支持更高级的开发概念，如组件、协作、模式、框架等。

UML 适用于以面向对象技术来描述任何类型的系统，而且适用于系统开发的不同阶段。

8.2.3　UML 的内容

UML 采用图形表示法，是一种可视化的图形建模语言。UML 的主要内容包括 UML 语义、UML 表示法和 UML 模型。

1. UML 语义

UML 的语义是定义在一个建立模型的框架中的，建模框架有如下 4 个层（4 个抽象级别）。

（1）基本元素层。

由 UML 的基本元素组成，代表要定义的所有事物。

（2）元模型层。

由 UML 的基本元素层组成，包括面向对象和面向构件的概念，每个概念都是基本元素层的实例，为建模者和使用者提供了简单、一致、通用的表示符号和说明。

（3）静态模型层。

由 UML 静态模型组成，静态模型描述系统的元素及元素间的关系，常称为类模型。每个概念是元模型层的实例。

（4）用例模型层。

由 UML 用例模型组成，每个概念是静态模型层的一个实例，也是元模型层的一个实例。用例模型从用户的角度描述系统需求，它是所有开发活动的指南。

2. UML 表示法

UML 表示法为建模者和建模工具的开发人员提供了标准的图形符号和文字表达的语法。这些图形符号和文字语法所表达的是应用级的模型，使用这些图形符号和文字语法为系统建模构造了标准的系统模型。

UML 表示法由图、视图、模型元素、通用机制和扩展机制组成。

（1）图。

UML 的模型是用图来表示的，共有 5 类 9 种图。

- 用例图：用于表示系统的功能，并指出各功能的执行者。
- 静态图：包括类图、对象图及包，表示系统的静态结构。
- 行为图：包括状态图和活动图，用于描述系统的动态行为和对象之间的交互关系。
- 交互图：包括顺序图和协作图，用于描述系统的对象之间的动态合作关系。
- 实现图：包括构件图和部署图，用于描述系统的物理实现。

（2）视图。

视图由若干张图构成，从不同的目的或角度描述系统。

（3）模型元素。

图中使用的概念，例如用例、类、对象、消息和关系，统称为模型元素。模型元素在图中用相应的图形符号表示。

一个模型元素可以在多个不同的图中出现，但它的含义和符号是相同的。

（4）通用机制。

UML 为所有元素在语义和语法上提供了简单、一致、通用的定义性说明。UML 利用通用机制为图附加一些额外信息。

通用机制的表示方法如下。

- 字符串：用于表示有关模型的信息。
- 名字：用于表示模型元素。
- 标号：用于表示附属于图形符号的字符。
- 特定字符串：用于表示附属于模型元素的特性。
- 类型表达式：用于声明属性变量和参数。

（5）扩展机制。

UML 的扩展机制使它能够适应一些特殊方法或满足用户的某些特殊需要。扩展机制用标签、约束、版型来表示。

3. UML 模型

UML 可以建立系统的用例模型、静态模型和动态模型，每种模型都由适当的 UML 图组成。

- 用例模型描述用户所理解的系统功能。
- 静态模型描述系统内的对象、类、包以及类与类、包与包之间的相互关系等。
- 动态模型描述系统的行为，描述系统中的对象通过通信相互协作的方式、对象在系统中改变状态的方式等。

8.2.4　UML 的扩展机制

为了使 UML 能很容易地适应某些特定的方法、机构或满足用户的需要，UML 设计了适当的扩展机制。利用扩展机制，用户可以定义和使用自己的模型元素。

UML 的扩展机制可以用 3 种形式给模型元素加上新的语义，分别为标签、约束和版型。

1. 标签

利用标签（标记）可以增加模型元素的信息。每个标签代表一种性质，能应用于多个元素。可把性质定义成一个标签名和标签值。标签名和标签值都用字符串表示，且用花括号标注。标签值是布尔值 true（真）时，可以省略不写。

例如，抽象类通常作为父类，用于描述子类的公共属性和行为。在抽象类的类图中，类名下面加上标签 {abstract}，则表明该类不能有任何实例，如图 8.1（a）所示。

对于类的静态（Static）、虚拟（Virtual）、友元（Friend）等特性，有时也可以用三角形来标记，如图 8.1（b）所示。

2. 约束

约束即对 UML 的元素进行限制。约束可以附加在类、对象或关系上，约束写在花括号内，约束不能给已有的 UML 元素增加语义，只能限制元素的语义。

以下是约束的示例。

{abstract}：用于类的约束，表明该类是一个抽象类。

{complete}：用于关系的约束，表明该关系是一个完全分类。

{hierarchy}：用于关系的约束，表明该关系是一个分层关系。

{ordered}：用于多重性的约束，表明目标对象是有序的。

{bag}：用于多重性的约束，表明目标对象多次出现、无序。

3. 版型

版型（Stereotype）能把 UML 已经定义的元素的语义专有化或扩展。UML 中预定义了 40 多种版型，与标签和约束一样，用户可以自定义版型。

版型的图形符号是《 》，符号中间为版型名，如图 8.2 所示。

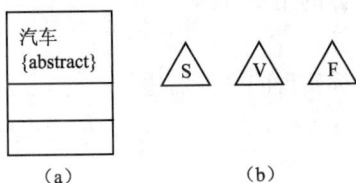

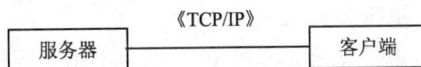

图 8.1　标签的使用　　　　　　图 8.2　UML 图中的版型

UML 中的元素具有通用的语义，利用版型可以对元素进行专有化和扩展。版型不是给元素增加新的属性或约束，而是直接在已有元素中增加新的语义。

8.3　UML 图

UML 图有用例图、类图、对象图、状态图、顺序图、活动图、协作图、构件图及部署图 9 种。在实际的软件开发过程中，开发人员可以根据自己的需要选择几种图来运用。

以下几种符号在各种 UML 图中都有可能用到。

1. 注释

折角矩形是注释的符号，折角矩形中的文字是注释内容，如图 8.3（a）所示。

2. 消息

对象之间的交互是通过传递消息完成的。UML 图中的消息都用从发送者连接到接

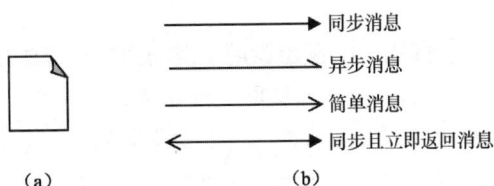

图 8.3　注释符号和消息类型符号

收者的箭头线表示。UML 定义了 3 种消息，用箭头的形状表示消息的类型，如图 8.3（b）所示。

（1）简单消息：表示简单的控制流，只表示消息从一个对象传给另一个对象，没有描述通信的任何细节。

（2）同步消息：表示调用者发出消息后必须等待消息返回，只有当处理消息的操作执行完毕后，调用者才可以继续执行自己的操作。

（3）异步消息：发送者发出消息后，不用等待消息处理完就可以继续执行自己的操作。异步消息主要用于描述实时系统中的并发行为。

可以把一个简单消息和一个同步消息合并成一个消息（同步且立即返回消息），这样的消息表示操作调用一旦完成就立即返回。

8.3.1　用例图

用例图（Use Case Diagram）定义了系统的功能需求。用例图从用户的角度描述系统功能，并指出各功能的执行者。

用例图的主要元素是用例和执行者。用例图中用方框画出系统的功能范围，该系统功能的用例都置于方框中，用例的执行者都置于方框外。执行者和用例之间要进行信息交换。

1. 用例

用例用椭圆形表示。

（1）用例是一个类，它代表一类功能而不是使用该功能的某一具体实例。

（2）用例代表某些用户可见的功能，实现一个具体的用户目标。

（3）用例由执行者激活，并提供确切的值给执行者。

（4）用例可大可小，但必须是对一个具体用户目标实现的完整描述。

2. 执行者

（1）执行者也称为角色，用一个小人图形表示。

（2）执行者是与系统交互的人或物。

（3）执行者是能够使用某个功能的一类人或物。

3. 通信联系

执行者和用例之间要交换信息，称为通信联系。执行者与用例之间用线段连接，表示两者之间进行通信联系。

执行者不一定是一个具体的人，可能是使用该系统的其他系统或设备等，但都用小人图形来表示。执行者激活用例，并与用例交换信息。单个执行者可与多个用例联系；反过来，一个用例也可与多个执行者联系。对于同一个用例，不同执行者起的作用也可不同。

4. 脚本

用例的实例是系统的一种实际使用方法，称为脚本，是系统的一次具体执行过程。用例图中应尽可能包含所有的脚本，这样才能较完整地从用户使用的角度来描述系统的功能。

【例 8.1】 画出饮用水自动售水系统的用例图。

如果投入 1 元硬币，则自动放水 5 升；投入 5 角硬币，放水 2.5 升；如果选择投入两个 5 角硬币，也可放水 5 升。如果饮用水来不及生产，系统会把硬币退还给顾客并亮红灯。硬币由收银员定时回收。试画出该系统的用例图。

顾客甲投入一个 1 元硬币，系统收到钱后放出 5 升水，这个过程就是一个脚本。

饮用水自动售水系统中，投入硬币的人可以是甲，也可以是乙，但是甲或乙不能称为执行者。因为具体某个人，如甲，可以投入 1 元硬币，也可以投入 5 角硬币，还可以执行取款功能，把钱取走。

根据系统功能，可以将执行者分为收银员和顾客两类。顾客可以投入 1 元或 5 角硬币，顾客投入两个 5 角硬币和投入一个 1 元硬币的效果相同，因而顾客买水有 2 个脚本；投入硬币后，如果饮用水产生得不够，系统会把硬币退还给顾客并亮红灯，这个过程是另一个脚本；收银员取款是一个脚本。该系统共有 4 个脚本。饮用水自动售水系统的用例图如图 8.4 所示。

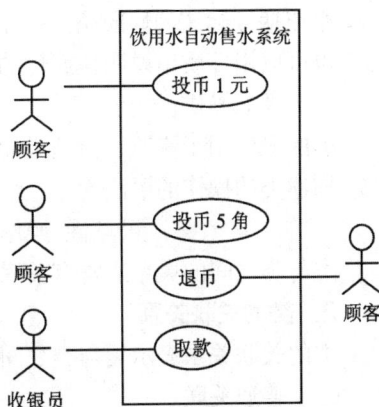

图 8.4　饮用水自动售水系统的用例图

8.3.2　类图

类图（Class Diagram）描述类与类之间的静态关系。类图表示系统或领域中的实体以及实体之间的关联，由表示类的类框和表示类之间关联的连线所组成。

1. 类图的符号

类的 UML 图标是一个矩形框，分成 3 个部分，上部写类名，中间写属性，下部写操作。类与类之间的关系用连线表示，不同的关系用不同的连线和连线端点处的修饰符来区别。类的图形符号和关系的连线如图 8.5 所示。

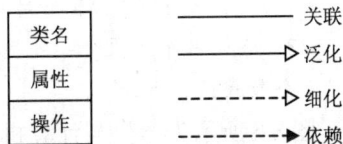

图 8.5　类的图形符号和关系的连线

（1）类的名称。

类的名称是名词，应当含义明确、无歧义。

（2）类的属性。

类的属性描述该类对象的共同特性。类的属性的值应能描述并区分该类的每个对象。例如，学生对象有属性"姓名"，这是每个学生都具有的共同特性，而具体的某个姓名可以用来区分学生对象。

属性的选取应符合系统建模的目的，系统需要的特性才作为类的属性。

属性的语法为：

可见性　属性名：类型名＝初值 {性质串}

例如：

＋性别：字符型＝"男" {"男"，"女"}

属性的可见性就是可访问性，通常分为如下 3 种。

- 公有的（Public）：用加号（＋）表示。
- 私有的（Private）：用减号（－）表示。
- 保护的（Protected）：用井号（＃）表示。

属性名和类型名之间用冒号（：）分隔。类型名表示该属性的数据类型，类型可以是基本数据类型，如整型、实型、布尔型、字符型等，也可以是用户自定义的类型。

属性的默认值用属性的初值表示。

类型名和初值之间用等号连接。

用花括号标注的性质串是一个标签值，列出属性所有可能的取值，每个值之间用逗号分隔。也可以用性质串说明该属性的其他信息，比如｛只读｝。

（3）类的操作。

类的操作用于修改、检索类的属性或执行某些动作。操作只能用于该类的对象上。

描述类的操作的语法为：

可见性　操作名（参数表）：返回值类型｛性质串｝

类与类之间的关系通常有关联关系、一般－特殊关系、依赖关系和细化关系4种。

2．类的关联关系

类的关联关系表示类与类之间存在某种联系。

（1）普通关联。

两个类之间的普通关联关系用直线连接来表示。类的关联关系有方向时，用黑三角形表示方向，可在方向上起名字，也可不起名字。图8.6表示了关联的方向。不带箭头的关联可以是方向未知、未确定或双向的。

在类图中还可以表示关联中的数量关系，即参与关联的对象的个数或数量范围，如下示例。

- 0…1，表示0～1个对象。
- 0…* 或 *，表示0个或多个对象。
- 1…15，表示1～15个对象。
- 3，表示3个对象。
- 个数默认，表示1。

图8.6所示为学生与计算机的关联，学生使用计算机，计算机被学生使用，几个学生合用1台计算机或多个学生使用多台计算机。

图8.6　类与类的普通关联

（2）限定关联。

在一对多或多对多的关联关系中，可以用限定词将关联变成一对一的限定关联，限定词放在关联关系末端的一个小方框内，如图8.7所示。

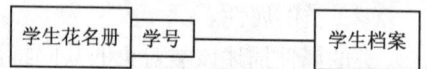

图8.7　类的限定关联

（3）关联类。

为了详细说明类与类之间的关联，可以用关联类来记录关联的一些附加信息，关联类与一般类一样可以定义其属性和操作（也可称为链属性）。关联类用一条虚线与关联连接。

例如，"学生"与所学习的"课程"具有关联关系，如图8.8（a）所示。m个学生"学习"n门课程，每个学生学习每门课程都可得到相应的成绩、学分。可定义关联类"学习"的属性为"成绩""学分"，还可以定义它的操作，如图8.8（b）所示。

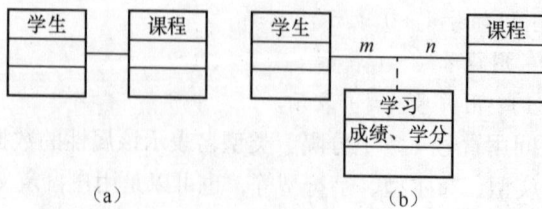

（a）　　　　　　（b）

图8.8　关联类

（4）聚集。

聚集表示类与类之间的关系是整体与部分的关系。在需求分析时,使用"包含""组成""分为"等词时,意味着存在聚集关系。

聚集关系除了一般聚集关系,还有共享聚集和复合聚集两个特殊的聚集关系。

部分对象可同时参与多个整体对象的构成,称为共享聚集,例如学生可参加多个学生社团组织。一般聚集和共享聚集的表示符号都是在整体类旁画一个空心菱形,用直线连接部分类,如图 8.9 所示。

如果部分类完全隶属于整体类,部分与整体共存亡,则称该聚集为复合聚集,简称为组成。组成关系用实心菱形表示。例如旅客列车由火车头和若干车厢组成,旅客列车是整体,火车头与车厢是旅客列车的各个组成部分,车厢分为软席、硬席、软席卧铺和硬席卧铺 4 种。图 8.10 所示是旅客列车组成图,是复合聚集。

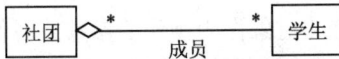

图 8.9　一般聚集和共享聚集

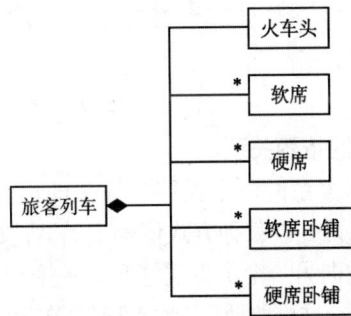

图 8.10　复合聚集

3. 类的一般 – 特殊关系

类与若干个互不相容的子类之间的关系称为一般 – 特殊关系,或称为泛化关系。

事物往往既有共同性,也有特殊性。同样,一般化类中有时也有特殊类。

如果类 B 具有类 A 的全部属性和全部服务,而且具有自己的特性或服务,则 B 叫作 A 的特殊类,A 叫作 B 的一般化类。

类的一般 – 特殊关系的图形符号如图 8.11（a）所示。图的上部是一个一般化类（汽车）,下部是若干个互不相容的子类（客车和货车）。它们之间用空心三角形和直线连接,三角形的顶点指向一般化类,底部引出的直线连接特殊类。

特殊类的对象拥有其一般化类的全部属性和服务,称作特殊类对一般化类的继承。继承就是"自动地拥有",因而特殊类不必重新定义一般化类中已定义过的属性和服务,只需要声明它是某个类的特殊类,定义它自己特殊的属性和服务。特殊类中可能还存在下一层的特殊类。

继承具有传递性。例如,一个特殊类 B 既拥有从它的一般化类 A 中继承下来的属性和服务,又有自己新定义的属性和服务。当这个特殊类 B 又被它更下层的特殊类 C 继承时,特殊类 B 的所有属性、服务被它的特殊类 C 继承。因而,特殊类 C 拥有一般化类 A 的属性和服务,同时拥有特殊类 B 的属性和服务,还有特殊类 C 自己定义的属性和服务。

继承是面向对象方法中一个十分重要的概念,是面向对象技术可以提高软件开发效率的一个重要因素。

在研究系统数据结构时,单继承关系的类形成的结构是树形结构,多继承关系的类形成的结构是网状结构。如图 8.11(a)所示,汽车类含客车与货车两个子类,子类与父类有继承关系,是树形结构,子类互不相同,客车车厢是载客用的,货车车厢是载货用的。如图 8.11(b)所示,冷藏车继承了货车的属性和服务,同时继承了冷藏设备的属性和服务,称为多继承,是网状结构。

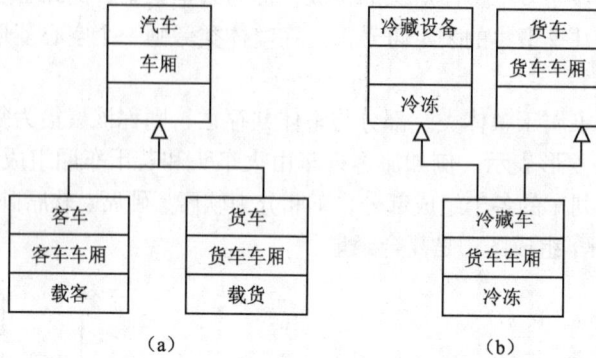

图 8.11 类的单继承关系和多继承关系

4. 类的依赖关系

有依赖关系的两个类用带箭头的虚线连接,箭头指向独立的类。如图 8.12 所示,类 A 是独立的,类 B 以某种方式依赖于类 A,如果类 A 改变了,将影响依赖于它的类 B 中的元素。如果一个类向另一个类发送消息,一个类使用另一个类的对象作为操作的参数或者作为它的数据成员等,这样的两个类之间都存在依赖关系。表示依赖关系的虚线可以带一个版型标签,版型名写在《》内,具体说明依赖的种类。

5. 类的细化关系

在软件开发的不同阶段都使用类图,这些类图表示类在不同层次的抽象。类图可分为以下 3 个层次。

(1)概念层类图:在需求分析阶段用概念层类图描述应用领域中的概念。

(2)说明层类图:在设计阶段用说明层类图描述软件的接口部分。

(3)实现层类图:在实现阶段用实现层类图描述软件系统中类的实现。

当对同一事物在不同抽象层次上描述时,这些描述之间具有细化关系。例如,类 A 进一步详细描述后得到类 B,则称类 A 与类 B 具有细化关系,用由类 B 指向类 A 的虚线及空心三角形表示。图 8.13 所示为类的细化关系,类 A 进一步细化后得到类 B,类 B 细化了类 A。细化主要用于表示类的模型之间的相关性,常用于跟踪模型的演变。

6. 包

包(Package)是一种组合机制,像一个"容器",可以组织模型中的相关元素,是把各种各样的模型元素通过内在的语义关系连接在一起形成的一个高内聚、低耦合的整体。包通常用于对模型的管理,有时可把包称为子系统。

包的图示符号由两个矩形组成,小矩形位于大矩形的左上方,如图 8.14 所示。包的名称可以写在小矩形内,也可以写在大矩形内。

图 8.12 类的依赖关系   图 8.13 类的细化关系   图 8.14 包的图示符号

（1）当不需要关心包的内容和细节时，把包的名称写在大矩形内。

（2）当需要显示包的内容时，把包的名称写在小矩形内，包的内容写在大矩形内。包的内容可以是类的列表、类图或者是另一个包。

包与包之间可以建立依赖、泛化和细化关系，其图形符号与类图相同。包是模型的一部分，实际上是整个系统的子系统。建模人员可将模型按内容分配在一系列的包中。

设计包时必须遵守的原则有重用等价原则、共同闭包原则、共同重用原则和非循环依赖原则。

（1）重用等价原则。把包作为可重用的单元。把类放在包中时，方便重用以及对该包的各个版本的管理。

（2）共同闭包原则。把需要同时改变的类放在一个包中。在大型项目中，往往会有许多包，对包的管理并不容易，将相互有影响的类放在同一个包中，当改动一个类时，只对一个包有影响，不会影响其他包。共同闭包原则可提高包的内聚、降低包的耦合。

（3）共同重用原则。不会一起使用的类或包不要放在同一包中。

（4）非循环依赖原则。包和包之间的依赖关系不要形成循环。

在 UML 中，包是一种建模元素，在建模时用来组织模型中的各种元素，是分组事物（Grouping Thing）的一种。UML 中并没有包图，通常所说的包图是指类图、用例图等。在系统运行时，并不存在包的实例。

8.3.3　对象图

对象是类的实例。因此，对象图（Object Diagram）可以看作类图的实例，能帮助人们理解比较复杂的类图。类图与对象图之间的区别是，对象图中对象的名字下面要加下画线。

对象有以下 3 种表示方式。

（1）对象名 : 类名。

（2）: 类名。

（3）对象名。

对象名与类名之间用冒号连接，一起加下画线。如果只有类名没有对象名，类名前一定要加冒号，冒号和类名同时要加下画线。另外，也可以只写对象名并加下画线，类名及冒号省略。

例如，图 8.6 表示学生类与计算机类之间的关联关系，图 8.15 表示学生类的对象"王一"与计算机类的对象"10 号机"之间的关联关系，这里对象名及类名的下面都加了下画线。

图 8.15　对象图

8.3.4　状态图

使用面向对象方法进行系统分析时，与传统方法的需求分析一样，有时应分析对象的状态，画出状态图（State Diagram）后，才可正确地认识对象的行为并定义它的服务。

并不是所有类都需要画状态图，有明确意义的状态、在不同状态下行为有所不同的类才需要画状态图。

状态转换（转移）是指两个状态之间的关系，它描述了对象从一个状态进入另一个状态的情况，并执行了所包含的动作。

UML 状态图的符号与本书 3.3.3 小节介绍的状态转换图基本一样。

（1）椭圆或圆角矩形：表示对象的一种状态，椭圆或圆角矩形内部填写状态名。

（2）箭头：表示从箭头出发的状态可以转换到箭头所指向的状态。

（3）事件：箭头线上方可标出引起状态转换的事件名。

（4）方括号（[ ]）：事件名后面可加方括号，方括号内填写状态转换的条件。

（5）实心圆（●）：指出该对象被创建后所处的初始状态。

（6）内部实心的同心圆（◉）：表示对象的最终状态。

一张状态图的初始状态只有一个，而最终状态可以有多个；也可以没有最终状态，只有用圆角矩形表示的中间状态。

每个中间状态有不同的操作（活动），中间状态可能包含状态名称、状态变量、活动表 3 个部分，如图 8.16 所示。这里状态变量和活动表都是可选项。

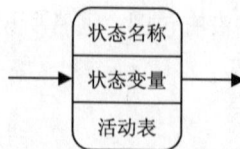

图 8.16　中间状态的 3 个组成部分

活动表经常使用下述 3 种标准事件。

（1）entry（进入）。指进入该状态的动作，相当于状态图中的初始状态，可用 ● 表示。

（2）exit（退出）。指退出该状态的动作，对应于状态图中的 ◉ 标识。

（3）do（做）。指在该状态下的动作，可在表示该状态的圆角矩形内用状态子图详细描述。

这些标准事件一般不做其他用途。活动表较复杂时也可用状态图中嵌套一个状态子图来表示。活动表中表示动作的语法如下：

事件名（参数表）/ 动作表达式

事件可以是任何事件，包括上述 3 种标准事件，需要时可以指定事件的参数表。动作表达式指定应做的动作。

状态机（State Machine）是指某对象或交互过程在其整个生命周期中对事件做出响应而先后经历的各种状态，同时表明响应和动作。

状态机为类的对象在生命周期建立模型。状态机由对象的一系列状态和激发这些状态的转换组成，状态转换附属的某些动作可能被执行。状态机用状态图描述。

【例 8.2】 状态机举例。

图 8.17 所示是拨打电话的状态图，共有空闲状态和活动状态两个状态。活动状态又可具体画出拨打电话时可能遇到的几种不同情况，可在表示活动状态的圆角矩形内用嵌套的状态子图详细描述。

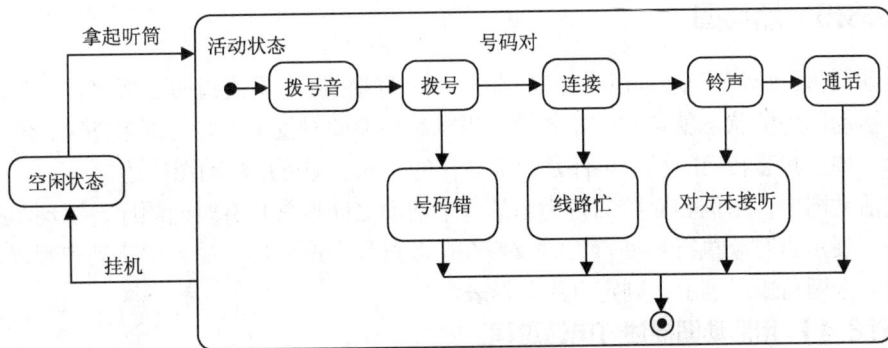

图 8.17　拨打电话的状态图

8.3.5　顺序图

顺序图（Sequence Diagram）描述对象之间动态交互的情况，着重表示对象间消息传递的时间顺序。顺序图中的对象用矩形框表示，矩形框内标有对象名。

顺序图有以下两个方向。

（1）从上到下：从表示对象的矩形框开始，从上到下代表时间的先后顺序，并表示某段时间内该对象是存在的。

（2）水平方向：水平方向的箭头指示了不同对象之间传递消息的方向。

如果对象接收到消息后立即执行某个活动，表示对象被激活了，激活用细长的矩形框表示，画在该对象的下方。消息可以带有条件表达式，用来表示分支或决定是否发送。带有分支的消息在某一时刻只发送分支中的一个消息。

浏览顺序图的方法是从上到下按时间的顺序查看对象之间交互的消息。

【例 8.3】 用顺序图描述打电话的操作过程。

打电话时，主叫方拿起听筒，信息就发给交换机，交换机接到信息后，发信息给主叫方，电话发出拨号音；主叫方拨号，交换机发响铃信息给通话双方，被叫方在 30 秒内接听电话，双方就可通话，停止铃音。若被叫方没有在 30 秒内接听电话，则停止铃音不能通话。

图 8.18 所示是打电话过程的顺序图，如果被叫方没有接听电话就不能通话，这样的情况这里反映不出来。此时可以用活动图描述。

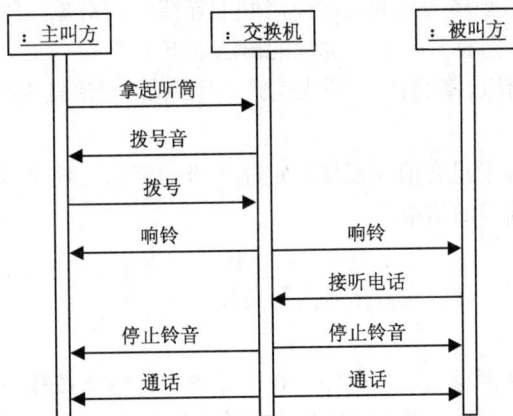

图 8.18　打电话过程的顺序图

8.3.6　活动图

活动图（Activity Diagram）是状态图的一种特殊情况，不需指明任何事件，只要动作被执行，活动图中的状态就自动开始转换。当状态转换的触发事件是外部事件时，常用状态图来表示。如果状态转换的触发事件是内部动作的完成，即可用活动图描述。

在活动图中，用例和对象的行为中的各个活动之间通常具有时间顺序，活动图描述了这种顺序，展示出对象执行某种行为时或者在业务过程中所要经历的各个活动和判定点。每个活动用一个圆角矩形表示，判定点用菱形表示。

【例 8.4】　用活动图描述打电话过程。

图 8.19 所示是打电话过程的活动图。打电话者拿起听筒，出现拨号音，拨号连接，如果号码错误就停止；如果号码正确还要判断对方是否线路忙，线路忙则停止，线路不忙才能接通；听到响铃，若对方在 30 秒内接听电话，就进行通话，通话结束则停止，若对方超过 30 秒未接听则停止。这个活动图描述了打电话时功能的设计方案，电话在遇到不同情况时进入不同的状态，图中含有判断。

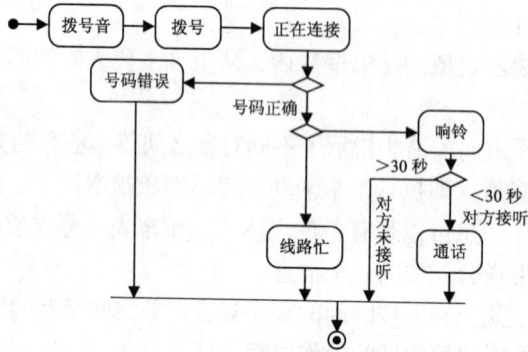

图 8.19　打电话过程的活动图

8.3.7　协作图

协作图（Collaboration Diagram）用于描述系统中相互协作的对象之间的交互关系和关联链接关系。协作图和顺序图都是描述对象间的交互关系，但它们的侧重点不同，顺序图着重表示交互的时间顺序，协作图着重表示交互对象的静态链接关系。

协作图中对象图示与顺序图相同。对象之间的连线代表对象之间的关联和消息传递，每个消息箭头都带有一个消息标签。消息标签的语法如下：

前缀[条件] 序列表达式　返回值：=消息说明

（1）前缀。

前缀表示在发送当前消息之前应该把指定序列号的消息处理完。若有多个序列号，则用逗号隔开，用斜线标志前缀的结束。

（2）条件。

条件的语法与状态图一样，在方括号内写条件。

（3）序列表达式。

序列表达式用于指定消息发送的顺序。在协作图中把消息按顺序编号，消息 1 总是消息序列的开始消息，消息 1.1 是处理消息 1 过程中的第 1 条嵌套消息，消息 1.2 是第 2 条嵌套消息，依次类推。

（4）返回值。

返回值表示消息（操作调用）的结果。

（5）消息说明。

消息说明由消息名和参数表组成，其语法与状态图中事件说明的语法相同。

协作图用于描述系统行为如何由系统的组成部分协作实现，只有涉及协作的对象才会被表示出来。协作图中，多对象用多个矩形框重叠表示。图 8.20 的协作图描述了学生成绩管理系统中教师担任多门课程的教学任务、学生学习多门课程。

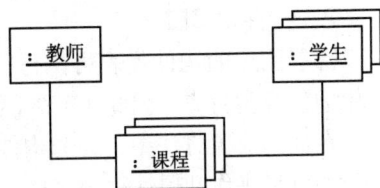

图 8.20　协作图

8.3.8　构件图

构件图（Component Diagram）描述软件构件之间的相互依赖关系。

1. 构件的类型

软件构件（也称为组件）有以下几种类型。

（1）源构件：实现类的源代码文件。

（2）二进制构件：一个对象代码文件、一个静态库文件或一个动态库文件。

（3）可执行构件：一个可执行的程序文件，是链接所有二进制构件所得到的结果。

构件的几种类型中，只有可执行构件才可能有实例。构件图只把构件表示成类型，如果要表示实例，必须使用部署图。

2. 构件图的表示符号

构件图的表示符号如图 8.21 所示。

（1）构件的图示符号是左边带有两个小矩形的大矩形，构件的名称写在大矩形内。

（2）构件的依赖关系用一条带箭头的虚线表示，箭头的形状表示消息的类型。

（3）构件的接口：从代表构件的大矩形框画出一条线，线的另一端为小空心圆，接口的名字写在小空心圆附近。这里的接口可以是模块之间的接口，也可以是软件与设备之间的接口或人机交互界面。

图 8.21 表示某系统程序有外部接口，并调用数据库。由于在调用数据库时，必须等数据库中的信息返回后，程序才能进行判断、操作，因此是同步消息传送。

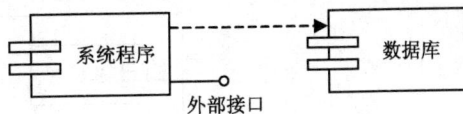

图 8.21　构件图的表示符号

8.3.9　部署图

部署图（Deployment Diagram）描述计算机系统硬件的物理拓扑结构及在此结构上执行的软件。使用部署图可以表示硬件设备的物理拓扑结构和通信路径、硬件上运行的软件构件、软件构件的逻辑单元等。部署图常用于帮助人们理解分布式系统。

部署图含有结点和连接、构件和接口、对象。

1. 结点和连接

结点（Node）是一种代表运行时计算资源的分类器。一般来说，结点至少要具备存储功能，而且常常具有处理能力。运行时对象和构件可驻留在结点上。

结点可代表一个物理设备以及在该设备上运行的软件系统，例如一个服务器、一台计算机、一台打印机、一台传真机等。结点用一个长方体表示，结点名放在长方体的左上角。

结点间的连线表示系统之间进行交互的通信线路，在 UML 中称为连接。通信的类型写在表示连接的线旁，以指定所用的通信协议或网络类型。结点的连接是关联，可以加约束、版型、多重性等符号。如图 8.22 所示，其中有收银端和销售端两个结点。

2．构件和接口

部署图中的构件代表可执行的物理代码模块（可执行构件的实例），在逻辑上可以和类图中的包或类对应。因此，部署图显示运行时各个包或类在结点中的分布情况。

在面向对象方法中，类和构件的操作和属性对外并不都是可见的，类和构件等元素对外提供的可见操作和属性称为接口。接口用一端是小空心圆的直线来表示。

3．对象

部署图中的构件是包或类对应的物理代码模块，因此，构件中应包含一些运行的对象。部署图中的对象与对象图中的对象的表示方法相同。

【例 8.5】　用部署图描述金龙卡饮食销售系统。

图 8.22 所示是金龙卡饮食销售系统的部署图。该系统中有若干个销售端，每个销售端有一个金龙卡接口和一个输入销售金额的界面。输入销售金额后，要将数据库中该金龙卡原有余额减去所输入的金额，再把得到的新余额存入数据库中。后台服务器有系统程序和数据库，系统程序用来对数据库中的数据进行处理。收银端有一个金龙卡接口和一个输入销售金额的界面，这里输入的金额要与数据库中该金龙卡原有的余额相加，再将得到的新余额存入数据库中。

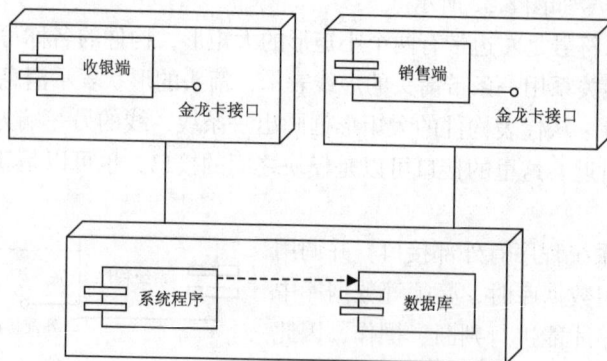

图 8.22　金龙卡饮食销售系统的部署图

8.4　面向对象分析

面向对象分析就是收集和整理用户需求并建立问题域精确模型的过程。面向对象分析需要建立的模型有对象模型、动态模型和功能模型。

8.4.1　面向对象分析过程

面向对象分析过程的第一步是要分析得到完整、准确的用户需求。分析用户需求陈述时，要发现和改正原始陈述中有二义性和不一致性的内容，补充、修改遗漏的内容。通过反复与用户讨论、协商和交流，并通过深入地调查研究，得到更完整、更准确的用户需求陈述。第二步是根据用户需求陈述对事物进行抽象，并用模型准确地表达系统需求。为了确定系统功能和目标，抽象时可根据对象的属性、服务和对象之间的关系进行表达。

对象和类是问题域中客观存在的，面向对象分析的主要任务就是通过对系统需求进行分析找出问题域中存在的对象及其相互关系。通常先找出所有的候选类；再从候选类中剔除那些与问题域无关的、非本质的东西。有一种简单的查找候选类的方法，称为 Wirfs-Brock 名词词组策略。这种方法以用自然语言书写的需求陈述作为依据，将其中的名词作为候选类，把形容词等描述类的特征的数据作为类的属性，把动词作为类的服务的候选者；然后删除其中不必要、不正确、重复的内容，由此确定对象、类及其相互关系。

面向对象分析阶段要分析系统中所含的所有对象及其相互之间的关系。

（1）分析对象的属性、服务及消息的传递。

（2）分析对象在系统中的不同状态及状态的转换。

通过以上分析，建立系统的 3 种模型，分别为描述系统数据结构的对象模型、描述系统控制结构的动态模型、描述系统功能的功能模型。这 3 种模型相互影响、相互制约、有机地结合在一起。后面的章节将详细介绍建立这 3 种模型的方法和步骤。

8.4.2　面向对象分析原则

面向对象分析的基础是对象模型。对象模型由问题域中的对象及其相互的关系组成。

最重要的是，一定要把在应用领域中有意义的、与所要解决的问题有关系的所有事物作为对象。既不能遗漏所需的对象，也不能定义与问题无关的对象。

例如，学校的图书馆管理系统中，"学生"对象的属性可包含学号、姓名、性别、年龄、借书编号、借书日期及还书日期等，但没有必要把学生的学习成绩、政治面貌等作为属性。

面向对象分析的原则有两个，即包含原则和排斥原则。

1. 包含原则

对现实世界中的事物进行抽象时，强调对象的各个实例的相似方面。

例如，学生进校后，学校要把学生划分到若干个班级，"班级"是一种对象。

描述：同一年进校，学习相同的专业，同时学习各门课程，一起参加各项活动的学生，有相同的班长，相同的班主任，班上学生按一定的顺序编排学号等。"班级"通常有编号，如 2021 年入学的计算机系（代号为 02）计算机应用工程专业（代号为 01）1 班编号为 21020101。

2. 排斥原则

对不能抽象成某一对象的实例，要明确地排斥。

例如，同一年进校、不同专业的学生不在同一班级；同一专业、不是同一年进校的学生不在同一班级；有时一个专业，同一届学生人数较多，可分几个班级，这时不同班级的编号不相同，如 2021 年入学的计算机系计算机应用工程专业 1 班用 21020101 作为班级编号，2021 年入学的计算机系计算机应用工程专业 2 班用 21020102 作为班级编号。

在定义对象时，还应描述对象与其他对象的关系、背景信息等。

例如，班级有班主任，各门课程有对应的任课教师、上课时间和地点，班级有一定数量的学生；如果学生留级，就应安排到后一年进校、相同专业的班级中去学习。

在对象模型中描述对象时要规范，如对象描述常用现在时态的陈述性语句，避免有二义性的术语。

例如，班级编号为 21010201，学生在校期间升级时班级编号一直保持不变，学生毕业后，该班级就不存在了，但是班级编号仍可作为学生档案中的信息备查。

8.5 建立对象模型

对象模型是面向对象分析阶段所建立的 3 个模型中最关键的一个模型，对象模型表示静态的、结构化系统的"数据"性质。它是对客观世界实体中对象及其相互之间关系的映射，描述了系统的静态结构。建立对象模型首先要确定对象、类，然后分析对象、类之间的相互关系。对象、类之间的关系可分为一般 – 特殊关系、聚集关系和关联关系。对象模型用类符号、类实例符号以及类的关联关系、一般 – 特殊、聚集关系等表示。有些对象具有主动服务功能，称为主动对象。

8.5.1 确定对象和类

1. 对象

对象是系统中用来描述客观事物的一个实体，是构成系统的一个基本单位，由一组属性和对这组属性进行操作的一组服务构成。

对象标识（Object Identifier）也就是对象的名字，有"外部标识"和"内部标识"之分，前者供对象的定义者或使用者使用，后者供系统内部用来识别唯一对象。

对象标识应符合三大条件：一是在一定的范围或领域中是唯一的；二是与对象的特征、状态及分类无关；三是在对象存在期间保持一致。

属性是用来描述对象的静态特征的数据项。

例如，在【例 3.2】的学生成绩管理系统中可定义"学生"对象，其属性有学号、姓名、性别、系、专业及班级等；学生学习的几门课程的考试成绩及总评分也是"学生"对象的属性。

服务是用来描述对象的动态特征（行为）的一系列操作序列。

2. 类

类是具有相同属性和服务的一组对象的集合，为属于它的全部对象提供了统一的抽象描述（属性和服务）。类的图形符号是一个矩形框，由两条横线把矩形分为 3 部分，上面是类的名称，中间是类的属性，下面列出类所提供的服务，如图 8.23(a) 所示。

一个对象是符合类定义的一个实体，又称为类的一个实例。

对象有如下 3 种表示方式。

（1）对象名：类名

（2）对象名

（3）：类名

如图 8.23(b) 所示，学生类的对象"王一"与计算机类的对象"10 号机"之间存在关联关系，这里对象名及类名的下面都加了下画线，这两个对象的属性和服务没有标出，强调的是两个类之间的联系，即学生王一使用 10 号计算机。

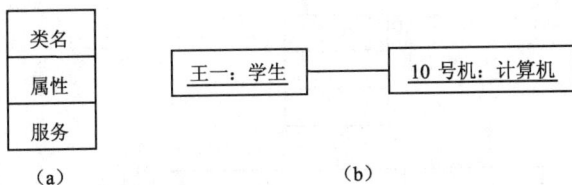

图 8.23　类及属于该类的对象

8.5.2　确定类的相互关系

系统中的两个或多个类之间存在一定的关系，在实际应用时，最常出现的关系有关联关系、整体－部分关系和一般－特殊关系。在建立对象模型时，要分析系统中的所有类，确定这些类相互之间究竟存在怎样的关系。

1. 关联关系

类的关联关系反映了对象之间相互依赖、相互作用的关系。

【例 8.6】 教师指导学生进行毕业设计，多对多关联关系的分解。

m 位教师指导 n 名学生进行毕业设计，其中，每位教师指导若干名学生，每名学生由一位教师指导。每名学生完成教师指定的一个毕业设计题目，得到指导教师评定的成绩。这是多对多的关联关系，可用图 8.24(a) 表示。关联的链属性是毕业设计题目和成绩。

本例也可将教师与学生的关联"毕业设计"定义为一个类。每位教师指导多个毕业设计题目，每位学生完成一个毕业设计题目。教师与毕业设计变为相对简单的一对多 ($1 : k$) 的关联关系，毕业设计与学生是一对一 ($1 : 1$) 的关联关系，如图 8.24(b) 所示。这样虽然多定义了一个对象，但避免了复杂的多对多关联关系。

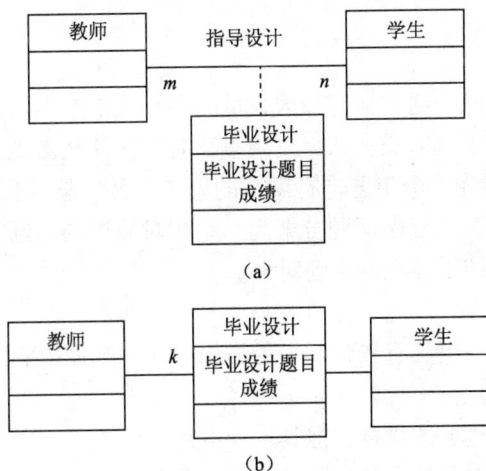

（a）

（b）

图 8.24　教师与学生的关联关系

2. 整体－部分关系

整体－部分关系就是聚集关系，它反映了对象之间的构成关系。聚集关系最重要的性质是传递性。

当聚集关系有多个层次时，可以用一棵简单的聚集树来表示它。

例如，一本教材由封面、前言、目录及若干章组成，每章由若干节和习题组成，如图 8.25 所示。

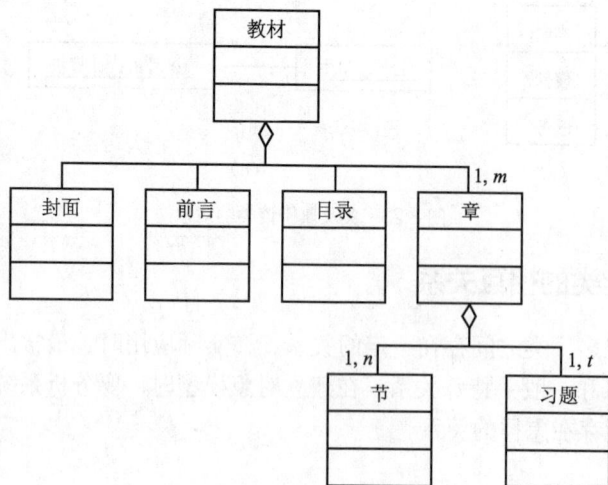

图 8.25 教材结构的聚集关系

3. 一般 - 特殊关系

前文已提到，类与若干个互不相容的子类之间的关系称为一般 - 特殊关系。

继承是面向对象方法中一个十分重要的概念，是面向对象技术可以提高软件开发效率的一个重要原因。子类继承父类所定义的属性和操作，又可定义本身的特殊属性和操作。

例如，高等学校的"学生"就是一般化类，下面分为两个互不相容的子类"本科生"和"研究生"。"学生"类可以定义属性学号、姓名、性别、出生年月等，"本科生"类和"研究生"类可以继承父类"学生"所定义的所有属性和操作。"本科生"类可以定义其特殊的属性"专业""班级"，"研究生"类可以定义其特殊的属性"研究方向""导师"等。

8.5.3 划分主题

在开发一个软件系统时，通常会有较大数量的类，几十个类以及类之间错综复杂的关系会使人难以理解、无从下手。人类在认识复杂事物时，往往从宏观到微观分层次进行。当考虑各部分的细节时，应围绕一个主题进行微观的思考。开发软件也可以用划分主题的方法，将系统分解为若干子系统，将复杂问题分解为一些相对简单的问题，再研究这些简单问题的解法，有时还需要确定系统中存在的主动对象。

1. 主题

主题（Subject）是把一组具有较强联系的类组织在一起而得到的类的集合，有以下几个特点。

（1）主题是由一组类构成的集合，但其本身不是一个类。

（2）一个主题内部的对象具有某种意义上的内在联系。

（3）主题的划分有一定的灵活性，强调的重点不同可以得到不同的主题划分。

主题的划分有两种方式。一种是自底向上的，先建立类，然后把类中关系较密切的类组织为一个主题，如果主题数量仍太多，则再进一步把联系较强的小主题组织为大主题，直到系统中最上层主题数不超过 7 个。这种方式适用于小型系统或中型系统。另一种是自顶向下的，先分析系统，确定几个大的主题，每个主题相当于一个子系统，按这些子系统分别进行面向对象分析，建立各个子系统中的类，最后将子系统合并为大的系统。

2. 主题图

面向对象分析时，可将问题域中的类图划分成若干个主题。主题的划分无论采用自顶向下还是自底向上方式，最终结果都是一个完整的类图和一个主题图。

主题图有展开方式、压缩方式和半展开方式 3 种表示方式。关系较密切的对象画在一个框内，框的每个角标上主题号，框内是详细的类图，标出每个类的属性和服务以及类之间的详细关系，就可得到展开方式的主题图；如果将每个主题号及主题名分别写在一个框内，就可得到压缩方式的主题图；每个框内将主题号、主题名及该主题中所含的类全部列出，就可得到半展开方式的主题图。

压缩方式的主题图可表明系统的总体情况，展开方式的主题图则可用于了解系统的详细情况。

【例 8.7】　画出商品销售管理系统的主题图。

商品销售管理系统是商场管理的一个子系统，要求的功能：为每种商品编号，记录商品的名称、单价、数量、库存的下限等；营业员接班后要登录、销售，将顾客选购的商品输入购物清单、销售计价、打印购物清单及合计，交班时结账、交款；系统帮助供货员发现哪些商品的数量到达安全库存量、即将脱销，需及时供货。账册用来统计商品的销售量、进货量及库存量、结算资金来向上级报告；上级可以发送和接收信息，如要求报账和查账、增删商品种类或变更商品价格等。

通过分析后可建立的对象有营业员、销售事件、账册、商品、商品目录、供货员、上级系统接口，并将它们的属性和服务标识在图中。这些对象之间的所有关系也在图中标出，可得一个完整的类图，如图 8.26(a) 所示。在图 8.26(a) 中，"销售事件"类是"账册"类的子类，是多对一的关系，用空心三角形连接。每次销售若干数量的"商品"是"商品目录"中的一种，因而"商品"类可看成"商品目录"类的子类，也用空心三角形连接，也是多对一的关系。

分析该系统，将其中对象之间的关系比较密切的对象画在一个框里，例如营业员、销售事件、账册关系比较密切，商品、商品目录关系比较密切。供货员、上级系统接口与销售之间的关系较远，但是这两个有一个共同之处，都可以看成系统与外部的接口。把关系较密切的对象画在一个框内，框的每个角标上主题号，就可得到展开方式的主题图，如图 8.26(a) 所示。将每个主题号及主题名分别写在一个框内，就可得到压缩方式的主题图，如图 8.26(b) 所示。将主题号、主题名及该主题中所含的类全部列出，就可得到半展开方式的主题图，如图 8.26(c) 所示。

3. 主动对象

主动对象（Active Object）的概念、作用和意义最近几年开始受到重视。按照通常理解，对象的每个服务是在消息的驱动下执行的操作，所有这样的对象都是被动对象（Passive Object）。

在现实世界中，具有主动行为的事物并不罕见，如交通控制系统中的信号灯、军队中向全军发号施令的司令部和发现情况要及时报告的哨兵等。

主动对象是一组属性和一组服务的封装体，其中至少有一个服务不需要接收消息就能主动执行（称为主动服务）。

主动对象或主动服务可以用名称前加 @ 来表示。在 UML 中，主动对象用加粗的边框表示，例如图 8.26(a) 中营业员就是主动对象。

除了含有主动服务外，主动对象中也可以有一些在消息驱动下执行的一般服务。

　　主动对象的作用是描述问题域中具有主动行为的事物以及在系统设计时识别的任务，主动服务描述相应的任务所完成的操作，在系统实现阶段应被实现为一个能并发执行的、主动的程序单位，如进程或线程。例如，商品销售管理系统中的营业员就是一个主动对象，他的主动服务就是登录；商场销售的上级领导（上级系统接口）也是主动对象，他可以对商场各部门发送消息，进行各种管理，如图 8.26(a) 所示。

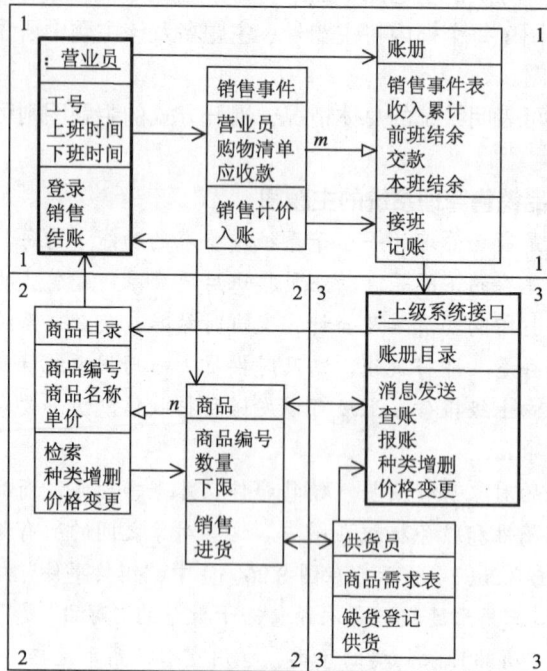

(a)

(b)

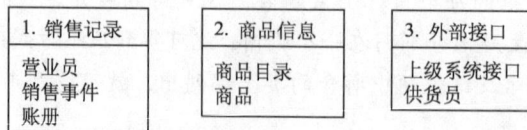

(c)

图 8.26　商品销售管理系统的主题图

8.6　建立动态模型

　　对象模型建立后，就需考察对象和关系的动态变化情况。面向对象分析所确定的对象和关系都具有生命周期。对象及其关系的生命周期由许多阶段组成，每个阶段都有一系列运行规律和规则，用来调节和管理对象的行为。对象和关系的生命周期用动态模型来描述。动态模型描述对象和关系的状态、状态转换的触发事件、对象的服务（行为）。

　　（1）状态：对象在其生命周期中的某个特定阶段所具有的行为模式。

状态是对影响对象行为的属性值的一种抽象，规定了对象对输入事件的响应方式。对象对输入事件的响应，既可以做一个或一系列的动作，也可以仅仅改变对象本身的状态。

（2）事件：引起对象状态转换的控制信息。

事件是某个特定时刻所发生的事情，是引起对象从一种状态转换到另一种状态的事情的抽象。

事件没有持续时间，是瞬间完成的。

（3）服务：也称为行为，是对象在某种状态下所发生的一系列处理操作。

行为是需要消耗时间的。

例如，某个"班级"的学生学习一年后，有的升级，有的留级，班级人数会有变动，"学年"对班级状态有控制作用，是"事件"；班级当前处于第几学年，就是"状态"；学习期满这个班级的绝大多数学生毕业，班级就不再存在，即使有学生留级，也应安排到另一个班级；每学期一个班级的学习课程、任课教师、课程表都有变化，因此"学期"也是"事件"；班级处于第几学期是"状态"；每学期每个学生的各门课的成绩统计、计算成绩总分、班上的学生按成绩排名次等一系列处理，是"行为"。

建立动态模型时首先要编写脚本，从脚本中提取事件，然后画出 UML 图的顺序图（也称事件跟踪图），最后画出对象的状态图。

8.6.1 编写脚本

脚本的原意是指表演戏剧、曲艺及摄制影视剧等所依据的本子，里面记载台词、故事情节等。在建立动态模型的过程中，脚本是系统执行某个功能的一系列事件。

脚本通常起始于一个系统外部的输入事件，结束于一个系统外部的输出事件，它可以包括发生在此期间的系统的所有内部事件。

编写脚本的目的是保证不遗漏系统功能中重要的交互步骤，有助于确保整个交互过程的正确性和清晰性。

【例 8.8】 **编写打电话、通话过程的脚本。**

打电话、通话过程的一系列事件列举如下。

- 打电话者拿起电话话筒。
- 电话拨号音开始。
- 打电话者拨一个数字。
- 电话拨号音结束。
- 打电话者拨其他数字……
- 打电话者拨最后一个数字。
- 如果电话号码拨错，交换机提示出错信息；如果号码正确，且对方空闲，则接电话者的电话开始振铃。
- 铃声在打电话者的电话中传出。
- 如果在 30 秒内，接电话者拿起话筒，双方电话停止振铃。
- 通话……
- 接电话者挂断电话。
- 电话切断。
- 打电话者挂断电话。

- 如果拨号正确，对方忙，打电话者的电话传出忙音。
- 如果接电话者在 30 秒内不接听电话，双方电话停止振铃。

8.6.2 设计用户界面

大多数交互行为都可以分为应用逻辑和用户界面两部分。通常，系统分析员首先集中精力考虑系统的信息流和控制流，而不是首先考虑用户界面。

但是，用户界面的美观、方便、易学及效率，是用户使用系统时首先感受到的。用户界面的美观与否往往对用户是否喜欢、是否接受一个系统起很重要的作用。在分析阶段不能忽略用户界面的设计，应该快速建立用户界面原型，供用户试用与评价。面向对象方法的用户界面设计和传统方法的用户界面设计相同，详见本书 5.2 节。

8.6.3 画顺序图或活动图

顺序图中，一条竖线代表应用领域中的一个类，每个事件用一条水平的箭头线表示，箭头方向从事件的发送对象指向接收对象，时间从上向下递增。

例如,【例8.3】绘制的打电话过程的顺序图（见图 8.18）。通过分析该过程，共有主叫方、交换机和被叫方 3 个类，事件从发送对象指向接收对象。如果想把电话号码拨错或对方未及时接听电话等情况也详细考虑、描述，可以用活动图来描述（见图 8.19）。

【例8.9】 画出招聘考试管理系统的顺序图。

某市人事局举行统一招聘考试。首先，各招聘单位向人事局登记本单位各专业的招聘计划，由人事局向社会公布招聘专业与相应的考试科目及各单位的招聘计划；然后，考生报名、填志愿，人事局组织安排考试，录入考试成绩，向考生和招聘单位公布成绩；最后，各招聘单位进行录用，发录用通知书。

经分析，该系统共有人事局、考生和招聘单位 3 个类。招聘考试管理系统的顺序图如图 8.27 所示。

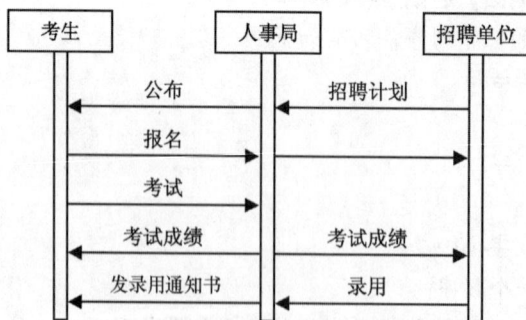

图 8.27 招聘考试管理系统的顺序图

8.6.4 画状态图

如果对象的属性值不相同，对象的行为规则有所不同，则称对象处于不同的状态。

由于对象在不同状态下呈现不同的行为方式，因此应分析对象的状态，才可正确地认识对象的行为，并定义它的服务。

例如，通信系统中的传真机对象就有设备关闭、忙、故障（如缺纸或卡纸）、就绪（开启并空闲）等状态，可以专门定义一个"状态"属性，该属性有以上介绍的几种属性值，每一个属性值就是一种状态。

　　面向对象方法中的状态图的表示方法与传统方法中数据对象的状态转换图相同，详细介绍见 3.3.3 小节。

　　有了状态图，就可"执行"状态图，以便检验状态转换的正确性和协调一致性。执行方法是从任意一个状态开始，当出现一个事件时，引起状态转换，到达另一状态，在状态入口处执行相关的行为，在另一个事件出现之前，这个状态应该不发生变化。

　　【例 8.10】 分别画出旅馆管理系统中旅客和床位的状态图。

　　旅馆管理系统中，旅客登记以后，系统要为旅客安排房间和床位，不同规格房间的住宿费单价不同；旅客住宿若干天以后结账、退房，此时才可将床位分配给新来的旅客。

　　床位有"空"和"住人"两种状态，只有当床位处于"空"状态时，才可安排旅客住宿，随后床位的状态变为"住人"。旅客离开后，他所住的床位又变为"空"状态。

　　旅客在该系统中有"旅客登记""住宿""旅客注销" 3 种状态。从"旅客登记"状态转换到"住宿"状态，是由事件"登记旅客情况"和"分配床位"引起的；从"住宿"状态转换到"旅客注销"状态，是由事件"结账"和"退房"引起的。旅客的状态图如图 8.28（a）所示。

　　床位在该系统中有"空"和"住人"两种状态。"空"状态的床位可以安排旅客住宿，"住人"状态的床位不可以安排旅客住宿。事件"分配床位"引起床位从"空"状态转换为"住人"状态，事件"退房"引起床位从"住人"状态转换为"空"状态。床位的状态图如图 8.28（b）所示。

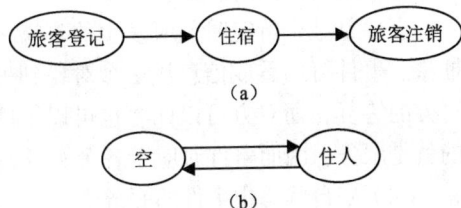

图 8.28　旅客和床位的状态图

8.7　建立功能模型

　　功能模型用来说明如何处理数据以及数据之间有何依赖关系，并表明系统的有关功能。数据流图有助于描述以上问题。

　　功能模型由一组数据流图组成。在面向对象分析方法中，为动态模型的每个状态画数据流图，可以清楚地说明与状态有关的处理过程，在建立系统对象模型和动态模型的基础上，分析其处理过程，将数据和处理结合在一起而不是分离开，这就是面向对象分析的独特之处。数据流图中的处理对应于状态图中的事件，数据流对应于对象图中的对象或属性。

　　建立功能模型的步骤包括确定输入、输出值，画数据流图，定义服务。

　　1. 确定输入、输出值

　　数据流图中的输入、输出值是系统与外部之间进行交互的事件的参数。

　　2. 画数据流图

　　功能模型可用多张数据流图、程序流程图来表示。数据流图符号详见本书 3.3.2 小节，程序流程图符号可按国家标准 GB/T 1526—1989 的规定，详见本书 5.1.1 小节。

　　（1）数据流或处理流程：用带箭头的直线表示。

　　（2）处理：用圆角矩形或圆形表示。

（3）数据存储：用两端被同方向的圆弧封口的平行线或一端用线段封口、一端开口的平行线表示。

（4）数据源或数据终点：用矩形或长方体表示。

在面向对象方法中，数据源往往是主动对象，它通过生成或使用数据来驱动数据流。数据终点接收数据的输出流。数据流图中的数据存储是被动对象，本身不产生任何操作，只响应存储和访问数据的要求。输入箭头表示增加、更改或删除所存储的数据，输出箭头表示从数据存储中查找信息。

3. 定义服务

在建立对象模型时，确定了类、属性、关联、结构后，还要确定类的服务（操作）。在建立动态模型和功能模型后，类的服务才能最终确定。

类的服务与对象模型中的属性和关联的查询有关，与动态模型中的事件有关，与功能模型的处理有关。通过分析，可把这些服务添加到对象模型中。

类的服务有以下几种。

（1）对象模型中的服务。

来自对象模型的服务有读、写属性值。

（2）来自事件的服务。

事件是某个特定时刻所发生的事情，是引起对象从一种状态转换到另一种状态的事情的抽象。事件可以看成信息从一个对象到另一个对象的单向传送，发送信息的对象可能会等待对方的答复，而对方可以回答也可以不回答事件。这些状态的转换、对象的回答等，所对应的就是服务。因而事件对应于各个服务，并且同时可启动新的服务。

（3）来自状态中事件的服务。

状态图中的事件可能是服务，应该定义成对象模型的服务。

（4）来自处理的服务。

数据流图中的各个处理对应对象的服务，应该添加到对象模型的服务中。

如前所述，通过面向对象分析得到的模型包括对象模型、动态模型和功能模型。对象模型为动态模型和功能模型提供基础，动态模型描述了对象的生命周期或运行周期。行为的发生引起状态转换，行为对应于数据流图上的处理，对象是数据流图中的存储或数据流，处理通常是状态图中的事件。面向对象的分析就是用对象模型、动态模型、功能模型描述对象及其相互关系。

软件开发过程就是一个多次反复修改、逐步完善的过程，面向对象方法比使用结构化分析和设计技术更容易实现反复修改及逐步完善的过程。过程中必须把用户需求与实现策略区分开，但分析和设计之间不存在绝对的界限；必须与用户及领域专家密切配合，协同提炼和整理用户的需求。最终的模型要得到用户和领域专家的认可。很可能需要建立原型系统，以便与用户进行更有效的交流。

8.8　面向对象设计

在传统的软件工程中，软件生命周期包括可行性研究、需求分析、概要设计和详细设计、软件实现、软件测试和软件维护。面向对象设计方法也要求系统设计员进行可行性研究和需求分析，并在设计之前准备好一组需求规范。在进行软件开发时，面向对象设计方法和传统的软件工程一样包括软件分析和设计阶段，面向对象方法不强调软件分析和设计的严格区分，但还是有分工的。

面向对象分析阶段要分析系统中所包含的所有对象及其相互之间的关系。面向对象设计是把分析阶段得到的需求转变成符合成本和质量要求的、抽象的系统实现方案的过程。面向对象设计又分为系统设计和对象设计两个阶段。面向对象设计产生一组设计规范后，用面向对象程序设计语言来实现它们。

从面向对象分析到面向对象设计是一个逐渐扩充模型的过程，分析和设计活动是一个多次反复迭代的过程，具体来说就是面向对象分析、系统设计和对象设计 3 个阶段的反复循环。面向对象方法学在概念和表示方法上的一致性保证了在各项开发活动之间的平滑过渡。

8.8.1 系统设计

系统设计确定实现系统的策略和目标系统的高层结构。系统设计要将系统分解为若干子系统，定义和设计子系统时应使其具有良好的接口，通过接口和系统的其余部分通信。除了少数"通信类"，子系统中的类应该只和其内部的其他类协作，应当尽量降低子系统的复杂度，子系统的数量不宜太多。当两个子系统相互通信时，可以建立客户/服务器连接或端对端连接。在客户/服务器连接方式中，每个子系统只承担一个角色，服务只单向地从服务器流向客户端。

系统设计步骤如下。

（1）将系统分解为子系统，设计系统的拓扑结构。

系统中子系统结构的组织有水平层次组织和块状组织两种方案。利用层次和块的各种可能的组合，可以成功地将多个子系统组成完整的软件系统。由子系统组成完整的系统时，典型的拓扑结构有管道形、树形、星形等，设计过程中应采用与问题结构相适应的、尽可能简单的拓扑结构，以减少子系统之间的交互数量。

① 水平层次组织。

水平层次组织分以下两种模式。

● 封闭式：每层子系统仅使用其直接下层提供的服务。这种模式降低了各层次之间的相互依赖性，更易理解和修改。

● 开放式：每层子系统可以使用处于其下面的任何一层子系统所提供的服务。这种模式的优点是减少了需要在每层重新定义的服务数目，使系统更高效、更紧凑；缺点是不遵循信息隐蔽原则，对任何一个子系统的修改都会影响处在更高层次的系统。

② 块状组织。

把系统分解成若干个相对独立的、弱耦合的子系统，一个子系统相当于一个块，每个块提供一种类型的服务。

（2）设计问题域子系统。

问题域部分包括与应用问题直接有关的所有类和对象。识别和定义这些类和对象的工作在面向对象分析中已经开始，在面向对象分析阶段得到的模型描述了要解决的问题。在面向对象设计阶段，对在面向对象分析中得到的结果进行改进和增补，主要对面向对象分析模型增添、合并或分解类 – 对象、属性及服务，调整继承关系等。设计问题域子系统的主要工作有调整需求、重用设计（重用已有的类）、组合问题域类、添加一般化类等。

① 调整需求。

以下情况会导致面向对象分析需要修改。

● 用户需求或外部环境发生了变化。

● 分析员对问题域理解不透彻或缺乏领域专家的帮助，以致面向对象分析模型不能完整、准确地反映用户的真实需求。

② 重用设计。

面向对象设计中很重要的工作是重用设计。首先选择可能被重用的类，然后标明重用类中不需要的属性和操作，增加从重用类到问题域类之间的一般－特殊化关系，把应用类中因继承重用类而无须定义的属性和操作标出，修改应用类的结构和连接。

③ 组合问题域类。

在设计时，从类库中分析并查找一个类作为层次结构树的根类，把所有与问题域有关的类关联到一起，建立类的层次结构。把同一问题域的一些类集合起来，存放到类库中。

④ 添加一般化类。

有时，某些特殊类要求一组类似的服务。此时，应添加一个一般化类，定义所有这些特殊类所共用的一组服务，在该类中定义其实现。

（3）设计人机交互子系统。

通常，子系统之间有客户－供应商（Client-Supplier）关系和平等伙伴（Peer-To-Peer）关系两种交互方式，设计过程中应尽量使用客户－供应商关系。

设计人机交互子系统时，一般会遵循如下准则和策略。

① 设计人机交互子系统的准则。

● 一致性：一致的术语、一致的步骤、一致的动作。

● 减少步骤：减少按键的次数、单击的次数及下拉菜单不要画得太长，减少获得结果所需的时间。

● 及时提供反馈信息：让用户能够知道系统目前已经完成任务的多大比例（进程）。

● 提供"撤销"（Undo）命令：以便用户及时撤销错误动作，消除错误造成的后果。

● 无须记忆：记住信息留待以后使用应是软件的责任，而不是用户的任务。

● 易学：提供联机参考资料，供用户参阅。

● 富有吸引力。

② 设计人机交互子系统的策略。

a. 将用户分类。

● 按技能层次分类：外行、初学者、熟练者、专家。

● 按组织层次分类：行政人员、管理人员、专业技术人员、其他办事员。

● 按职能分类：顾客、职员。

b. 描述用户。

● 用户类型。

● 使用系统欲达到的目的。

● 特征（年龄、性别、受教育程度、限制因素等）。

● 关键的成功因素（需求、爱好、习惯等）。

● 技能水平。

● 完成本职工作的脚本。

　　c. 设计命令层次。

- 研究现有的人机交互含义和准则。
- 确定初始的命令层次：如设计命令的选择可用按钮选择或一系列图标选择。
- 精化命令层次：研究命令的次序、命令的归纳关系，命令层次的宽度和深度不宜过大，操作步骤要简单。

　　d. 设计人机交互类。

　　例如，C++ 语言提供了 MFC 类库，设计人机交互类时，仅需从 MFC 类库中选择适用的类，再派生出需要的类。

　　（4）设计任务管理子系统。

　　任务（Task）是进程（Process）的别称，是执行一系列活动的一段程序。当系统中有许多并发行为时，需要依照各个行为的协调和通信关系，划分各种任务，以简化并发行为的设计和编码。任务管理主要包括任务的选择和调整，首先要分析并发性，然后设计任务管理子系统、定义任务。

　　① 分析并发性。

　　面向对象分析所建立的动态模型是分析并发性的主要依据。两个对象彼此不存在交互，或它们同时接收事件，则这两个对象在本质上是并发的。

　　② 设计任务管理子系统。

　　设计任务管理子系统的相关工作如下。

- 识别事件驱动任务：例如一些负责与硬件设备通信的任务。
- 识别时钟驱动任务：以固定的时间间隔激发这种事件，以执行某些处理。
- 识别优先任务和关键任务：根据处理的优先级别来安排各个任务。
- 识别协调者：当有 3 项或更多任务时，应当增加一项任务，起协调者的作用。它的行为可以用状态图描述。
- 评审各项任务：对各任务进行评审，确保它能满足任务的事件驱动要求或时钟驱动要求；确定优先级或关键任务，确定任务的协调者等。
- 确定资源需求：有可能使用硬件来实现某些子系统，现有的硬件完全能满足某些需求或专用的硬件比通用的 CPU 性能更高等。

　　③ 定义任务。

　　定义任务的工作主要包括是什么任务、如何协调工作及如何通信。

- 是什么任务：为任务命名，并简要说明这个任务。
- 如何协调工作：定义各个任务如何协调工作，指出它是事件驱动的还是时钟驱动的。
- 如何通信：定义各个任务之间如何通信，任务从哪里取值，结果送往何方。

　　（5）设计数据管理子系统。

　　数据管理设计需提供在数据管理系统中存储和检索对象的基本结构，包括对永久性数据的访问和管理。它建立在某种数据存储管理系统之上，隔离了数据管理机构所关心的事项。

　　① 选择数据存储管理模式。

　　数据存储管理模式有文件管理、关系数据库管理系统和面向对象数据库管理系统 3 种。

- 文件管理：提供基本的文件处理能力。
- 关系数据库管理系统：使用若干表格来管理数据。
- 面向对象数据库管理系统：以两种方法实现管理，一是扩充的关系数据库管理系统；

二是扩充的面向对象程序设计语言。

不同的数据存储管理模式有不同的特点，适用范围也不相同，设计人员应该根据应用系统的特点选择所适用的模式。

②设计数据管理子系统。

- 设计数据管理子系统时需要设计数据格式和相应的服务。
- 设计数据格式的方法与所使用的数据存储管理模式密切相关。
- 使用不同的数据存储管理模式时，属性和服务的设计方法是不同的。

8.8.2 对象设计

面向对象分析得到的对象模型通常并没有详细描述类中的服务。面向对象设计阶段是扩充、完善和细化对象模型的过程。面向对象设计的一个重要任务是设计类中的服务、实现服务的算法，还要设计类的关联、接口形式，进行设计的优化。

1. 对象描述

对象是类或子类的一个实例，对象的设计描述可以采用以下形式之一。

（1）协议描述。

协议描述是一组消息和对消息的注释。对于有很多消息的大型系统，可能要创建消息的类别。通过定义对象可以接收的每个消息和当对象接收到消息后完成的相关操作来建立对象的接口。

（2）实现描述。

实现描述由传送给对象的消息所蕴含的每个操作的实现细节组成，包括对象名字的定义和类的引用、关于描述对象属性的数据结构的定义及操作过程的细节。

2. 设计类中的服务

（1）确定类中应有的服务。

需要综合考虑对象模型、动态模型和功能模型来确定类中应有的服务，如状态图中对象对事件的响应、数据流图中的处理、输入流对象、输出流对象及存储对象等。

（2）设计实现服务的方法。

设计实现服务应先设计实现服务的算法，考虑算法的复杂度，考虑如何使算法容易理解、容易实现并容易修改；其次是选择数据结构，要选择能方便、有效地实现算法的数据结构；最后是定义类的内部操作，可能需要添加一些用来存放中间结果的类。

3. 设计类的关联

在应用系统中，使用关联有两种可能的方式：只需单向遍历的单向关联和需要双向遍历的双向关联。单向关联用简单指针来实现，双向关联用指针集合来实现。

4. 链属性的实现

链属性的实现要根据具体情况分别处理，如果是一对一关联关系，链属性可作为其中一个对象的属性而存储在该对象中；如果是一对多关联关系，链属性可作为"多"端对象的一个属性。至于多对多关联关系，可使用一个独立的类来实现链属性，例如【例8.6】中的图8.24(b)所示，将毕业设计作为一个类，使教师与学生的多对多关联关系变为教师与毕业设计的一对多关联关系以及学生与毕业设计的一对一关联关系。

5. 设计的优化

设计的优化需要先确定优先级，设计人员必须确定各项质量指标的相对重要性，才能确定优先级，以便在优化设计时制定折中方案。通常在效率和设计清晰性之间寻求折中，有时可以增加冗余的关联关系以提高访问效率，或调整查询次序，或保留派生的属性等方法来优化设计。究竟如何设计才算是优化，要取得用户和系统应用领域专家的认可才能定论。

8.8.3　面向对象设计的准则和启发式规则

面向对象设计除了应遵循传统软件设计的基本原理，还要考虑面向对象设计的特点。以下准则和启发式规则供设计时参考。

1. 面向对象设计的准则

（1）模块化。

对象就是模块，把数据结构和操作数据的方法紧密地结合在一起，构成模块。

（2）抽象。

类是一种抽象数据类型，对外开放的公共接口构成了类的规格说明（协议），接口规定了外界可以使用的合法操作符，利用操作符可以对类的实例中所包含的数据进行操作。

（3）信息隐蔽。

对于类的用户来说，属性的表示方法和操作的实现算法都应该是隐蔽的。

（4）低耦合（弱耦合）。

对象之间的耦合主要有交互耦合和继承耦合两种。对于交互耦合，应尽量降低消息连接的复杂程度，减少对象发送（或接收）的消息数。对于继承耦合，应提高继承耦合程度，使特殊类尽量多继承一般化类的属性和服务。

（5）高内聚（强内聚）。

面向对象的内聚主要有服务内聚、类内聚和一般－特殊内聚 3 种。

- 服务内聚：一个服务应该完成一个且仅完成一个功能。
- 类内聚：类的属性和服务应该是高内聚的。
- 一般－特殊内聚：一般－特殊结构应该是对相应领域知识的正确抽取，一般－特殊结构的深度应适当。

（6）重用性。

尽量使用已有的类；确实需要创建新类时，应考虑将来可重复使用。

2. 面向对象设计的启发式规则

（1）设计结果应该清晰、易懂。

用词一致，使用已有的协议，减少消息模式的数目，避免模糊的定义。

（2）一般－特殊结构的深度应适当。

类等级层次数保持在 7 个左右，最多不超过 9 个。

（3）设计简单的类。

设计类时要避免包含过多的属性，要有明确的定义，尽量简化对象之间的相互关系，不要提供太多的服务。

（4）使用简单的协议。

通常，消息的参数不要超过 3 个。在修改有复杂消息、相互关联的对象时，往往会导致其他对象的修改。

（5）使用简单的服务。

如果需要在服务中使用 CASE 语句，应考虑用一般－特殊结构来代替这个类。

（6）把设计变动减到最小。

设计的质量越高，设计结果保持不变的时间也就越长。

8.9　面向对象系统的实现

在面向对象系统设计结束后，就可进入系统实现阶段。系统实现阶段分为面向对象程序设计、测试和验收。在面向对象程序设计之前，与传统软件工程方法一样，也要先选择程序设计语言。在进行面向对象程序设计时，除了应具有一般程序设计的风格外，还要遵守一些面向对象方法的特有准则。

8.9.1　选择程序设计语言

面向对象设计既可选用面向对象语言来实现，也可选用非面向对象语言来实现。重要的是要将面向对象分析和设计时的所有面向对象概念都映射到目标程序中。例如一般 - 特殊、继承等。

1. 选择程序设计语言的关键因素

- 与面向对象分析和面向对象设计有一致的表示方法。
- 具有可重用性。
- 可维护性强。

一般应尽量选择面向对象程序设计语言来实现面向对象的分析、设计结果。

2. 面向对象程序设计语言的技术特点

在选择面向对象程序设计语言时，应考查语言的下述技术特点。

- 具有支持类与对象的概念的机制。
- 实现整体 - 部分结构的机制。
- 实现一般 - 特殊结构的机制。
- 实现属性和服务的机制。
- 类型检查的机制。
- 建立类库。
- 持久保存对象的机制。
- 将类参数化的机制。
- 运行效率。
- 开发环境。

3. 选择面向对象程序设计语言的实际因素

软件开发人员在选择面向对象程序设计语言时，除了考虑上述因素外，还应考虑下列因素。

- 将来能否占主导地位。
- 可重用性。
- 类库。
- 开发环境。
- 其他。例如，对运行环境的需求，对已有软件进行集成的难易程度，售后服务等。

8.9.2　面向对象程序设计

良好的面向对象程序设计风格，包括传统的程序设计风格和以下面向对象方法特有的准则。

1. 提高软件的可重用性

面向对象设计的一个主要目标是提高软件的可重用性。在编码阶段主要是代码的重用，可以重用本项目内部相同或相似部分的代码，也可以重用其他项目的代码。

为了有助于实现重用，程序设计应遵循下述准则。

- 提高类的操作（服务）的内聚。类的一个操作应只完成单个功能，如果涉及多个功能，应把它分解成几个更小的操作。
- 减小类的操作的规模。类的某个操作的规模如果太大，应把它分解成几个更小的操作。
- 保持操作的一致性：功能相似的操作应有一致的名字、参数特征、返回值类型、使用条件及出错条件等。
- 把提供决策的操作与完成具体任务的操作分开设计。
- 全面覆盖所有条件组合。
- 尽量不使用全局量。
- 利用继承机制。

2. 提高软件的可扩充性

以下准则有利于提高软件的可扩充性。

- 把类的实现封装起来。
- 一个操作应只包含对象模型中的有限内容，不要包含多种关联的内容。
- 避免使用多分支语句。
- 精心确定公有的属性、服务或关联。

3. 提高软件的健壮性

以下准则有利于提高软件的健壮性。

- 预防用户的操作错误。
- 检查参数的合法性。
- 不预先设定数据结构的限制条件。

经过测试，再确定需要优化的代码。

8.10　面向对象的测试

面向对象测试的主要目标和传统软件测试一样，用尽可能低的测试成本和尽可能少的测试用例，发现尽可能多的错误。面向对象软件的测试步骤从单元测试开始，逐步进行集成测试，最后进行系统测试和确认测试。最小的可测试单元是封装起来的类和对象。但是，面向对象程序的封装、继承和多态性等机制增加了测试和调试的难度，面向对象的测试可以借鉴传统软件工程方法，结合面向对象方法加以实施。本节介绍的是面向对象的测试策略和测试步骤。

8.10.1　面向对象测试策略

传统的单元测试集中在最小的可编译程序单位中，即子程序（模块）中，一旦这些单元都测试完，就把它们集成到程序结构中，这时要进行一系列的回归测试，以发现模块的接口错误和新单元加入程序中所带来的副作用。最后，系统被作为一个整体来测试，以发现软件需求中的错误。面向对象的测试策略与上述策略基本相同，但也有许多新特点，面向对象的测试活动向前推移到了分析模型和设计模型的测试，除此之外，单元测试和集成测试的策略都有所不同。

1. 对象和类的认定

在面向对象分析中认定的对象是对问题空间中的结构、其他系统、设备、相关的事件、系统涉及的人员等实际实例的抽象。对象和类的认定测试可以从如下方面考虑。

（1）认定的对象是否全面，其名称应该准确、适用，问题空间中所涉及的实例是否都反映在认定的抽象对象中。

（2）认定的对象是否具有多个属性，只有一个属性的对象通常应看作其他对象的属性，而不应该抽象为独立的对象。

（3）认定为同一对象的实例是否有共同的、区别于其他实例的共同属性，是否提供或需要相同的服务，如果服务随着实例变化，认定的对象就需要分解或利用继承性来分类表示。

（4）如果对象之间存在比较复杂的关系，应该检查它们之间的关系描述是否正确。例如，一般－特殊关系、整体－局部关系等。

（5）检查面向对象的设计，应该着重注意以下问题。

①类层次结构中是否涵盖了所有在分析阶段定义的类。

②是否能体现面向对象分析中所定义的实例关系、消息传递关系。

③子类是否具有父类没有的新特性。

④子类间的共同特性是否完全在父类中得以体现。

2. 面向对象的单元测试

在测试面向对象的程序时，"单元测试"的概念发生了变化。封装导出了类和对象的定义，这意味着每个类和对象封装有属性和处理这些属性的方法。现在，最小的可测试单元是封装起来的类或对象，由于类中可以包含一组不同的方法，并且某个特殊方法可能作为不同类的一部分存在，因此单元测试的意义发生了较大的变化。因而孤立地测试对象的方法是不可取的，应该将方法作为类的一部分来测试。

例如，在一个父类 A 中有一个方法 x，这个父类被一组子类所继承，每个子类都继承方法 x，但是在方法 x 被应用于每个子类定义的私有属性和操作环境时，由于方法 x 被使用的语境有了微妙的差别，因此有必要在每个子类的语境内测试方法 x。这意味着在面向对象的语境中，只在父类中测试这个方法 x 是无效的。

面向对象的类测试与传统方法的单元测试类似，所不同的是传统方法的单元测试侧重于模块的算法细节和穿过模块接口的数据，而面向对象的类测试是由封装在该类中的方法和类的状态行为所驱动的。

3. 面向对象的集成测试

面向对象的集成测试与传统方法的集成测试不同，由于面向对象的软件中不存在明显的层次控制结构，因此传统的自顶向下或自底向上的集成策略在这里是没有意义的。面向对象的集成测试有如下两种策略。

第一种称为基于线程（Thread-based）的集成测试，这种策略所集成的是响应系统的一个输入或事件所需要的一组类，每个线程被单独地集成和测试，使用回归测试，以保证集成后没有产生副作用。

第二种称为基于使用（Use-based）的集成测试，这种策略首先测试几乎不使用服务器类的那些类（称为独立类），把独立类都测试完之后再测试使用独立类的下一个层次的类（称为依赖类），对依赖类的测试要一个层次一个层次地持续进行下去，直到构造出整个软件系统。

面向对象软件集成测试的一个重要策略是基于线程的集成测试。线程是对一个输入或事件做出反应的类集合。基于使用的集成测试侧重于那些不与其他类进行频繁协作的类。

在进行面向对象系统的集成测试时，驱动程序和存根程序的使用也会发生变化。驱动程序可用于测试底层中的操作和整组类的测试。驱动程序也可用于代替用户界面，以便在界面实现之前就可以进行系统功能的测试。存根程序可用于需要类之间协作，但其中一个或多个协作类还未完全实现的情况。

簇测试（Cluster Testing）是面向对象软件集成测试中的一步，利用试图发现协作中的错误的测试用例来测试协作的类簇。

4．面向对象的确认测试

面向对象的确认测试不再考虑类与类之间相互连接的细节问题，和传统方法的确认测试一样，主要用黑盒法，根据动态模型和描述系统行为的脚本来设计测试用例。确认测试要有用户参加，检验集成以后的系统是否正确地完成了预定的功能，能否满足用户的需求。在验收之前要反复进行测试，尽量避免验收时出现返工的现象。当然，验收时发现一些问题，需要做适当的修改也是难免的。

确认测试始于集成测试的结束，那时单个构件已测试完，软件已组装成完整的软件包，且接口的错误已被发现和改正。在确认测试或者系统测试时，由于不再考虑类和类之间实现的细节，因此与传统方法的确认测试基本上没有什么区别，测试内容主要集中在用户可见的操作和用户可识别的系统输出上。为了设计确认测试用例，测试设计人员应该认真研究动态模型和描述系统行为的脚本，构造出有效的测试用例，以确定最可能发现用户需求错误的情景。

确认测试的目的是验证所有的需求是否均被正确实现，对发现的错误要进行归档，并对软件质量问题提出改进建议。确认测试侧重于发现需求分析的错误，即发现那些对于最终用户是显而易见的错误。

8.10.2　面向对象的测试步骤

面向对象的软件测试从测试对象和类开始，逐步进行集成测试，最后进行系统测试和确认测试。最小的可测试单元是封装起来的类和对象。鉴于面向对象技术的特点，虽然测试步骤名称相同，但是所执行的任务与传统的结构化方法可能有所不同。

可将面向对象的测试划分为以下 6 个步骤。

1．制定测试计划

由测试设计人员根据用例模型、分析模型、设计模型、实现模型、构架描述和补充需求来制定测试计划，目的是规划一次迭代中的测试工作，包括描述测试策略、估计测试工作所需要的人力以及系统资源、制定测试工作的进度等。测试设计人员在制定测试计划时应该参考用例模型和补充需求等文档来辅助估算测试的工作量。

由于每个测试用例、测试规程和测试构件的开发、执行和评估都需要花费一定的成本，而系统是不可能被完全测试的，因此一般的测试设计准则是：所设计的测试用例和测试规程能以最小的代价来测试最重要的用例，并且对风险性最大的需求进行测试。

2. 设计测试用例

传统的测试是由软件的输入、加工、输出或模块的算法细节驱动的，而面向对象测试的关键在于设计合适的操作序列，以便测试"类"的状态。由于面向对象方法的核心技术是封装、继承和多态性，这给设计面向对象软件的测试用例带来了困难。由测试设计人员根据用例模型、分析模型、设计模型、实现模型、构架描述和测试计划来设计测试用例和测试规程。

（1）设计类的测试用例。

面向对象测试的最小单元是类。首先，查看类的设计说明书，设计测试用例时，检查类是否完全满足设计说明书所描述的内容。通常要开发测试驱动程序来测试类，这个驱动程序创建具体的对象，并为这些对象创造适当的环境，以便运行一个测试用例。驱动程序向测试用例指定的一个对象发送一个或多个消息，然后根据响应值、对象发生的变化、消息的参数来检查消息产生的结果。

类的测试用例通常有两种设计方法，一种是根据类说明来确定测试用例；另一种是根据状态图来构建测试用例。

类说明可用自然语言、类图或类说明语句等多种形式进行描述。

在根据类说明设计了基本的测试用例后，应该检查类所对应的状态图，补充类的测试用例。状态图说明了与一个类的实例相关联的行为。在状态图中，用两个状态之间带箭头的连线表示状态的转换，箭头指明了状态转换的方向。状态转换通常是由事件触发的，事件表达式的语法如下：

事件说明 [条件]/ 动作表达式

【例 8.11】 在图书馆管理系统中，根据读者类的类图设计测试用例。

在图书馆管理系统中，读者类的类图如图 8.29 所示。

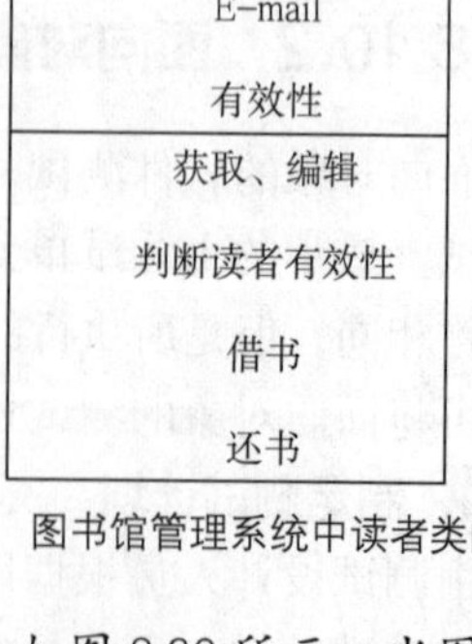

根据类说明来设计测试用例时，首先检查对类属性的操作，例如设计测试用例进行获取读者编号、编辑读者姓名等操作，以检查软件是否有错误；然后，设计测试用例以检查对数据库的操作是否有错误，例如保存、删除读者对象；最后，设计测试用例以检查其他业务操作，例如检查读者有效性是否有错误。

在设计测试用例时，不仅要考虑正确的、有效的操作情况，还要考虑错误的、非法的操作情况。例如，在测试"判断读者有效性"操作时，测试数据中的读者编号应该分别给出正确的、错误的、非法的 3 种情况，检查其输出是否符合设计要求。

读者
读者编号
姓名
性别
出生年月
E-mail
有效性
获取、编辑
判断读者有效性
借书
还书

图 8.29 图书馆管理系统中读者类的类图

【例 8.12】 在图书馆管理系统中，根据状态图设计测试用例。

在图书馆管理系统中，可用状态图反映图书对象的状态变化，如图 8.30 所示。当图书的状态为"在库"时，如果发生"借书"事件，条件是"证件有效"，那么操作"出库"执行，图书的状态由"在库"变为"外借"。设计测试用例时，如果事件发生的条件有多个，应该考虑条件的各种组合情况。例如，新的图书信息产生时要经过采购、验收，然后进行编目。采购的条件是"有订单、有发票"，进行图书编目前要验收。根据图书采购时的具体情况，应该使所设计的测试用例覆盖"有订单、有发票""有订单、无发票""无订单、有发票"和"无订单、无发票"等各种情况。

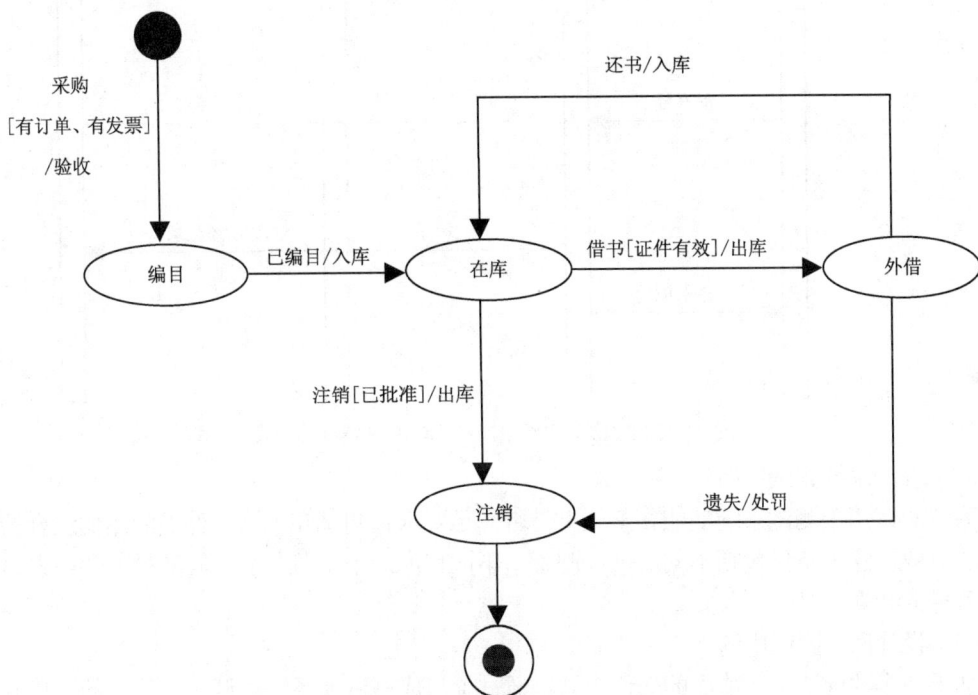

图 8.30　图书馆管理系统中图书对象的状态图

（2）设计集成测试用例。

集成测试用于验证被组装成"构造"的构件之间能否正常地交互。测试设计人员应设计一组测试用例，以便有效地完成测试计划中规定的测试目标。为此，测试设计人员应尽可能寻找一组互不重叠的测试用例，以尽可能少的测试用例发现尽可能多的问题。测试设计人员在设计集成测试用例时，要认真研究用例图、顺序图、活动图、协作图等交互图形，再从中选择若干组感兴趣的场景，即参与者、输入信息、输出结果和系统初始状态等。

【例 8.13】 在图书馆管理系统中，根据读者"借书"过程的顺序图设计测试用例。

图 8.31 所示是图书馆管理系统中读者"借书"过程的顺序图。研究图 8.31，可找出这个场景的参与者是读者和图书馆的工作人员。工作人员输入的信息要与读者库和图书库里的信息进行交互，输入信息是读者号和图书号。输出信息可能有多种情况：图书馆有此书，可借；图书馆无此书，新书预订；此书已全部借出，可预借；读者号不存在，提示出错信息；图书号不存在，提示出错信息；读者借书的数量已经超限，不能借书……也就是说，根据表示用例交互的各种图形，往往可以导出许多测试用例，当执行相应测试时，将捕获到的系统内各对象之间的实际交互结果与这些表示交互的图形进行比较。比如，可通过跟踪输出或者通过单步执行进行比较，两者结果应相同，若两者结果不相同则存在缺陷。

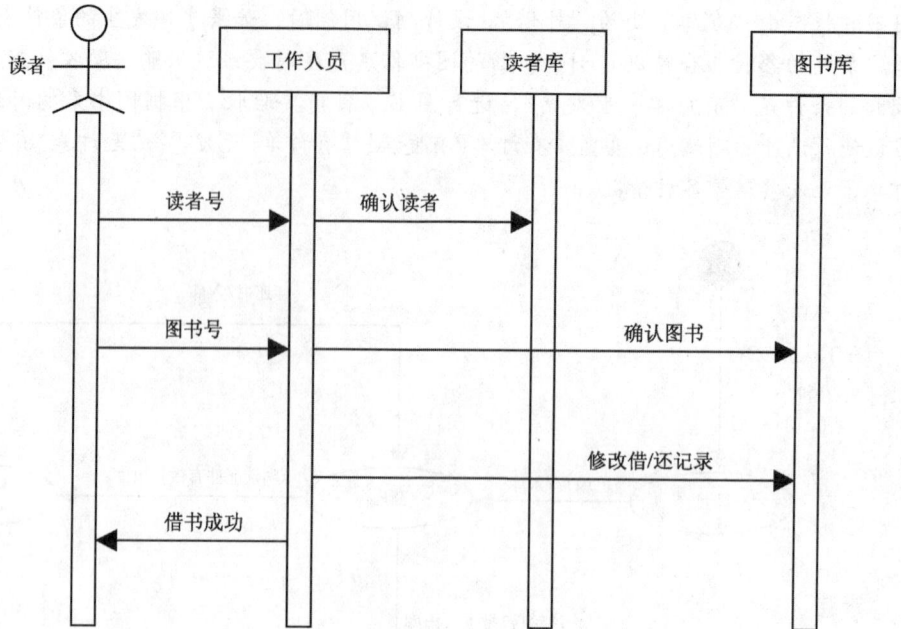

图 8.31　图书馆管理系统中读者"借书"过程的顺序图

（3）设计系统测试用例。

系统测试用于测试系统功能在整体上是否满足要求，测试在不同条件下的用例组合的运行是否有效。这些条件包括不同的硬件配置、不同程度的系统负载、不同数量的参与者以及不同规模的数据库等。

（4）设计回归测试用例。

如果一个"构造"在前面的迭代中已经通过了集成测试和系统测试，在后续的迭代开发中产生的构件可能会与其有接口或依赖关系，为了验证将它们集成在一起是否有缺陷，除了添加一些必要的测试用例进行接口验证外，充分利用前面已经使用过的测试用例来验证后续的构造也是非常有效的。设计回归测试用例时，要注意它的灵活性，它应能够适应被测试软件的变化。

应该注意，集成测试主要是在客户对象中而不是在服务器对象中发现错误；集成测试的关注点是确定调用代码中而不是被调用代码中是否存在错误。

3．实现测试构件

软件工程师根据测试用例、测试规程和被测试软件的编码，设计并实现测试构件，进而实现测试规程自动化。这样的测试构件在测试其他软件时可以做适当修改后重复使用。测试构件的实现有如下两种方法。

（1）依赖于测试自动化工具。

软件工程师根据测试规程，在测试自动化工具环境中执行测试规程所描述的动作，测试自动化工具会自动记录这些动作，软件工程师整理这些记录，并做适当的调整，即生成一个测试构件。这种构件通常是以脚本实现的，例如 Visual Basic 的测试脚本。

（2）软件工程师开发测试构件。

软件工程师以测试规程为需求规格说明，进行分析和设计后，使用编程语言开发测试构件。很显然，开发测试构件的工程师需要有更超的编程技巧和责任心。

4. 集成测试

集成测试人员根据测试用例、测试规程、测试构件和实现模型执行集成测试，并且将集成测试的结果返回给测试设计人员和相关工作流的负责人员。集成测试人员对每一个测试用例执行测试流程（手动或自动），实现相关的集成测试，接下来将测试结果和预期结果相比较，研究二者偏离的原因。集成测试人员要把缺陷报告给相关工作流的负责人员，由他们对有缺陷的构件进行修改；还要把缺陷报告给测试设计人员，由他们对测试结果和缺陷类型进行统计分析，评估整个测试结果。

5. 系统测试

当集成测试已表明系统达到了所确定的软件集成质量目标时，就可以开始进行系统测试。系统测试根据测试用例、测试规程、测试构件和实现模型对所开发的系统进行测试，并且将测试中发现的问题反馈给测试设计人员和相关工作流的负责人员。

6. 测试评估

测试评估是指测试设计人员根据测试计划、测试用例、测试规程、测试构件和测试执行者反馈的测试缺陷，对一系列的测试工作做出评估。测试设计人员将测试工作的结果和测试计划确定的目标进行对比，他们准备了一些度量标准，用来确定软件的质量水平，并确定还需要进一步做多少测试工作。测试设计人员尤其看重测试的完全性和可靠性两条度量标准。

8.11　UML 的应用

利用 UML 进行软件开发时，在面向对象分析阶段和面向对象设计阶段所使用的描述符号相同，因此，不需要严格区分这两个阶段的工作。

UML 是一种标准建模语言，用来建立模型、描述某些内容、表示使用一个方法的结果；它缺少描述解决问题的方法和执行过程的机制，缺少关于过程或方法做什么、怎么做、为什么做、什么时候做的指示。

为了解决对过程的描述问题，使用 UML 进行面向对象开发时，采用以用例驱动、以体系结构为中心、反复迭代的渐增式的构造方法。首先选择系统中的某些用例，完成这些用例的开发；再选择一些未开发的用例进行开发，如此迭代、渐增地进行，直至所有用例都实现。每次迭代都包括分析、设计、实现、测试和交付各个阶段。但整个项目的迭代次数不宜过多，通常以 3 ~ 5 次为宜。

使用面向对象方法从建立模型开始，画出相应的 UML 图；再考虑不同的视图，补充所需要的图；最后把这些图合成一个整体。这样就可比较全面地建立系统模型，合理、正确地解决问题、设计软件。

8.11.1　UML 模型

面向对象方法在开发过程中会产生的主要模型有用例模型、静态模型、动态模型和实现模型。

1. 用例模型

用例模型从用户的角度描述系统需求，是所有开发活动的指南。它包括一张或多张用例图，定义了系统的用例、执行者及执行者与用例之间的关联（Association），即交互行为。

由于用 UML 开发软件是对用例进行迭代渐增式构造的过程，因此，要对用例进行分析，先要搞清究竟哪些用例必须先开发，哪些用例可以晚一点开发，正确制定开发计划。

（1）将用例按优先级分类：优先级高的、必须首先实现的功能最先开发。

（2）区分用例在体系结构方面的风险大小：如果某个用例暂时不实现会导致以后的迭代渐增式开发时有大量的改写工作，这样的用例要先开发。

（3）对用例所需的工作量进行估算，合理安排工作计划。在进度方面风险大的、无法估算工作量的用例不能放到最后开发，以免因它的实际工作量太大而影响整个工程的进度。

在迭代渐增式开发软件时，每次迭代都在前一次迭代的基础上增加另一些用例，对每次软件集成的结果都应进行系统测试，并向用户演示，表明用例已正确实现。所有测试用例都应予以保存，以便在以后的迭代中进行回归测试。

【例 8.14】 绘制商品销售管理系统的用例图。

商品销售管理系统有 5 个脚本：经理执行系统管理功能，营业员执行销售功能，会计执行账册管理功能，供货员执行供货功能，售后服务人员执行售后服务功能。该系统的用例图如图 8.32 所示。

2. 静态模型

任何建模语言都以静态模型作为建模的基础，UML 也不例外。静态模型描述系统的元素及元素间的关系，它定义了类、对象和它们之间的关系及组件模型。

组件是组成应用程序的可执行单元，类被分配到组件中，以提供可重复使用的应用程序构件。组件为即插即用的应用程序结构奠定了基础。

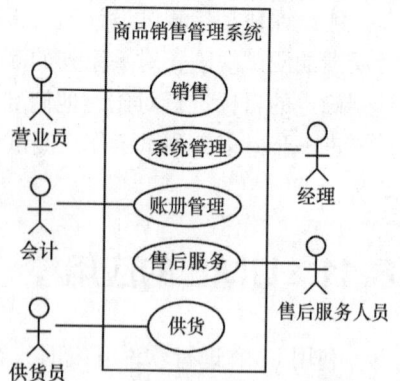

图 8.32　商品销售管理系统的用例图

UML 对可重用性的支持，在设计的前期体现在支持可重复使用的类和结构上，后期则体现在组件的装配上。

静态模型主要描述类、接口、用例、组件、结点等体现系统结构的事物。静态模型使用的图包括用例图、类图、对象图、构件图和部署图等。

3. 动态模型

动态模型描述系统随时间的推移发生的行为，可以使用的图有状态图、顺序图、活动图和协作图等。

动态模型主要描述消息交互和状态机两种动作。

（1）消息交互：对象之间为达到特定目的而进行的一系列消息交换，从而组成一系列动作，通过消息通信相互协作等，可用顺序图、活动图和协作图等描述。

（2）状态机：状态机由对象的一系列状态和激发这些状态转换的事件组成，用状态图描述。

4. 实现模型

实现模型包括构件图和部署图，它们描述了系统实现时的一些特性。

（1）构件图（显示代码本身的逻辑结构）：构件图描述系统中的软件构件以及它们之间的相互依赖关系，构件图的元素有构件、依赖关系和接口。

（2）部署图（显示系统运行时的结构）：部署图显示系统硬件的拓扑结构和通信路径、

系统结构结点上执行的软件构件所包含的逻辑单元等。

8.11.2　UML 视图

视图是模型的简化说明，即采用特定角度或观点，忽略与相应角度或观点无关的实体来表达系统的某一方面特征。

一个系统往往可以从不同的角度进行观察，从一个角度观察到的系统，构成系统的一个视图，每个视图是整个系统描述的一个投影，说明了系统的一个特殊侧面。若干个不同的视图可以完整地描述所建造的系统。每个视图是由若干幅图组成的，每一幅图包含系统某一方面的信息，阐明系统的一个特定部分或方面。由于不同视图之间存在一些交叉，因此一幅图可以作为多个视图的一部分。

在 UML 中，图可划分成 9 类，分别属于 3 个层次。

最上层，视图被分成结构分类、动态行为和模型管理 3 个视图域，每个视图域的下一层包括一些视图，第 3 层由 UML 的图组成。

1. 结构分类

结构分类描述系统中的结构成员及其相互关系。结构分类包括静态视图、用例视图和实现视图。

（1）静态视图：由类图组成，主要概念为类、关联、继承、依赖关系、实现和接口。

（2）用例视图：由用例图组成，主要概念为用例、执行者、关联、扩展，包括用例继承。

（3）实现视图：由构件图组成，主要概念为构件、接口、依赖关系和实现。

2. 动态行为

动态行为描述系统随时间的推移发生的行为。动态行为包括部署视图、状态视图、活动视图和交互视图。

（1）部署视图：由部署图组成，主要概念为结点、构件、依赖关系和位置。

（2）状态视图：由状态图组成，主要概念为状态、事件、转换和动作。

（3）活动视图：由活动图组成，主要概念为状态、活动、转换、分叉和结合。

（4）交互视图：由顺序图、协作图组成，主要概念为交互、对象、消息、激活、协作及角色。

3. 模型管理

模型管理说明了模型的分层组织结构。模型管理根据系统开发和部署来组织视图，主要概念为包、子系统和模型。

UML 的所有视图和所有图都具有可扩展性，扩展机制用约束、版型和标签来实现。

8.11.3　UML 使用准则

UML 可以有多种模型、多种视图，都用图来描述。UML 共有用例图、类图、对象图、状态图、顺序图、活动图、协作图、构件图和部署图 9 种图。UML 的每种图都规定了许多符号。在实际的软件开发过程中，开发人员并不需要使用所有图，也不需要对每个事物都画模型，应根据自己的需要选择使用几种图。

下面介绍 UML 的一些使用准则。

（1）选择合适的 UML 图。

应当优先选用简单的图形和符号。例如最常用的概念为用例、类、关联、属性和继承等，应当首先用图描述这些内容。

（2）只对关键事物建立模型。

要集中精力围绕问题的核心来建立模型，最好只画几张关键的图，经常使用并不断更新、修改这几张图。

（3）分层次地画模型图。

根据项目进展的不同阶段画不同层次的模型图，不要一开始就进行软件实现细节的描述。软件分析的开始阶段通过分析对象实例建立系统的基本元素，即对象或构件；然后建立类、建立静态模型；分析用例、建立用例模型和动态模型；在设计阶段考虑系统功能的实现方案。

（4）模型应具有协调性。

不同抽象层次的模型必须协调一致。对同一事物从不同角度描述得到不同的模型、不同的视图后，要把它们合成一个整体。建立在不同层次上的模型之间的关系用 UML 中的细化关系表示出来，以便追踪系统的工作状态。

（5）模型和模型的元素大小要适中。

如果所要建模的问题比较复杂，可以把问题分解成若干个子问题，分别为每个子问题建模，再把每个子模型构成一个包，以降低模型的复杂性和建模的难度。

8.11.4 UML 的应用领域

UML 是一种建模语言，是一种标准的表示方法。UML 可以为不同领域的人们提供统一的交流方法，其表示方法的标准化，有效地促进了不同背景的人们的交流，有效地促进了软件分析、设计、编码和测试人员的相互理解。

UML 是一种通用的标准建模语言，可以为任何具有静态结构和动态行为的系统建立模型。UML 的目标是用面向对象的图形方式来描述任何系统，因此 UML 的应用领域很广泛，常用于建立软件系统的模型，也可以用于描述非计算机软件的其他系统，例如机械系统、商业系统、处理复杂数据的信息系统、企业机构或业务流程、具有实时性要求的工业系统或工业过程等。

UML 适用于系统开发的全过程，应用于需求分析、设计、编码和测试等所有阶段。

（1）需求分析：通过建立用例模型，描述用户对系统的功能要求；用逻辑视图和动态视图来识别和描述类以及类之间的相互关系；用类图描述系统的静态结构，用协作图、顺序图、活动图和状态图描述系统的动态行为。此时只建立模型，并不涉及软件系统解决问题的细节。

（2）设计：在需求分析结果的基础上设计软件系统技术方案的细节。

（3）编码：把设计阶段得到的类转换成某种面向对象程序设计语言的代码。

（4）测试：不同软件测试阶段可以用不同的 UML 图作为测试的依据。例如，单元测试使用类图和类的规格说明；集成测试使用构件图和协作图；系统测试使用用例图；确认测试由用户使用用例图。

Microsoft Visio 2000 Professional Edition 和 Enterprise Edition 包含通过逆向工程将 Microsoft Visual C++、Microsoft Visual Basic 和 Microsoft Visual J++ 代码转换为 UML 类图、模型的技术。逆向工程是从代码到模型的过程。自动逆向工程技术既方便了软件人员对程序的理解，也方便了对程序正确性的检查。

总之，UML 适用于以面向对象方法来描述任何类型的系统，而且适用于系统开发的全过程。

本章小结

　　面向对象方法是一种将数据和处理相结合的方法。面向对象方法不强调分析与设计之间的严格区分，从面向对象分析到面向对象设计是一个反复多次迭代的过程。

　　面向对象方法使用对象、类和继承机制，对象之间仅能通过传递消息实现彼此通信，可以用下列方程来概括：

$$面向对象 = 对象 + 类 + 继承 + 消息传递$$

　　UML 是面向对象方法使用的标准建模语言。

　　常用的 UML 图有 9 种，包括用例图、类图、对象图、状态图、顺序图、活动图、协作图、构件图及部署图。

　　包也称为子系统，由类图或另一个包构成，可表示包与包之间的依赖、细化、泛化等关系。包通常用于对模型的管理。

　　UML 是一种有力的软件开发工具，它不仅可以用来在软件开发过程中对系统的各个方面进行建模，还可以用在许多工程领域。

　　面向对象分析由对象模型、动态模型和功能模型构成。

　　对象模型用类符号、对象符号、类的关联关系、继承关系、整体 – 部分关系等表示。

　　建立动态模型时首先要编写脚本，从脚本中提取事件，然后画事件的顺序图，最后画状态图。

　　功能模型可用数据流图、程序流程图等表示。

　　面向对象设计分为系统设计和对象设计两个阶段。

　　选择面向对象程序设计语言的关键因素：与面向对象分析和面向对象设计有一致的表示方法，具有可重用性，可维护性强。

　　面向对象系统实现阶段进行面向对象的程序设计和测试时，除了遵循传统程序设计的准则以外，还有一些特有的准则。

　　面向对象软件的测试从设计测试用例、测试对象和类开始，逐步进行集成测试，然后进行系统测试和确认测试。

　　UML 的使用准则：选择合适的 UML 图；只对关键事物建立模型；分层次地画模型图；模型应具有协调性；模型和模型的元素大小要适中。

习题 8

　　1. 什么是对象、属性、服务、关系？举实例说明。

　　2. 什么是状态、事件、行为？举实例说明。

　　3. 什么是 UML？它有哪些特点？

　　4. UML 有哪些图？

　　5. 用 UML 较完整地描述【例 3.2】的学生成绩管理系统中的类、对象、系统功能和处理过程，画出用例图、类图、状态图、顺序图、部署图等。

　　6. 建立对象模型时需对问题域中的对象进行抽象，抽象的原则是什么？举实例说明。

7. 某高校教务管理系统含如下信息：每个学生属于某一个班级，每个班级有若干学生；每个学生学习几门课程，每门课程有若干任课教师；每个学生在选修某门课程时可选择某一指定的任课教师，每位教师担任若干门课程的教学工作；学生学习某门课程后获得学分和成绩。用对象模型描述下列对象的属性、服务及相互关系。

学生：学号、姓名、专业、班级、性别。

班级：系、专业、入学年份。

课程：课程名、任课教师、学分。

教师：姓名、担任的课程名、任课班级。

8. 拟开发银行储蓄管理系统。存款分为活期、定期两类，定期又分为3个月、6个月、1年、3年、5年；利率各不相同，用利率表存放。储户到银行后填写存款单或取款单。存款时，储户填写储户姓名、住址、存款额、存款类别及存款日期，银行储蓄管理系统为储户建立账号，根据存款类别记录存款利率，并将储户填写的内容存入储户文件中，打印存款单并交给储户。取款时，储户填写账号、储户姓名、取款金额、取款日期，银行储蓄管理系统从储户文件中查找出该储户记录，若是定期存款，计算利息，打印本金、利息清单并交给储户，然后注销该账号；若是活期存款，则扣除取出的金额，计算出存款余额，打印取款日期、取款金额及余额清单并交给储户。写出该系统的数据字典，用UML建立对象模型、动态模型和功能模型。

9. 某市进行公务员招考工作，分行政、法律和财经3个专业。市人事局公布所有用人单位招收各专业的人数，考生报名，招考办公室发放准考证。考试后，招考办公室发放考试成绩单，公布录取分数线，将考生按专业分别按总分从高到低进行排序。用人单位根据排序名单进行录用，发放录用通知书给考生，并给招考办公室留存备查。请根据以上情况进行分析，确定本题应建立哪几个类，画出顺序图。

10. 某公安报警系统在一些公安重点保护单位（例如银行、学校等）安装了报警装置。工作过程如下：一旦发生意外，事故发生单位只需按报警按钮，系统立即向公安局发出警报，自动显示报警单位的地址、电话号码等信息；接到警报，警车立即出动前往出事地点；值班人员可以接通事故发生单位的电话，问清情况，需要时再增派公安人员到现场处理。请根据以上情况进行分析，确定本题应建立哪几个类，画出顺序图。

第 9 章

WebApp 软件工程

进入移动互联网时代，软件工程技术有了新的变化。移动通信是指利用无线通信技术，完成移动终端与移动终端之间或移动终端与固定终端之间的信息传送，即通信的双方至少有一方处于运动状态。第三代移动通信系统（Third-Generation Mobile System, 3G）是将无线通信与 Internet 等多媒体通信结合的移动通信系统，它能处理图像、语音、视频流等多种媒体形式，提供包括网页浏览、电话会议、电子商务等多种信息服务。随着 4G、5G 的发展，除了打电话，越来越多的人将手机用作移动互联网设备。移动互联网的应用进一步促进了经济和社会的发展，提高了人们的工作效率，同时提升了人们的生活质量。本章将介绍有关移动互联网应用系统的软件工程技术。

随着网络（Web）技术的不断发展，应用网页的系统越来越多，Web 在很多领域都有着巨大的需求。基于 Web 的应用程序（WebApp）使用 Internet 浏览器管理用户界面所表现的内容，而业务逻辑和数据库都部署在服务器上。典型的基于 Web 系统的组件至少要部署 3 层：Web 客户端、Web 服务器和数据库服务器。对于 WebApp 来说，常在客户端采用 Java Applet（用 Java 写的小程序）和 JavaScript 两种技术，在服务器端采用 Servlet 和 Java 服务器页面（Java Server Page, JSP）两种技术。Servlet 是可以产生超文本标记语言（HyperText Markup Language, HTML）页面的 Java 代码，它由 Web 服务器管理，代码通过 JSP 支持。Web 服务器提供 HTML 客户端浏览器和数据库服务器之间的通信通道。Servlet 一旦被加载到服务器中，就能够链接数据库，并为多个客户端维护这个链接。而 JSP 在 HTML 页面中嵌入 Java 代码，用来管理页面的动态内容并提供数据，在运行之前 JSP 是要动态编译的。

9.1 Web 的特性

随着科技的不断发展，网络的发展更是飞速。Web 的版本从 Web 1.0 已发展到 Web 3.0，谷歌公司前首席执行官埃里克·施密特（Eric Schmidt）在出席首尔数字论坛时曾谈到："关于 Web 3.0，我预测它将是拼凑在一起的应用程序，带有一些主要特征：应用程序相对较小，数据处于云（Cloud）中，应用程序可以在任何设备上运行（计算机或者移动电话），应用程序的执行速度非常快并能进行自定义"。

现在的网页制作，无论是在开发难度上，还是在开发方式上，都更接近传统的网站后台开发，所以现在不再叫网页制作，而是叫 Web 前端开发。Web 前端开发在产品开发环节的作用变得越来越重要，而且需要专业的前端工程师才能做好。这方面的专业人才近年来备受青睐。Web 前端开发是一项很特殊的工作，涵盖的知识面非常广，既有具体的技术，又有抽象的理念。简单地说，它的主要职能就是把网站的界面更好地呈现给用户。

Web 的特性可以概括为：图形化和易于导航（Navigate）的、与平台无关、分布式的、动态的、交互的、数据集可重复利用。

1. Web 是图形化和易于导航的

Web 非常流行的一个很重要的原因，就在于它可以在一页上同时显示色彩丰富的图形和文本。在 Web 之前，Internet 上的信息只有文本形式。Web 具有将图形、音频、视频信息集于一体的特性。同时，Web 是非常易于导航的，用户只需要从一个超链接跳到另一个超链接，就可以在各页、各站点之间进行转换浏览了。

2. Web 与平台无关

无论用户的系统平台是什么，比如 Windows 平台、UNIX 平台、macOS 或者其他平台，都可以通过 Internet 访问万维网（World Wide Web，WWW）。对 WWW 的访问是通过一种叫作浏览器（Browser）的软件实现的，如 Netscape 公司的 Navigator、NCSA 公司的 Mosaic、Microsoft 公司的 Edge 等。

3. Web 是分布式的

大量的图形、音频和视频信息会占用相当大的磁盘空间，应用 Web 时，信息可以分布式存放在不同的站点上。物理上可能并不在一个站点的信息在逻辑上一体化，只需要在浏览器中指明站点就可以查看了，用户看到的信息是一体的。

4. Web 是动态的

由于各 Web 站点的信息包含站点本身的信息，信息的提供者可以经常对站上的信息进行更新，如某个协议的发展状况、公司的广告等。可见，Web 站点上的信息是动态的、经常更新的。

5. Web 是交互的

Web 的交互性首先表现在它的超链接上，用户的浏览顺序和所到站点完全由自己决定。另外，通过表单的形式可以从服务器获得动态的信息，用户通过填写表单向服务器提交请求，服务器可以根据用户的请求返回相应信息。

6. 数据集可重复利用

近年来网络技术在不断地发展，Web 也在不断地发展。Web 3.0 使得结构化数据集可重复利用，其具体体现如下。

（1）无处不连网：宽带网的普及和发展，移动通信设备的互联网接入，实现了无处不连网。

（2）网络计算："软件就是服务"的商业模型，Web 服务互用性，分布式计算，网格计算和云计算。

（3）开放技术：开放应用程序接口（Application Program Interface，API）和协议，开放数据格式，开源软件平台和开放数据（如创作共享，开放数据许可）。

（4）开放身份：OpenID，可开放名声，跨域身份和个人数据。

（5）智能网络：语义网技术，如资源描述框架（Resource Description Framework，RDF）；网络实体语言，如以语义的方式呈现规则的一种语言——语义网络规则语言（Semantic Web Rule Language，SWRL）；描述 Web 资源的标记语言 RDF 所开发的数据获取协议和查询语言——简单协议和 RDF 查询语言（Simple Protocol and RDF Query Language，SPARQL），语义应用程序平台和基于声明的数据储备。

（6）分布式数据库：万维数据库（World Wide Database，由语义网技术实现）。

（7）智能应用程序：普通语言的处理，机器学习，机器推理，自主代理。

9.2　网络系统的层次结构

早期网络采用集中式管理，通过一台物理上与宿主机相连接的非智能终端来实现宿主机上的应用程序。20 世纪 80 年代，这种集中式网络逐渐被分布式网络所取代。分布式网络系统是一个多处理器系统，它由分布在不同处理器上的许多并行运行的进程组成，可以提高系统的性能。分布式网络结构有二层 C/S 结构、三层 C/S 结构、四层 C/S 结构、B/S 结构。

9.2.1　二层 C/S 结构

采用二层 C/S（Client/Server，客户机 / 服务器）结构的系统最主要的特征是，它不是一个主从环境，而是一个平等的环境，即二层 C/S 系统中各计算机在不同的场合既可能是客户机，也可能是服务器。二层 C/S 系统有很多优点，例如用户使用简单、直观，编程、调试和维护费用低，系统内部负荷可以做到比较均衡且资源利用率较高，允许在一个客户机上运行不同计算机平台上的多种应用，系统易于扩展，可用性较好，对用户需求变化的适应性好。

二层的 C/S 系统多基于以下两种形态。

（1）瘦客户机模型。

如果所有形式逻辑和业务逻辑均驻留在客户机，服务器成为数据库服务器，负责各种数据的处理和维护，因此服务器变得很"瘦"，称为"瘦服务器"（Thin Server）。瘦客户机（Thin Client）模型与瘦服务器相反，它将繁重的处理任务都放在服务器和网络上，由服务器负责所有计算。因此，瘦客户机模型的缺点是将增加客户机和服务器之间的网络流量。

（2）胖客户机模型。

胖客户机（Fat Client）模型与瘦客户机模型相反，需要在客户端运行庞大的应用程序，由客户机上的软件实现应用逻辑和系统用户的交互，服务器只负责对数据的管理。

二层 C/S 结构由前端客户机、后端服务器、网络共 3 部分组成，如图 9.1 所示。

1. 前端客户机

二层 C/S 结构的前端客户机负责接收用户发出的请求，并向数据库服务器发出请求。客户机通常是独立的子系统，同一时刻可能有多个客户机并发运行。

2. 后端服务器

二层 C/S 结构的后端服务器负责提供完善的安全保护以及对数据完整性的处理，并允许多个用户同时访问一个数据库。从功能的角度来说，客户机负责与用户交互，管理用户界面和表示逻辑，具体包括管理各种界面对象、验证数据的完整性和有效性、将客户的请求发送给服务器、将服务器处理的结果输出到客户机。服务器在功能上实现数据的存

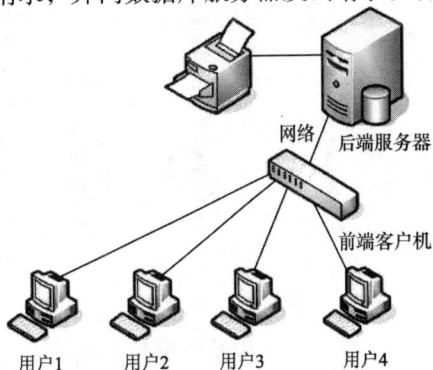

图 9.1　二层 C/S 结构

取，并根据用户的需求提供服务。

3. 网络

客户机和服务器通过网络连接。图 9.2 所示为二层 C/S 结构系统的数据处理流程。客户机通过 Web 浏览器向数据库服务器发出请求，数据库服务器处理后将应答返回给 Web 浏览器。在整个处理过程中，无论是胖客户机模型还是瘦客户机模型，都必须将任务映射到客户端和服务器。

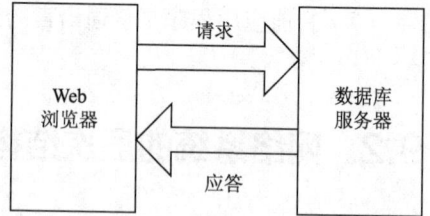

图 9.2　二层 C/S 结构系统的数据处理流程

随着企业规模的日益扩大，软件的复杂性越来越大，二层 C/S 结构逐渐突显很多缺点，如开发成本越来越高，软件移植困难大，软件的维护和升级管理越来越困难。因此，三层 C/S 结构应运而生。

9.2.2　三层 C/S 结构

三层 C/S 结构如图 9.3 所示，包括 Web 服务器、数据库服务器以及客户机。Web 服务器既作为一个浏览服务器，又作为一个应用服务器，系统将整个应用逻辑放在 Web 服务器上，而客户机上只有表示层。在这种结构中，无论是应用的 HTML 页面还是 Java Applet，都是运行时动态下载的，只需随机地增加中间层（应用逻辑的服务），即可满足扩充系统的需要。用此结构的系统可以使用较少的资源建立起具有很强伸缩性的系统，这正是网络计算模式带来的重大改进。和二层 C/S 结构相比，三层 C/S 结构具有更灵活的硬件系统构成，对于各个层可以选择与其处理负荷和处理特性相适应的硬件。合理地分割三层结构，并使各部分相对地独立，可以使系统的结构变得简单、清晰，这样就提高了程序的可维护性。三层 C/S 结构中，应用的各层可以并行开发，各层也可以选择各自最适合的开发语言，进行本层的系统的变更和维护，使应用技术更加规范。

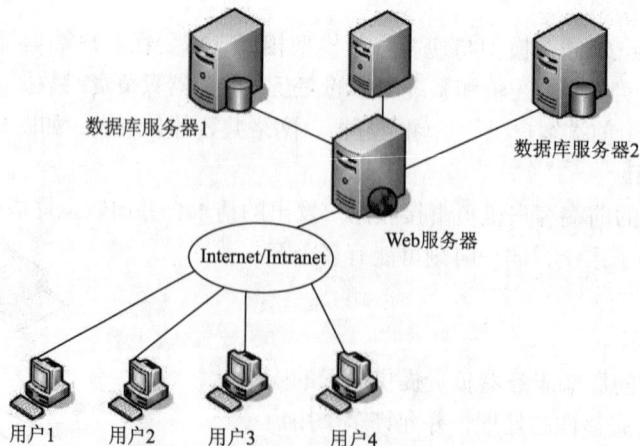

图 9.3　三层 C/S 结构

三层 C/S 结构系统将整个系统分成表示层、应用逻辑层和数据存储层 3 个部分，其数据处理流程如图 9.4 所示。

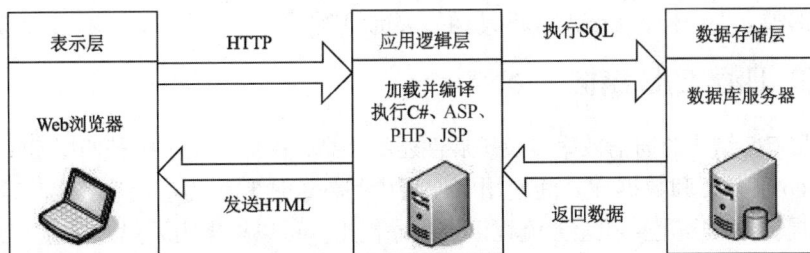

图 9.4　三层 C/S 结构系统的数据处理流程

1. 表示层

在三层 C/S 结构中，表示层是应用的用户接口部分，它担负着用户与应用间的对话功能，用于检查用户从键盘等输入设备所输入的数据，显示应用输出的数据。为使用户能直观地进行操作，一般要使用图形用户界面（Graphical User Interface，GUI），操作简单、易学、易用。在变更用户界面时，只需改写显示控制和数据检查程序，而不影响其他两层；检查的内容也只限于数据的形式和值的范围，不包括有关业务本身的处理逻辑。

2. 应用逻辑层

应用逻辑层相当于应用的本体，它将具体的业务处理逻辑地编入程序中。表示层引用应用逻辑层和数据存储层之间的数据，交互时要尽可能简洁。

3. 数据存储层

数据存储层就是数据库管理系统（DataBase Management System，DBMS），负责管理对数据库数据的读写。数据库管理系统必须能迅速执行大量数据的更新和检索。现在数据存储层的主流是关系数据库管理系统（Relational DataBase Management System，RDBMS），因此一般从应用逻辑层传送数据到数据存储层的实现大都使用 SQL。

以商品购买为例，表示层是应用的最高层，它显示与商品浏览、购买、购物车内容服务相关的信息，并将结果输出到其他层，来与应用架构的其他层进行通信。应用逻辑层是从表示层剥离出来的，作为单独的一层，它通过执行细节处理来控制应用的功能。数据存储层包括数据库服务器，用于对信息进行存储和检索。数据存储层保证数据独立于应用逻辑层，将数据作为单独的一层，还可以提高程序的可扩展性和性能。Web 浏览器（表示层）向中间层（应用逻辑层）发送请求，中间层通过查询、更新数据库（数据存储层）来响应此请求。三层 C/S 结构中一条最基本的规则是，表示层不直接与数据存储层通信，所有通信都必须经过应用逻辑层。

三层 C/S 结构的优势主要表现在以下几个方面。

- 利用单一的访问点，可以在任何地方访问站点的数据库。
- 对于各种信息源，不论是文本还是图形，都采用相同的界面。
- 所有信息，不论其所基于的平台是什么，都可用相同的界面访问。
- 可跨平台操作，减少整个系统的成本，维护升级十分方便。
- 具有良好的开放性，系统的可扩充性良好。
- 进行严密的安全管理。
- 系统管理简单，可支持异种数据库，有很高的可用性。

如果三层 C/S 结构各层间的通信效率不高，即使分配给各层的硬件能力很强，从整体来说也达不到所要求的性能。在设计时，必须考虑三层间的通信方法、通信频度及数据量，这和提高各层的独立性一样，是三层 C/S 结构的关键问题。

9.2.3　四层 C/S 结构

由于三层 C/S 结构的通信效率以及扩展性还不够高，因此提出了一种四层 C/S 解决方案，该方案在 Web 服务器和数据库之间使用了一层中间件，通常称为应用服务器。应用服务器负责将 API 提供给业务逻辑和业务流程以供程序使用，可以根据需要引入其他 Web 服务器。此外，应用服务器可以与多个数据源通信，包括数据库、大型机以及其他旧式系统。

图 9.5 描绘了一种简单的四层 C/S 结构系统的数据处理流程。在图 9.5 中，Web 浏览器（表示层）向中间层（逻辑层）发送请求，依次调用位于应用层的应用服务器所提供的 API，应用层通过查询、更新数据库（数据存储层）来响应该请求。

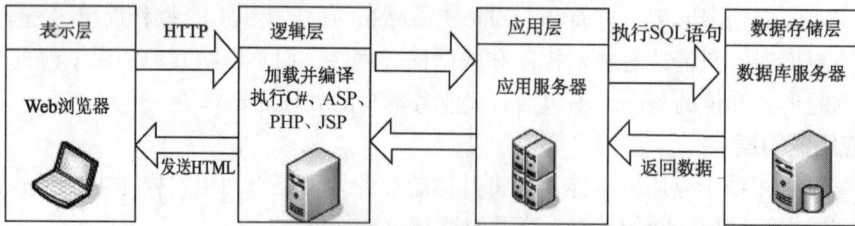

图 9.5　四层 C/S 结构系统的数据处理流程

在图 9.5 中，如果用户激活 Web 浏览器，并连接到某个网址，位于逻辑层的 Web 服务器即从文件系统中加载脚本，并将其传递给脚本引擎，脚本引擎负责解析并执行脚本。脚本调用位于应用层的应用服务器所提供的 API。应用服务器使用数据库连接器打开数据存储层连接，并对数据库执行 SQL 语句，数据库将数据返回给数据库连接器。应用服务器在将数据返回给 Web 服务器之前先执行相关的应用或业务逻辑规则，Web 服务器再将数据以 HTML 格式返回给表示层的用户的 Web 浏览器。用户的 Web 浏览器以 HTML 呈现并借助代码的图形化方式将返回数据展现给用户。所有操作都将在数秒内完成，并且对用户是透明的。

Web 软件的表示层一般采用浏览器支持的脚本语言（如 JavaScript）实现；逻辑层一般采用 JSP、PHP、Java Servlet 或 ASP 等实现；应用服务器采用的技术包括 Spring Framework、EJB、.NET 等；数据存储层采用 SQL Server、Oracle 等技术。

9.2.4　B/S 结构

随着 Internet 的兴起，人们提出了 B/S（Browser/Server，浏览器 / 服务器）结构。从本质上说，B/S 结构也是一种 C/S 结构，它可看作 C/S 结构在 Web 上应用的特例。图 9.6 所示为 B/S 结构。

B/S 结构主要利用不断成熟的 Web 浏览器技术，结合浏览器的多种脚本语言和 ActiveX（IE 浏览器的插件）技术，用通用浏览器实现原来需要复杂专用软件才能实现的强大功能，同时节约了开发成本。

B/S 结构最大的优点就是可以在任何地方进行操作，而不用安装任何专门的软件，只要有一台能上网的计算机就能使用，客户端零安装、零维护，系统的扩展非常容易。

B/S 结构的使用越来越多，特别是需求推动了 AJAX 技术的发展。AJAX（Asynchronous JavaScript and XML）即异步 JavaScript 和可扩展标记语言（eXtensible Markup Language，XML），

是一种创建交互式网页应用的网页开发技术的集合。它的程序也能在客户端计算机上进行部分处理，从而大大减轻服务器的负担，并增加交互性，能进行局部实时刷新。

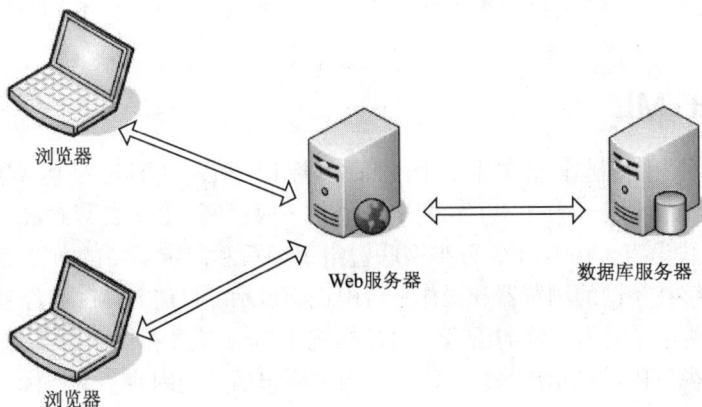

图 9.6　B/S 结构

1. B/S 结构的特点

（1）维护和升级方式简单。软件系统的改进和升级越来越频繁，B/S 结构的产品明显体现出系统改进和升级更为方便的特性。从企业的角度来讲，需要提高效率和减少管理人员的工作量，而 B/S 结构的所有客户端只是浏览器，不需任何维护。无论用户的规模有多大、有多少分支机构，都不会增加任何维护、升级的工作量，所有的操作只需要针对服务器进行；如果是异地应用，只需要把服务器连接专网即可实现远程维护、升级和共享。所以客户机越来越"瘦"而服务器越来越"胖"是将来信息化发展的主流方向，可节约人力、物力、时间和费用。

（2）成本降低，选择更多。B/S 结构提供了异种机、异种网、异种应用服务的联机、联网、统一服务的开放性基础。

2. B/S 结构的缺点

与 C/S 结构相比，B/S 结构也有很多不足之处。

（1）B/S 结构缺乏对动态页面的支持能力，没有集成有效的数据库处理能力。

（2）B/S 结构的系统扩展能力差，安全性难以控制。

（3）采用 B/S 结构的应用系统在数据查询等方面的响应速度上，要远远低于 C/S 结构。

（4）B/S 结构的数据提交一般以页面为单位，数据的动态交互性不强，不利于在线事务处理应用。

（5）应用服务器运行数据负荷较重。由于 B/S 结构管理软件只安装在服务器上，网络管理人员只需要管理服务器即可，用户界面主要的应用逻辑在服务器上，完全通过 WWW 浏览器实现，极少部分应用逻辑在前端实现，所有客户端只有浏览器，网络管理人员只需要做硬件维护。但是，应用服务器运行数据负荷较重，一旦发生服务器"崩溃"等问题，后果不堪设想。因此，许多单位都备有数据库存储服务器，以防万一。

9.3　客户端使用的技术

与服务器相对应，客户端是为客户提供本地服务的程序，一般安装在普通的客户机上，需要与服务器端相互配合运行。本节将介绍用于 Web 客户端的技术：HTML、脚本语言、Applet、AJAX。

9.3.1　HTML

HTML 是一种用来制作超文本文档的简单标记语言。HTML 是由 Web 的发明者蒂姆·伯纳斯·李（Tim Berners-Lee）和同事丹尼尔·康诺利（Daniel W.Connolly）于 1990 年创立的一种标记式语言。1997 年，万维网联盟组织编写和制定了新的 HTML3.2 标准，从而使 HTML 文档能够在不同的浏览器和操作平台中正确显示。目前 HTML 已经发展到 5.0 版本。

HTML 是一种建立网页文件的语言，通过标记（Tag）式的指令，将影像、声音、图片、文字、动画、影视等内容显示出来。HTML 文档主要包括文档内容、文档标记和 HTML 超链接 3 部分。文档内容是在计算机屏幕上显示的所有信息，包括文本、图片等；文档标记是插在文档中的 HTML 编码，如 <html>、</html>、<head>、</head> 等，它规定了文档中的每一部分的格式和屏幕上显示的方式；HTML 超链接负责把当前文件链接到同一文档的另一位置、同一主机的其他文档或 Internet 上其他的文档，最终实现将互联网中的各种文档彼此链接起来，形成一个全球性的信息资源库。

HTML 的基本结构：

```
<html>
<head>
  <title>网页的标题</title>
</head>
<body>
在网页中要显示的内容
</body>
</html>
```

网页设计常用的软件有 Dreamweaver 和 Frontpage。但要在网页中加入图片、视频、音频等其他元素，还必须配合使用 Photoshop、Flash、Cool Edit 和 JavaScript 等相关的元素处理软件。

9.3.2　脚本语言

脚本语言用在 HTML 文档中，用于丰富用户的交互，是一种介于 HTML 和 VB、Java 等高级语言之间的一种语言。常用的脚本语言有 VBScript 和 JavaScript 等语言，默认的脚本语言为 VBScript 语言。JavaScript 的原名叫 LiveScript，是 NetScape 公司在引入 Sun 公司有关 Java 的程序设计概念后，重新设计而更名的。JavaScript 是一种可以嵌入 HTML 文档的、基于对象并具有某些面向对象特征的脚本语言。它基于对象和事件驱动，由浏览器解释执行，具有安全性能，通过使用 HTML、Java Applet 来实现在一个 Web 页面中链接多个对象，与 Web 用户交互，从而可以开发客户端的应用程序等。JavaScript 是通过嵌入在 HTML 中实现的。例如下面的程序，在浏览器的窗口中调用后，将显示 "hello, world" 字符串。

```
<HTML>
<Head>
```

```
<Script Language ="JavaScript">
document.write("hello,world");
</Script>
</Head>
</HTML>
```

在 B/S 结构的程序中，为了均衡负载，减轻服务器的计算负担，凡是不需要服务器程序做的工作，可尽量交给客户端程序（如 JavaScript 程序）去做。例如，用 HTML 标记构造出用户界面后，用户通过界面输入数据，向浏览器提交数据等操作都可以用 JavaScript 程序来完成；在用户输入数据，或者是输入完毕，将数据向服务器提交的时候，由 JavaScript 程序来完成对数据的检验和验证等任务。

1. JavaScript 的特点

（1）解释性：由浏览器直接解释执行。

（2）用于客户端。

（3）安全性：不允许直接访问本地硬盘。

（4）简单、易用：脚本语言最大的优点是简单、易用，是一种轻量级的程序语言。

（5）动态性：可以直接对用户的输入做出响应，无须经过 Web 服务程序，它对用户输入的响应是采用事件驱动的方式进行的。

（6）跨平台性：只要是可以解释 JavaScript 的浏览器都可以执行其代码，和操作系统无关。

2. JavaScript 的作用

（1）校验用户输入的内容：对用户输入内容进行校验。

（2）编写 JavaScript 脚本：可以使用任何一种文字编辑器来编写，如 Dreamweaver、EditPlus、UE（UltraEdit）等。

（3）执行：与 HTML 文档配合，将其插入 HTML 文档中，然后通过浏览器执行 HTML 文档。

9.3.3　Applet

Applet 就是用 Java 语言编写的一些应用程序，它们可以直接嵌入网页中，并能够产生特殊的效果。当用户访问带有 Applet 的网页时，Applet 被下载到用户计算机上执行，但前提是用户使用的是支持 Java 的网络浏览器。由于 Applet 是在用户计算机上执行的，因此它的执行速度不受网络带宽或者调制解调器存取速度的限制，用户可以更好地欣赏网页上 Applet 产生的多媒体效果。Applet 可以实现图形绘制、字体和颜色控制、动画和声音的插入、人机交互及网络交流等功能。

9.3.4　AJAX

AJAX 是一种创建交互式网页应用的网页开发技术的集合，其中主要包含的技术有基于可扩展超文本标记语言（eXtensible HyperText Markup Language，XHTML）、串联样式表（Cascading Style Sheets，CSS）的 Web 标准页面开发技术、文档对象模型（Document Object Model，DOM）动态显示及交互技术和可扩展样式表转换语言（eXtensible Stylesheet Language Transformations，XSLT）结构化数据技术、XMLHttpRequest 异步数据查询和检索技术以及直译式脚本语言 JavaScript 。

1. AJAX 与传统的 Web 应用比较

传统的 Web 应用允许用户填写表单，当用户提交表单时，就向 Web 服务器发送一个请求。

服务器接收并处理传来的表单后返回一个新的网页。这个做法浪费了许多带宽，因为在前后两个页面中的大部分 HTML 代码往往是相同的。由于每次应用的交互都需要向服务器发送请求，应用的响应时间就依赖于服务器的响应时间，这导致了用户界面的响应比本地应用慢得多。

与传统的 Web 应用不同的是，AJAX 应用可以仅向服务器发送并取回必需的数据，它使用简单对象访问协议（Simple Object Access Protocol，SOAP）或其他一些基于 XML 的 Web 服务器接口，并在客户端采用 JavaScript 处理来自服务器的响应，因为在服务器和浏览器之间交换的数据大量减少，所以响应更快。同时，很多处理工作可以在发出请求的客户端机器上完成，因此 Web 服务器的处理时间也减少了。

2. AJAX 应用程序的优势

（1）采用异步模式。

（2）优化了浏览器和服务器之间的传输，减少了不必要的数据往返，减少了带宽占用。

（3）AJAX 引擎在客户端运行，承担了一部分本来由服务器承担的工作，从而减少了大用户量下的服务器负载。

9.4　网络服务器端使用的技术

网络服务器端管理 Web 客户端与应用逻辑之间的连接。本节将介绍 Servlet 和 JSP 两种技术。

9.4.1　Servlet

Servlet 是一种独立于操作系统平台和网络传输协议的服务器端的 Java 应用程序，用来扩展服务器的功能，可以生成动态的 Web 页面。Servlet 最大的用途是通过动态响应客户机请求来扩展服务器功能。Servlet 不是从命令行启动的，而是由包含 Java 虚拟机的 Web 服务器进行加载的。

1. Servlet 与 Applet 的异同点

（1）相似之处。

① 它们不是独立的应用程序，没有 main() 方法。

② 它们不是由用户调用，而是由另外一个应用程序（容器）调用。

③ 它们都有一个生存周期，包含 init() 和 destroy() 方法。

（2）不同之处。

Applet 运行在客户端，具有丰富的图形界面；Servlet 运行在服务器端，没有图形界面。

2. Servlet 的工作原理

Servlet 运行在 Web 服务器端上的 Web 容器里。Web 容器负责管理 Servlet，它装入并初始化 Servlet，管理 Servlet 的多个实例；充当请求调度器，将客户端的请求传递到 Servlet，并将 Servlet 的响应返回给客户端。Web 容器在 Servlet 的使用期限结束时结束该 Servlet。服务器关闭时，Web 容器会从内存中卸载和除去 Servlet。

Servlet 的基本工作过程如图 9.7 所示。

（1）客户端将请求发送到服务器端。

（2）服务器上的 Web 容器实例化（装入）Servlet。

（3）Web 容器将请求信息发送到 Servlet。

（4）Servlet 创建一个响应，并将其返回 Web 容器。

（5）Web 容器将响应发回客户端。

（6）服务器关闭或 Servlet 空闲时间超过一定限度时，调用 destory() 方法退出。

客户端与 Servlet 间没有直接的交互。无论客户端对 Servlet 的请求（Servlet Request）还是 Servlet 对客户端的响应（Servlet Response）都是通过 Web 服务器来实现的，大大提高了 Servlet 组件的可移植性。

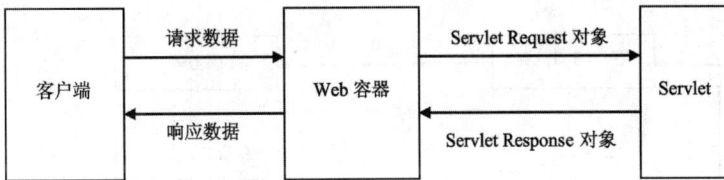

图 9.7　Servlet 的基本工作过程

图 9.8 所示为 Servlet 的调用过程。当 Web 浏览器向服务器请求一个 Servlet 时，服务器收到该请求后，首先到 Servlet 容器中检索与请求匹配的 Servlet 实例是否已经存在。若 Servlet 实例不存在，则 Servlet 容器负责加载，并实例化出该类 Servlet 的一个实例对象，接着容器框架负责调用该实例的 init() 方法来对实例做一些初始化工作，然后 Servlet 容器调用该实例的 service() 方法。若 Servlet 实例已经存在，则容器框架直接调用该实例的 service() 方法。service() 方法在运行时，自动派遣运行与用户请求相对应的 do××() 方法来响应用户发起的请求。通常，每个 Servlet 类在容器中只存在一个实例，每当请求到来时，则分配一条线程来处理该请求。

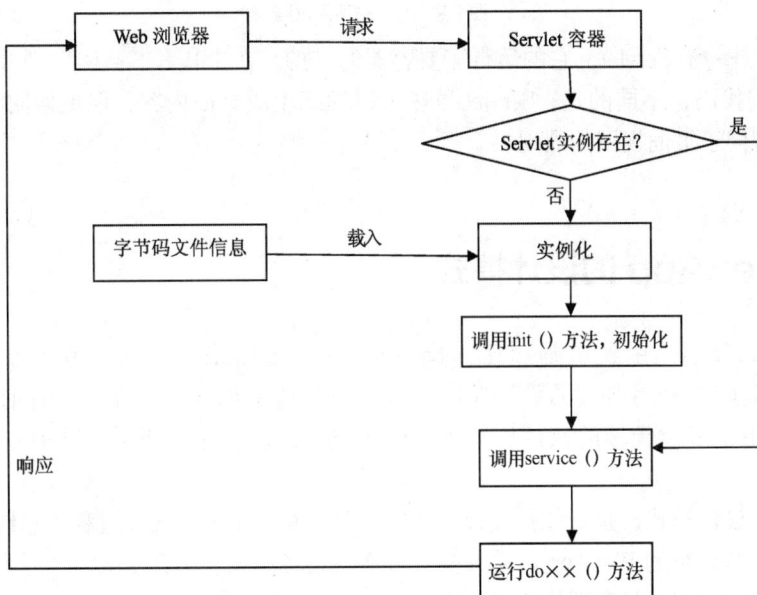

图 9.8　Servlet 的调用过程

9.4.2　JSP

JSP 是 Servlet 技术的变形，其调用过程如图 9.9 所示。当客户端浏览器向服务器端请求一个 JSP 页面时，服务器端收到该请求后，首先检查所请求的这个 JSP 文件内容（代码）是否已经被更新，或者是否为 JSP 文件创建后首次被访问。如果是首次被访问的 JSP 文件，就会在服务器端的 JSP 引擎作用下转化为一个 Servlet 类的 Java 源代码文件。然后，Servlet 类会在 Java 编译器的作用下被编译成一个字节码文件，并装载到 Java 虚拟机解释执行。如果被请求的 JSP 文件内容没有被修改，那么它的处理过程等同于一个 Servlet 的处理过程，即直接由服务器检索出与之对应的 Servlet 实例来处理。

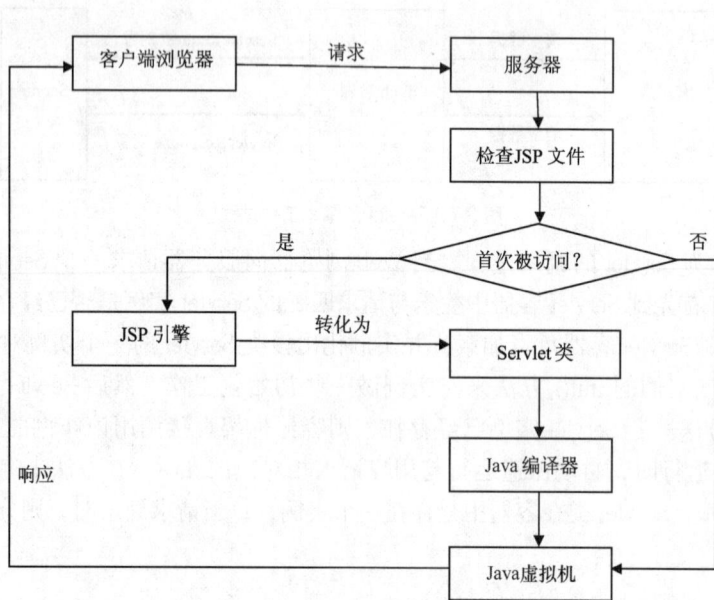

图 9.9　JSP 的调用过程

JSP 本质是一个 Servlet，它的运行需要容器的支持。在 JSP 和 Servlet 文件中都可以编写 Java 和 HTML 代码，不同的是，Servlet 虽然可以动态生成页面内容，但更偏向于逻辑控制，而 JSP 更加偏向于页面视图的展现。

9.5　WebApp 的设计模式

设计模式最早是由建筑师 Christopher Alexander 提出来的，他认为优雅的设计是有章可循的，提炼并复用前人的设计原则，可以容易地实现优美的设计。目前设计模式已经被广泛应用于多个领域的软件构造中，许多先进的软件中大量采用了软件设计模式的概念。

所谓软件设计模式，是指软件设计问题的推荐方案，是人们实践过程中总结出来的成功设计范例。本节介绍的 WebApp 的设计模式包括观察者模式、组合模式、工厂方法模式、策略模式、模型－视图－控制器模式及装饰者模式。

9.5.1　观察者模式

观察者模式完美地将观察者和被观察者分开。例如，用户界面可以作为一个观察者，业务数据是被观察者，用户界面观察业务数据的变化，发现数据变化后，就显示在界面上。观察者模式在模块之间划定了清晰的界限，提高了应用程序的可维护性和重用性。

观察者模式是发布 / 订阅模式的一种应用。观察者模式定义了对象之间一对多的依赖关系，让多个观察者对象同时监听某一个主题对象，当一个对象的状态发生改变时，所有依赖于它的对象都得到通知自动更新。

1. 观察者模式的组成

观察者模式由抽象主题角色、抽象观察者角色、具体主题角色和具体观察者角色组成。

（1）抽象主题角色：把所有对观察者对象的引用保存在一个集合中，每个抽象主题角色都可以有任意数量的观察者。抽象主题提供一个接口，可以增加和删除观察者角色。抽象主题角色一般用一个抽象类和接口来实现。

（2）抽象观察者角色：为所有具体的观察者定义一个接口，在得到主题的通知时更新自己。

（3）具体主题角色：在具体主题内部状态改变时，给所有登记过的观察者发出通知。具体主题角色通常用一个子类实现。

（4）具体观察者角色：具体观察者角色实现抽象观察者角色所要求的更新接口，以便使本身的状态与主题的状态相协调。具体观察者角色通常用一个子类实现。如果需要，具体观察者角色可以保存一个指向具体主题角色的引用。

2. 观察者模式的实现方式

观察者模式有很多实现方式。从根本上说，该模式必须包含观察者和被观察者两个角色。如果业务数据是被观察者，用户界面是观察者，观察者和被观察者之间存在"观察"的逻辑关联，当被观察者发生改变的时候，观察者就会观察到这样的变化，并且做出相应的响应。如果在用户界面、业务数据之间使用这样的观察过程，可以确保界面和数据之间划清界限。假定应用程序的需求发生变化，需要修改界面的表现，只需要重新构建一个用户界面，业务数据不需要发生变化。

（1）观察者模式的优点。

① 观察者模式在被观察者和观察者之间建立一个抽象的耦合。被观察者所知道的只是一个具体观察者列表，每一个具体观察者都符合一个抽象观察者的接口。被观察者并不认识任何一个具体观察者，它只知道它们都有一个共同的接口，该接口在 Document Observer 抽象类中进行声明。

② 观察者模式支持广播通信，被观察者会向所有登记过的观察者发出通知。

（2）观察者模式的缺点。

① 如果一个被观察者有很多直接和间接的观察者，将所有观察者都通知到需花费很多时间。

② 如果在被观察者之间有循环依赖，被观察者会触发它们之间的循环调用，从而导致系统崩溃。在使用观察者模式时要特别注意这一点。

③ 如果对观察者的通知是通过另外的线程进行异步投递的，系统必须保证投递的可达性，也就是要保证所有观察者都能收到通知。

④ 虽然观察者模式可以使观察者随时知道所观察的对象发生了变化，但是观察者模式没有相应的机制使观察者知道所观察的对象是怎么发生变化的。

3. 观察者模式的形式

实现观察者模式有很多形式，比较直观的一种是"注册－通知－撤销注册"的形式。

① 注册：观察者将自己注册到被观察者中，被观察者将观察者存放在一个容器里。

② 通知：如果被观察者发生了某种变化，要从容器中得到所有注册过的观察者，将变化通知注册过的观察者。

③ 撤销注册：观察者告诉被观察者要撤销观察，被观察者从容器中将观察者移除。

观察者将自己注册到被观察者的容器中时，被观察者不应该过问观察者的具体类型，而是应该使用观察者的接口。这样做的优点是：假定程序中还有别的观察者，那么只要这个观察者也使用接口实现即可。一个被观察者可以对应多个观察者，当被观察者发生变化的时候，它可以将消息通知所有观察者，基于接口，而不是具体的实现，这一点为程序提供了更大的灵活性。

4. 观察者模式的注意事项

实现观察者模式的时候要注意，观察者和被观察者之间的互动关系不能体现成类之间的直接调用，否则将使观察者和被观察者之间紧密耦合，从根本上违反面向对象设计的原则。无论是观察者"观察"被观察者，还是被观察者将自己的改变"通知"观察者，都不应该直接调用。

9.5.2　组合模式

组合模式是指一个对象可以由其他对象组合而成，这是一种对象的树形结构形式。这种模式的好处是将各单个对象和组合对象看作统一的组合对象，即组合多个对象形成树形结构，来表示具有"整体－部分"关系的层次结构。组合模式对单个对象（叶子对象）和组合对象（容器对象）的使用具有一致性。组合模式又可以称为整体－部分（Part-Whole）模式，它是一种对象结构型模式。

在组合模式结构图中包含抽象构件、叶子构件和容器构件。

1. 抽象构件

抽象构件可以是接口或抽象类，为叶子构件和容器构件对象声明接口，抽象构件中可以包含所有子类共有行为的声明和实现。抽象构件中定义了访问及管理它的子构件的方法，如增加子构件、删除子构件、获取子构件等。

2. 叶子构件

叶子构件在组合模式中表示叶子结点对象，叶子结点没有子结点，它实现了在抽象构件中定义的行为。对于那些访问及管理子构件的方法，可以通过异常等方式进行处理。

3. 容器构件

容器构件在组合模式中表示容器结点对象，容器结点包含子结点，其子结点可以是叶子结点，也可以是容器结点，它提供一个集合用于存储子结点，实现了在抽象构件中定义的行为，包括那些访问及管理子构件的方法，在其业务方法中可以递归调用其子结点的业务方法。

组合模式的关键是定义了一个抽象构件类，它既可以代表叶子，又可以代表容器，而客户端针对该抽象构件类进行编程，不需要知道它到底表示的是叶子还是容器，可以对其进行统一处理。同时，容器对象与抽象构件类之间还建立一个聚合关联关系，容器对象中既可以包含叶子，也可以包含容器，以此实现递归组合，形成一个树形结构。

如果不使用组合模式，客户端代码将过多地依赖于容器对象复杂的内部实现结构，容器对象内部实现结构的变化将引起客户端代码的频繁变化，带来代码维护复杂、可扩展性差等弊端。组合模式的引入将在一定程度上解决这些问题。

9.5.3　工厂方法模式和策略模式

策略模式是工厂方法模式的一种变形。两种模式介绍如下。

1. 工厂方法模式

工厂方法模式定义了基类的子类，用于创建产品。客户只需知道基类的存在，它通过调用基类的方法创建对象（产品）；但是基类并不知道如何创建基类，于是基类委托其子类中的覆盖方法进行创建。

（1）工厂方法模式的主要优点。

① 可以使代码结构清晰，有效地封装变化。在编程中，产品类的实例化有时候是比较复杂和多变的，通过工厂方法模式，将产品类的实例化封装起来，调用者无须关心产品的实例化过程，只需依赖工厂即可得到自己想要的产品。

② 对调用者屏蔽具体的产品类。如果使用工厂方法模式，调用者只关心产品的接口就可以了，至于产品的具体实现，调用者无须关心。即使变更了具体的实现，对调用者来说也没有任何影响。

③ 降低耦合度。产品类的实例化通常是很复杂的，它需要依赖很多的类，而这些类对于调用者来说无须知道。如果使用了工厂方法模式，只要实例化产品类，然后交给调用者使用，对调用者来说，产品所依赖的类都是透明的。

（2）工厂方法模式的要素。

① 工厂接口。工厂接口是工厂方法模式的核心，与调用者直接交互，用来提供产品。在实际编程中，有时候也会使用一个抽象类来作为与调用者交互的接口，其本质是一样的。

② 工厂实现。在编程中，工厂实现决定如何实例化产品，是实现扩展的途径。需要有多少种产品，就需要有多少个具体的工厂实现。

③ 产品接口。产品接口的主要目的是定义产品的规范，所有产品实现都必须遵循产品接口定义的规范。产品接口是调用者最为关心的，产品接口定义的优劣直接决定了调用者代码的稳定性。同样，产品接口也可以用抽象类来代替，如果采用抽象类设计实现，就需要用子类继承，但要注意，最好不要违反里氏替换原则。里氏替换原则就是子类可以扩展父类的功能，但不能改变父类原有的功能，即子类中可以增加自己特有的方法，子类可以实现父类的抽象方法，但不能覆盖父类的非抽象方法。

④ 产品实现。实现产品接口的具体类决定了产品在客户端中的具体行为。

2. 策略模式

策略模式是工厂方法模式的一种变形，它提供了一种用多个行为中的一个行为来配置一个类的方法，即实现某一个功能有多种算法或者策略，根据环境或者条件的不同，可以选择不同的算法或者策略来完成该功能。将这些算法写到一个类中，在该类中提供多个方法，每一个方法对应一个具体的算法，当不同的行为堆砌在一个类中时，用条件语句选择所需的行为。客户端必须知道所有策略类，并自行决定使用哪一个策略类。那么一个客户要选择一个合适的策略，就必须知道这些策略到底有何不同。

工厂方法模式是创建型模式，它关注对象创建，提供创建对象的接口，让对象的创建与具体使用的客户无关。策略模式是对象行为型模式，它关注行为和算法的封装，定义一系列的算法，把每一个算法封装起来，并且使它们可相互替换，使得算法可独立于它的客户而变化。

9.5.4　模型－视图－控制器模式

模型－视图－控制器（Model-View-Controller，MVC）模式是一种软件设计典范，用一种业务逻辑、数据、界面显示分离的方法组织代码，将业务逻辑聚集到一个部件里面，在改进和个性化定制界面及用户交互的同时，不需要重新编写业务逻辑。

1. MVC 模式的系统组成

MVC 模式由 3 个子系统组成，包括模型、视图以及控制器。

（1）模型。

模型（Model）表示企业数据和业务规则，负责业务流程的处理。在 MVC 的 3 个子系统中，模型拥有最多的处理业务。模型接收视图请求的数据，进行相应的处理并返回最终的处理结果。被模型返回的数据是中立的，也就是说模型与数据格式无关，采用这种机制，一个模型能为多个视图提供数据。由于应用于模型的代码只需要写一次就可以被多个视图重用，因此减少了代码编写的重复性工作，减少了系统开发的工作量。

（2）视图。

视图（View）是用户看到并与之交互的界面。对 Web 应用系统来说，视图可以由 HTML 元素构成，也可以由其他一些技术（如 XML、XHTML）等来构建。MVC 模式可以为系统的一个应用建立很多不同的视图，在视图中没有真正的业务流程的处理，它对数据的操作只是数据的采集和显示，业务流程的处理由模型来完成。

（3）控制器。

控制器（Controller）接收用户的输入，并调用模型和视图对数据进行处理，共同满足用户的请求。控制器接收请求后，并不处理业务短信息，而是根据用户请求选择相应的模型，把用户的信息传递给模型，告诉模型做什么；处理完相应的数据后，模型把结果交给控制器，控制器选择符合要求的视图返回给用户。

2. MVC 模式的工作流程

图 9.10 所示为 MVC 模式的工作流程。模型就是数据的仓库，负责存取数据，它独立于视图和控制器，既可以存储原数据，比如字符串，也可以存储复杂的数据。视图是用户界面的可视化部分。视图使用数据模型的数据来描述自己。一个视图由动画、用户输入表单、图表、按钮、声音播放器或者其他需要的任何类型的用户界面部件组成。控制器负责获取输入内容（例如用户输入请求），并将数据传递给模型。

MVC 模式的工作流程如下。

（1）控制器接收来自远程客户端的 HTTP 请求，将其转换为对模型的业务逻辑处理功能的调用。

（2）模型进行业务逻辑处理，在处理过程中可访问位于后端的数据库，处理完成后将结果送给控制器。

（3）控制器根据模型的处理结果创建新的视图、选择其他视图或更新已有视图。

（4）视图在接收控制器的命令后从模型中获取数据并生成 HTTP 应答，主要内容为 HTML 数据。

（5）远程客户端的 Web 浏览器接收并解析来自视图的 HTML 数据，呈现 Web 软件的用户界面。

（6）当用户在浏览器的操作界面发出 HTTP 请求时，重复上述操作。

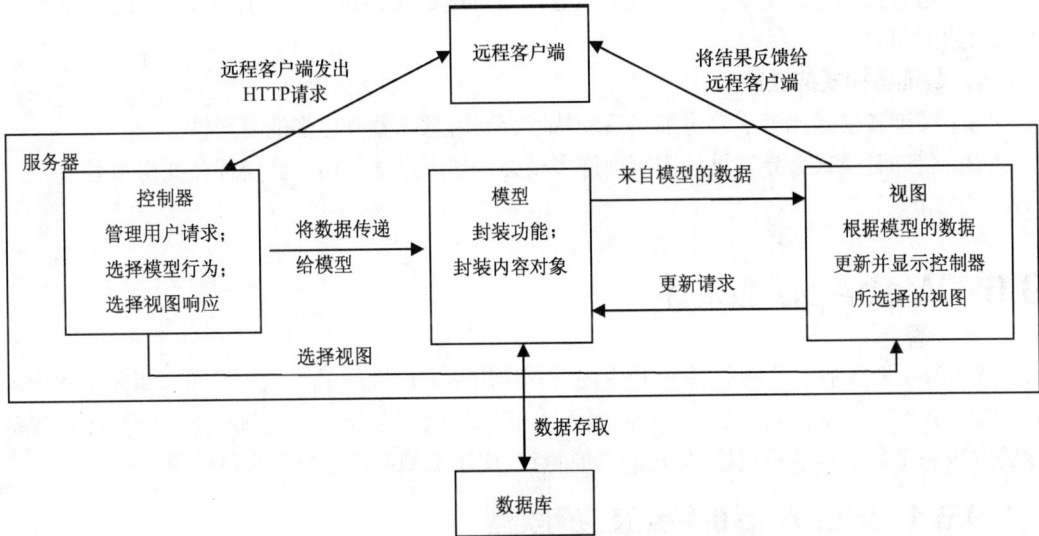

图 9.10　MVC 模式的工作流程

9.5.5　装饰者模式

装饰者模式可在不必改变原类文件和使用继承的情况下，动态地扩展一个对象的功能。它通过创建一个包装对象（装饰）来包装真实的对象。装饰者模式的关键是装饰基类的每一个特征。下面介绍装饰者模式的设计原则、特点、优点和缺点。

1. 装饰者模式的设计原则

（1）多用组合，少用继承。利用继承设计子类的行为，是在编译时静态决定的，而且所有子类都会继承相同的行为。如果能够利用组合的做法扩展对象的行为，就可以在运行时动态地进行扩展。

（2）类设计时要注意对扩展开放，对修改关闭。

2. 装饰者模式的特点

（1）装饰者和被装饰者有相同的超类。

（2）可以用一个或多个装饰者包装一个对象，各种继承的装饰可以应用于同样的对象，而它们都给原来的对象添加一个新的外部包装器，并增加对象的职责。

（3）装饰者可以在受托的被装饰者的行为之前或之后加上自己的行为，以达到特定的目的。

（4）对象可以在任何时候被装饰，可以在运行时动态地装饰，可以用任意喜欢的装饰者来装饰对象。

（5）装饰者模式中使用继承的关键是达到装饰者和被装饰者的类型匹配，而不是获得其行为。

（6）装饰者一般对组件的客户是透明的，除非客户程序依赖于组件的具体类型。在实际项目中可以根据需要为装饰者添加新的行为，做到"半透明"装饰者。

3．装饰者模式的优点

（1）装饰者模式比继承有更多的灵活性。

（2）通过使用不同的具体装饰类以及这些装饰类的排列组合，设计人员可以创造出很多不同行为的组合。

4．装饰者模式的缺点

（1）装饰者模式比继承有更加灵活的特性，同时意味着有更多的复杂性。

（2）装饰者模式会导致设计中出现许多小类，如果过度使用，会使程序变得很复杂。

9.6　WebApp 的设计

WebApp 是指基于 Web 的系统和应用，其作用是向广大的最终用户发布一组复杂的内容和功能。WWW 和 Internet 技术将人们带入了信息时代，在开发 WebApp 时，需要使用规范化的方法和工具。本节将讨论 WebApp 的特点、应用类型、需求分析和设计等。

9.6.1　WebApp 的特点及应用类型

WWW 的早期（大约从 1990 年到 1995 年），"Web 站点"仅包含链接在一起的少量超文本文件，这些文件使用文本和有限的图标来表示信息。随着时间的推移，一些开发工具（例如 XML 、Java）使 HTML 得到扩展，使得 Web 工程师在向客户提供信息的同时能提供计算功能，WebApp 便诞生了。今天，WebApp 已经成为成熟的计算工具，不仅可以为最终用户提供独立的功能，而且已经同企业数据库和业务应用集成在一起了。

1．WebApp 的特点

一般的 WebApp 有网络密集型、并发性、无法预计的负载量、性能、可得性、数据驱动、内容敏感性、持续演化性、即时性、保密性和美观性等特点。

（1）网络密集型：WebApp 驻留在网络上，满足不同客户群体的需求。WebApp 可以驻留在 Internet 上，即可以放置在内联网（实现组织范围内的通信）或外联网（网际间通信）上。

（2）并发性：在同一时间可能有大量用户使用 WebApp。

（3）无法预计的负载量：WebApp 的用户数量每天都可能会有很大的变化。

（4）性能：如果一位 WebApp 用户必须等待很长时间（由于访问、服务器端处理、客户端格式化及显示等），用户就会转向其他地方。

（5）可得性：大多数 WebApp 用户要求全天候的可访问性。

（6）数据驱动：许多 WebApp 的主要功能是使用超媒体向最终用户提供文本、图片、音频及视频内容。WebApp 一般用来访问存储在数据库中的信息，这些数据库最初并不是基于 Web 环境的整体组成部分（例如电子商务或金融应用）。

（7）内容敏感性：内容的质量和艺术性在很大程度上影响 WebApp 的质量。

（8）持续演化性：传统的应用（如软件）是随一系列规划好的时间间隔发布而演化的，

而 Web 应用则持续地演化。某些 WebApp 软件甚至以分钟为单位进行更新，或者对每个请求都进行独立运算。

（9）即时性：将 WebApp 投入市场可能是几天或几周的事情，Web 工程师必须经过修改计划、分析、设计、实现、测试等工作来完成 WebApp 的时间进度安排。

（10）保密性：由于 WebApp 是通过网络来访问的，为了保护敏感的内容，提供保密的数据传输模式，在支持 WebApp 的整个基础设施上必须有较强的保密措施。

（11）美观性：WebApp 具有很大吸引力的原因之一就是它的美观性。

2. WebApp 的应用类型

WebApp 的应用类型如下。

（1）信息型：使用简单的导航和链接提供只读内容。

（2）下载型：用户从相应的服务器下载信息。

（3）可定制型：用户根据自己的特殊需要定制内容。

（4）交互型：在用户群体中，通过聊天室、公告牌或即时消息传递进行通信。

（5）用户输入型：基于表格的输入是满足通信要求的主要机制。

（6）面向事物型：用户提交一份由 WebApp 完成的请求（例如用户名注册）。

（7）面向服务型：应用程序向用户提供服务，例如辅助用户确定支付。

（8）门户型：应用程序将用户引导到本门户应用范围之外的其他 Web 内容或服务。

（9）数据访问型：用户查询大型数据库并提取信息。

（10）数据仓库型：用户查询一组大型数据库并提取信息。

9.6.2　WebApp 的需求分析

在设计开发一个 WebApp 时，首先要明确需求目标，要清楚如下问题。

- WebApp 的业务需求是什么？
- WebApp 必须完成的目标是什么？
- 谁将使用 WebApp，即 WebApp 服务的对象是谁？

通过调查一定要了解并解决以下 3 个问题。

- 表达或处理的信息或内容是什么？
- 为用户提供的功能是什么？
- 对各类用户定义不同的交互场景，当 WebApp 表达内容和执行功能时，它表现出来的行为是什么？

需求分析是软件开发过程的重要组成部分。它始于软件项目开发的早期，是整个软件开发过程的入口。需求分析描述了软件系统的蓝图，说明将要开发的系统需要提供何种功能、达到何种要求。

1. WebApp 需求分析的 5 个阶段

由于 WebApp 需求分析的诸多特性，导致 WebApp 需求分析中经常会出现需求范围未界定、需求未细化、需求描述不清楚、需求遗漏和需求互相矛盾等问题。WebApp 需求分析阶段不但要分析 WebApp 本身的功能和性能，还要对可能的用户群体进行分析和调查，并根据分析结果制定模型。

WebApp 的规模大型化、功能复杂化，使得 WebApp 的开发和管理也日益复杂。WebApp 需求分析的活动一般也可以分为需求获取、需求分析、需求文档编写、需求确认、需求跟踪与复用5个阶段。

（1）需求获取阶段。

需求获取首先需要的是技术的支持；其次，在需求获取工作中主要涉及3个至关重要的因素——应搜集什么信息、从什么来源中搜集信息、用什么机制或技术搜集信息；最后，需求获取的开始，代表着软件项目正式开始实施。综合上述3点，需求获取为软件开发中最困难、最关键、最易出错，也是最需要交流的阶段之一。这种交流包括系统开发方与用户方领导之间的交流，也包括具体开发人员与领导及用户之间的交流。在工作开展中，主要是就业务流程、组织架构、软硬件环境和现有系统等相关内容进行沟通，挖掘系统最终用户的真正需求，把握需求的方向。在需求获取调研会中必须对需求获取方法做验证。现行的需求获取方法一般有基于调查的需求获取方法、基于用例的需求获取方法、原型法等几种，各种需求获取方法各有利弊。

（2）需求分析阶段。

需求分析与需求获取是密切相关的，需求获取是需求分析的基础，需求分析是需求获取的直接表现，两者相互促进、相互制约。需求分析与需求获取的不同，主要在于需求分析在已经了解用户方的实际的、较全面客观的业务需求以及相关信息的基础上，结合软硬件实现方案，做出初步的系统原型给用户方演示。用户方通过原型演示来体验业务流程的合理化、准确性和易用性。同时，用户要通过原型演示及时地发现并提出其中存在的问题和改进意见与方法。

（3）需求文档编写阶段。

需求开发的最终成果是，在对所要开发的产品达成共识后编写的具体的文档。需求文档是在需求获取和需求分析两个阶段结束时生成的，所以文档要包含所有需求。

在此阶段先要从软件工程和文档管理的角度出发，依据相关的标准审核需求文档内容，确定需求文档内容是否完整，并对需求文档中存在的问题进行修改。

（4）需求确认阶段。

需求确认主要针对软件需求规格说明书进行评审，保证需求符合要求，具有优秀需求的特征，并且符合好的需求规格说明的特征。软件需求规格说明书用于与其他软件开发人员（设计人员、测试人员、维护人员）交流、探讨最终产品的功能。

（5）需求跟踪与复用阶段。

需求跟踪是指通过比较需求文档与后续工作成果之间的对应关系，确保产品依据需求文档进行开发，建立与维护"需求 – 设计 – 编程 – 测试"之间的一致性，确保所有工作成果符合用户需求。需求跟踪是一项需要进行大量人工劳动的任务，在系统开发和维护的过程中，一定要随时对跟踪联系链信息进行更新。需求跟踪能力的好坏会直接影响产品质量，好的需求跟踪能力可以降低维护成本，容易实现复用。同时，需求跟踪还需要用户方的大力支持。

图9.11描述了WebApp需求分析的5个阶段。需求分析员收集用户需求，接着用模型或原型来获取需求，进行需求分析。当需求被理解后，进入需求文档编写阶段。在该阶段中，决定哪些必需的行为要在软件中实现。在需求确认阶段，检查需求规格说明书的内容是否与用户在最终产品中看到的功能相匹配，检查或修改需求规格说明书中的问题。通过需求跟踪与复用来完善需求，确保设计顺利完成。

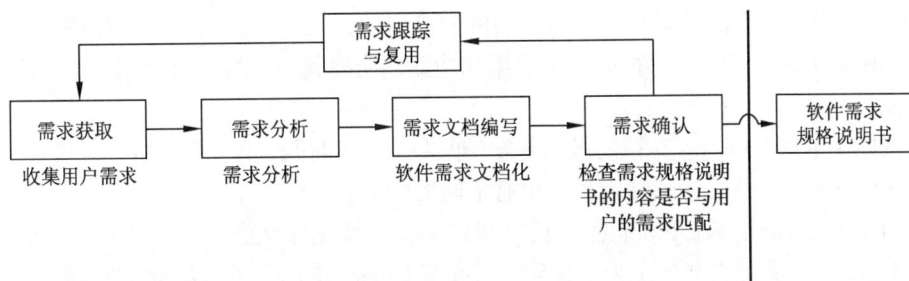

图 9.11　WebApp 需求分析的 5 个阶段

2. WebApp 需求

通常，软件需求分为业务需求、用户需求和功能需求。WebApp 需求可分为功能需求、质量需求、系统环境需求、项目约束和发展需求。

（1）功能需求。

功能需求就是指 WebApp 有什么用，需要做什么，能够为用户提供什么功能，能解决哪些问题。WebApp 的功能需求是有层次性的，有核心功能要求和辅助功能要求，在开发过程中应该优先实现核心功能。功能需求常用 UML 中的用例图进行描述。

功能需求可被细化为以下几个方面的内容。

① 数据需求。数据需求也称为概念需求、内容需求或存储需求。数据需求确定 WebApp 的信息存储和管理方法。具体包括如下两方面。

● 确定 WebApp 所提供的内容（包括文本、视频、图像、音频、表格及压缩包等）采用何种表现方式。

● 内容是由网站还是用户进行添加和维护。

② 界面需求。界面需求也称为交互需求，它定义一个 WebApp 如何与各种不同类型的用户交互。由于 WebApp 的用户群的知识结构、习惯、兴趣爱好等方面均有很大不同，因此 WebApp 应该让未经过正式培训的用户能够轻松地使用。在需求获取过程中，开发原型系统是一种较好的用来获取用户的界面需求的方式，通过原型系统将用户对 WebApp 界面的期望反映出来并反复与用户交互，可以帮助开发人员设计出用户满意的 WebApp。

③ 导航需求。由于 WebApp 大多采用基于浏览器的交互界面，网页之间的跳转称为"导航"。良好的 WebApp 应该让用户方便地在网站的不同频道与页面之间跳转，而不需要经常使用浏览器的前进 / 后退功能。在整理导航关系时，必须避免用户在导航中"迷失"。设计时，应从基网页出发，可经过简单且尽可能短的导航链返回基网页。

④ 个性化需求。个性化需求也称为适应性需求，它描述一个 WebApp 在用户或环境变化的情况下的适应能力，如 WebApp 支持用户自己选择不同的栏目展示在页面上，或用户自己设定页面背景颜色等。

⑤ 事务性需求。事务性需求也称为内部功能性需求或服务需求，它表明一个 WebApp 必须进行的内部处理（后台处理）。事务性需求不需要考虑界面和交互方面的内容。

（2）质量需求。

质量需求描述了服务的质量以及 WebApp 的安全性、性能及可用性等方面的内容，主要的质量属性包括系统性能、可靠性、可用性、效率、可维护性和可移植性等。由于 WebApp 的性能严重依赖于网络情况，因此在分析质量需求时需要考虑网络带宽及网络延时等的影响。

WebApp 在上线后时刻面临着来自全球各地的安全威胁，需求工程师必须关注用户的安全需求，设计时应注意标识需要保护的敏感数据和功能，明确其访问权限以及用户在权限验证方面的需求。

① 性能：包括 WebApp 支持的最大并发访问数、响应时间、吞吐量、吞吐率等性能指标。不同类型的 WebApp 所关注的性能指标也有不同的侧重点。

② 可靠性：描述 WebApp 能在多长时间内保持正常工作状态。例如，对于一台关键的 Web 服务器，往往需要它一周 7 天、每天 24 小时不间断地工作。通过备份、故障恢复等措施，可以提高 WebApp 的可靠性。

③ 可用性：描述在要求的外部资源得到保证的前提下，WebApp 在规定的条件、时刻或时间段内处于可执行状态的能力。可用性是可靠性、可维护性的综合反映。

④ 效率：描述 WebApp 利用计算资源的能力。完成相同的计算任务时，WebApp 占用的 CPU 时间和内存空间等计算资源越少，说明 WebApp 的效率越高，即在相同的计算资源的条件下，WebApp 完成的计算任务越多，效率越高。

⑤ 可维护性：描述 WebApp 投入运行后对其进行维护的难易程度。理想状态下，WebApp 在投入运行后，在不停止服务的前提下，只需修改少量代码就可以实现新的功能需求或错误修正。影响可维护性的因素包括代码的可读性、可扩展性和可测试性等。需要注意的是，编写可维护性好的代码，必然会加大开发人员的工作量，且降低开发速度。因此在可维护性和开发速度之间需要做出权衡。

⑥ 可移植性：描述 WebApp 不加改动也可在不同运行环境下有效地运行的程度。可移植性好的 WebApp 容易维护。

（3）系统环境需求。

系统环境需求描述一个 WebApp 如何嵌入一个已有的环境中，以及它如何与遗留系统、中间件等外部组件交互。

（4）项目约束。

对于项目的利益相关者来说，项目约束是需要多方协商解决的。典型的项目约束包括项目预算、进度、技术限制、所采用的标准和开发技术等。

（5）发展需求。

WebApp 需求经常会发生变更。因此，WebApp 开发人员需要着眼于 WebApp 未来的发展来制定方案。

9.6.3 WebApp 需求分析过程

需求分析包括提取、分析和审查获取到的需求，以确保所有利益相关者都明确其含义，并找出其中的错误、遗漏或不足。需求分析的目的在于得到高质量和具体的需求。下面将介绍需求分析经历的活动、需要遵循的原则以及软件需求规格说明书的设计。

1. 需求分析活动

由于 WebApp 的特殊性和行业覆盖的广阔性，以及需求分析的高风险性，因此高质量的需求分析是 WebApp 成功的关键因素。现有的需求分析方法主要包括以下活动。

（1）绘制系统关联图。关联图用于定义 WebApp 与其外部实体间的边界和接口的简单模型。

（2）创建用户界面原型。当开发人员或用户无法确定需求时，开发一个用户界面原型可以使 WebApp 具体化。用户可以对原型进行评估，使 WebApp 的开发人员能更好地理解所要解决的问题，同时找出需求文档与原型之间的冲突之处。

（3）分析需求的可行性。在成本和性能的约束下，分析每项需求实施的可行性，明确与每项需求实现相关联的风险，包括与其他需求的冲突、对外界因素的依赖和技术障碍。对无法实现或实现难度很大的需求，开发人员需要和用户沟通，讨论是否需要去掉或修改这些需求。

（4）确定需求的优先级。应用分析方法来确定用例、特性或单项需求实现的优先级，以优先级为基础确定 WebApp 将包括哪些特性或哪类需求。优先级很高的需求应在 WebApp 的第一个版本中实现，而优先级较低的需求可以在后续版本中实现。

（5）为需求建立模型。图形化的需求分析模型能提供不同的信息与关系，以帮助开发人员发现不正确的、不一致的、遗漏的和冗余的需求。常用的模型可分为结构化需求分析方法和面向对象需求分析方法两类。

结构化需求分析方法主要使用实体 – 联系图、数据流图和状态转换图 3 种图形模型，分别进行数据建模、功能建模和动态建模。面向对象需求分析方法以用例模型为核心，采用 UML 为基础的类图、用例图、状态图、顺序图和活动图等图形模型来对 WebApp 需求的各个方面进行描述。开发人员可根据项目的实际情况选取任一方法，也可两种方法结合使用。

（6）创建数据字典。数据字典是对 WebApp 所用到的所有数据项和结构的定义，以确保开发人员使用统一的数据定义。在需求分析阶段，数据字典至少应包含和用户相关的数据项，以确保用户与开发小组使用一致的定义和术语，避免出现二义性。

2. 需求分析原则

需求分析过程是一个提炼用户需求的过程，需要将用户的需求描述提炼成 WebApp 开发中所有业务相关人员都能理解的形式。这一复杂过程一般需要遵循以下原则。

（1）注意需求描述用语。开发人员应使用符合用户语言习惯的表达方式，因此开发人员需要了解用户使用的业务术语，但用户不一定需要懂得计算机行业的术语。对于 WebApp 来说，如果用户为普通互联网用户，则不应使用大量的业务术语。

（2）了解用户业务。分析人员只有更好地了解用户的业务及目标，才能使产品更好地满足用户需要。这将有助于开发人员设计出真正满足用户需要并达到期望效果的优秀 WebApp 系统。用户可以邀请开发人员和分析人员观察自己的工作流程。如果是旧系统切换到新系统，则开发人员和分析人员应使用目前的旧系统，这样有助于了解目前系统的工作流程，以便在新的系统中进行改进。如果是以前没有相应的系统，则应该对之前人工的工作方式进行分析，抽取出业务流程，以便在系统中实现。

（3）描述产品的非功能特性。用户对 WebApp 的非功能特性的描述通常会比较主观。例如，用户有时要求产品"界面友好、运行高效"，但对于开发人员来讲，这些要求太主观、太抽象，其实并无实用价值。正确的做法是，分析人员通过询问和调查了解用户所要的"友好""高效"所包含的具体特性，分析特性之间的影响，在性能代价和所提出解决方案的预期利益之间做出权衡，以确保做出合理的取舍。

（4）评估需求变更代价。如果用户需要对需求进行变更，则开发人员应通过分析给出一个真实、可信的评估，包括成本、开发时间的变更等，以便用户正确了解需求变更带来的影响。需要注意的是，开发人员不能由于不愿实施变更而随意夸大评估成本。

（5）用户参与。作为系统的重要的利益相关者，用户在需求工程的过程中扮演着非常重要的角色，用户应该尽可能地参与到整个需求工程的过程中。用户首先需要向开发人员详细地介绍 WebApp 应该实现的业务逻辑，在开发人员形成需求文档后，用户也应该积极地对文档的内容提出修正意见，并去掉不合理的需求。

3. 软件需求规格说明书

软件需求规格说明书（Software Requirements Specification，SRS）是按照系统的接口编写的。图 9.12 显示了基于电气与电子工程师协会（Institute of Electrical and Electronics Engineers，IEEE）推荐的一个模板，按对象组织的软件需求规格说明书。

（1）在文档化系统接口的过程中，详细描述所有输入和输出，包括输入的源、输出的目的地、输入和输出数据的值的范围和数据格式、支配某些输入和输出必须进行的数据交换的顺序的协议、窗口格式和组织及任何计时约束。

（2）根据接口的输入和输出重新陈述要求的功能，例如使用函数表示法或数据流图将输入映射到输出，或使用逻辑来文档化功能的前置条件和后置条件，也可使用实体 – 联系图将相关的活动和操作组合到类中。注意考虑输入的合法性检查，以及系统对异常情况的响应。完整的 SRS 应该指定任何可行的输入序列都有输出。

（3）设计证明能够完成每一个客户的相应的质量需求。

SRS 是软件分析的最终结果，它是用来和开发团队中其他人员交流系统级别决策的有力工具。SRS 可

1. 文档的引言
  1.1 产品的目的
  1.2 产品的范围
  1.3 首字母的缩写词、缩略语、定义
  1.4 参考文献
  1.5 软件需求规格说明书剩余部分的概要介绍
2. 产品的总体描述
  2.1 产品的背景
  2.2 产品功能
  2.3 用户的特性
  2.4 约束
  2.5 假设和依赖关系
3. 说明需求
  3.1 外部接口需求
    3.1.1 用户界面
    3.1.2 硬件接口
    3.1.3 软件接口
    3.1.4 通信接口
  3.2 功能需求
    3.2.1 类1
    3.2.2 类2
    ……
  3.3 性能需求
  3.4 设计约束
  3.5 质量需求
  3.6 其他需求
4. 附录

图 9.12   按对象组织的软件需求规格说明书

以用来快速带动新的团队人员赶上进度，直到维护人员理解系统是如何工作的。项目管理人员也可以以 SRS 为基础，来组织开发团队以及跟踪开发进度。

在设计开发的过程中，不同的人怀着不同的目的来阅读 SRS。比如，编程人员阅读 SRS 是为了了解整体设计，以确保每个设计特征和功能在代码中有所体现；测试人员阅读 SRS 是为了测试设计的所有方面；维护人员阅读 SRS 是为了更好地维护系统。考虑到 SRS 多方面的用途，在设计文档时要尽可能考虑细化，设计要合理。

9.6.4 WebApp 设计过程

需求分析的结果包括两个文档：一个是针对用户的文档，用来获取用户的需求；另一个是软件需求规格说明书，用来描述系统应该表现出的行为，即描述设计决策。得到需求分析结果后需要对 WebApp 进行设计。本小节将介绍如何进行 WebApp 设计。

1. WebApp 的设计过程

设计是一种创造性的过程，它考虑如何实现用户的所有需求。进行 WebApp 设计首先要进行策划活动，然后通过对软件系统的高层分解确定其体系结构，从而为后续的每个软件模块的详细设计奠定基础，所以，软件体系结构设计和详细设计构成软件设计过程的核心。另

外，人机交互也是重要的软件设计活动，其成果直接影响软件的易用性。最后考虑软件设计的复杂性和时间跨度，有必要在完成上述活动之后总结经验教训。一个完整的 WebApp 设计过程一般包含以下活动。

（1）设计策划。

大中型软件的设计一般要经过多次迭代才能获得最终可用的设计模型。在启动每次迭代之前，有必要确定本次迭代的目标、认可准则及抽象级别，确定关注哪些设计问题、输入 / 输出、资源需求，制订工作计划。

（2）体系结构设计。

体系结构设计是指软件系统中主干性模块的组织形式，主要包括模块之间的接口定义、协作关系及协作行为。这些模块可以表现为子系统、构件或关键设计类。体系结构设计活动的内容包括建立软件系统的顶层架构并进行适度精化、划分软件子系统并设置软件构件以及界定子系统、确定构件和关键设计类的职责并设计它们之间的接口和协作行为。

设计人员首先从软件需求规格说明书中所列出的功能开始设计。这些功能是系统级别的，它会随着系统环境改变输入和输出。更低层次的设计是将这些功能分解成子功能，子功能随后将被指派给更小的模块，这就是功能性分解。软件设计人员把一个大的系统分解成更小的部分，以使问题变得更易于处理，这种方法就是"自顶向下"的方法。不过如今也有人用"自底向上"的方法设计体系结构，将小的模块以及小的构件打包成一个更大的整体。一些专家认为这种"自底向上"的方法易于维护。随着开发的推进，开发团队经常会在自顶向下和自底向上的方法间转换。在自顶向下的设计方法中，设计团队试着将系统的主要功能分解成可以分派给各独立构件的不同模块。当发现某个以前已实现过的设计方案可能会有用时，设计团队又会转向自底向上的设计方法，以此来与一个已打包的解决方案契合。大多数软件开发项目都会采用自底向上和自顶向下相结合的方法来实现。

不管使用哪种设计方法，最终的设计结果很可能涉及若干种软件单元，如构件、子系统、运行时进程、模块、类、包、库等。一个系统可能由一系列子系统组成，子系统又由包组成，而包又由类组成。

（3）人机交互设计。

针对用例所描述的用户与软件系统之间的交互动作，设计为实现用例所必需的每一个屏幕（窗口、对话框或网页），确定屏幕上各界面元素如何布局、屏幕中哪些信息是由用户输入的、用户在屏幕上可施行哪些动作（如选择菜单项、单击按钮等）、软件系统应如何响应用户的界面动作、屏幕之间的跳转关系如何等。人机交互设计必须充分考虑用户的易用性需求，并遵循一些基本的界面设计原则，以满足大多数用户的使用习惯。

（4）详细设计。

对体系结构设计和人机交互设计的成果进行细化和精化，最终获得高质量的、充分细化的软件设计模型。

（5）设计整合与验证。

整合前面获得的所有设计模型，检查并消解它们之间的不一致性，排除冗余性，以用例为引导构件，设计模型中的所有元素协力完成用例目标的完整视图，最终形成设计规约；然后对设计规约进行评审和必要的修改，确保设计规约的正确性、充分性、优化性和简单性。

（6）总结。

对本次迭代子过程的活动及结果进行总结、评价，为所有参与者提供软件设计过程和中间产品的状态的直观描述，决定后续行动计划。

2．WebApp 的设计目标

无论 WebApp 的应用领域、规模和复杂度如何，都包含如下设计目标。

（1）简单性。

很多设计人员在设计页面时倾向于提供"太多的东西"，包括插入动画、视觉效果，但最好还是尽量做到适度和简单。

（2）一致性。

在网站设计时，文本格式和字体风格保持一致。从美学设计上，WebApp 的各部分应有统一的外观，界面设计应该定义一致的交互、导航和内容显示模式，在 WebApp 的设计过程中使所有 WebApp 元素一致使用导航机制。

（3）相符性。

WebApp 的美学、界面和导航设计必须与将要构造的应用系统所处的领域保持一致。

（4）健壮性。

用户期待与自己的要求相关的内容和功能有健壮性。

（5）导航性。

导航要简单和一致，以直观的和可预测的方式来设计，即用户不必搜索导航链接和帮助，就知道如何使用 WebApp。

（6）视觉吸引。

在所有类型的软件中，WebApp 系统是最具有视觉效果、最生动的，也是最具有美感的。美丽的外观最吸引观看者的视线，然而许多设计的特性（例如内容的外观、界面的设计、颜色协调、文本布局、图片和其他媒体、导航等）也会对视觉吸引产生影响。

（7）兼容性。

WebApp 需要应用于不同的环境，例如不同的操作系统、不同的浏览器等，所以 WebApp 要求设计互相兼容。

（8）可修改性。

在对系统做出一个特定改变的情况下，会有单元受直接影响，也有单元受间接影响。受直接影响的单元是指那些为了适应系统改变而改变自身职责的单元；受间接影响的单元是指那些不需要改变自身职责，而只需修改它的实现来适应受直接影响的单元产生的变化的单元。设计过程中要尽可能减少单元之间的依赖关系，降低受直接影响的单元对其他单元的影响程度，从而减少被改变单元的数量。

（9）安全性。

WebApp 的安全性非常重要。如果系统能够阻挡攻击企图，那么它就具有免疫力；如果系统能够快速、容易地从攻击中恢复，那么它就具有高弹性。在设计和开发 WebApp 时，应尽量将可能被攻击者利用的安全性弱点最小化，设计时要考虑周全。

3．WebApp 设计步骤

WebApp 设计步骤包括界面设计、美学设计、内容设计、体系结构设计、构件设计和导航设计。

以下介绍 WebApp 设计的 6 个步骤。

（1）界面设计。

界面设计描述了用户界面的结构和组织形式，包括屏幕布局、交互模式定义和导航机制描述。

无论是 WebApp 或传统软件应用的用户界面，还是为工业设备设计的用户界面，都应该易于使用、易于学习、易于导航，并且要直观、一致、有效，没有错误，功能性强。为了实现一致的界面，设计人员必须首先通过美学设计建立一致的界面"外观"，必须把重点放在导航机制的布局和形式上。

① WebApp 界面设计目标。

- 将界面上所提供的内容和功能组织在一个一致的窗口中。
- 指导用户完成一系列与 WebApp 的交互。
- 组织用户访问导航选项和内容。

在设计与用户交互的界面时，要注意导航机制的布局和形式，在导航中显示关键菜单，当选中菜单标题时显示菜单命令，以利于用户在菜单命令中进行选择。

② WebApp 界面设计的基本工作流程。

- 回顾分析模型中的信息，并根据需要进行优化。
- 设计 WebApp 界面布局的草图。
- 将用户目标映射到特定的界面行为。
- 定义与每一个行为相关的一组用户任务。
- 为每一个界面行为设计情节故事板。
- 利用美学设计中的输入来优化界面布局和情节故事板。
- 明确实现界面功能的界面对象。
- 开发用户与界面交互的过程表示。
- 开发界面的行为表示法。
- 描述每一种状态的界面布局。
- 优化和评审界面设计模型。

（2）美学设计。

美学设计也称为美术设计，用于描述 WebApp 的"外观和感觉"，包括颜色配置、几何图案设计、字号、字体和位置、图形的使用及相关的美学决策等。

美学设计需要考虑 WebApp 外观的每个方面。美学设计从布局开始，在设计过程中考虑全局颜色配置、字体、字号、风格、样式、超媒体（例如音频、视频、动画）的使用，以及其他所有美学元素。布局要按照从左上到右下的顺序组织布局元素，按照页面区域组织导航、内容和功能；在设计布局时，要考虑解决方案和浏览器窗口的尺寸，不要通过滚动条扩展空间。

（3）内容设计。

内容设计针对作为 WebApp 组成部分的所有内容定义布局、结构和轮廓，建立内容对象之间的导航流程。内容设计为内容对象创建一种设计表示，可以使用不同的技巧描述每个主题。

（4）体系结构设计。

体系结构设计确定 WebApp 的所有超媒体的结构。体系结构设计必须确定 WebApp 内容体系结构和 WebApp 体系结构，具体将在 9.6.5 小节介绍。

（5）构件设计。

构件设计描述开发实现功能构件所需要的详细处理逻辑。现代 WebApp 系统可以提供更加成熟的处理能力，这些功能可以执行本地化的处理，从而动态地产生内容和导航；可以提供适用于 WebApp 业务领域的计算或数据处理；可以提供高级的数据查询和访问；可以建立与外部系统的数据接口。为了实现这些功能，WebApp 工程师必须设计和创建程序构件，这些构件在形式上与传统软件构件相同。

（6）导航设计。

一旦建立了 WebApp 的体系结构及确定了体系结构的构件（页面、脚本、Applet 和其他处理功能），设计人员应定义导航路径，使得用户可以访问 WebApp 的内容和功能，具体将在 9.6.6 小节介绍。

9.6.5　WebApp 体系结构设计

WebApp 体系结构设计必须确定 WebApp 内容体系结构和 WebApp 体系结构。

1. WebApp 内容体系结构

WebApp 内容体系结构着重于内容对象的表现和导航的组织方式，以及对 WebApp 的所有超媒体结构进行定义。通常有 4 种不同的内容体系结构，包括线性结构、网格结构、分层结构、网络结构。

（1）线性结构。

线性结构如图 9.13 所示，预先定义线性的内容展示顺序，在有必要的情况下，信息页连同相关的图片、视频、音频才随之出现。

（2）网格结构。

网格结构将 WebApp 的内容按类别组织成二维结构（或更多维结构），如图 9.14 所示，其水平方向和垂直方向分别代表不同类的内容。例如对于某个班级不同学科的成绩单，可以用网格的水平方向代表不同的学科，垂直方向代表不同的学生，沿着网格的水平方向找到学科所在的列，然后在垂直方向上找到不同的学生，就可以得到某位学生所对应的该学科的成绩。

图 9.13　线性结构　　　　　图 9.14　网格结构

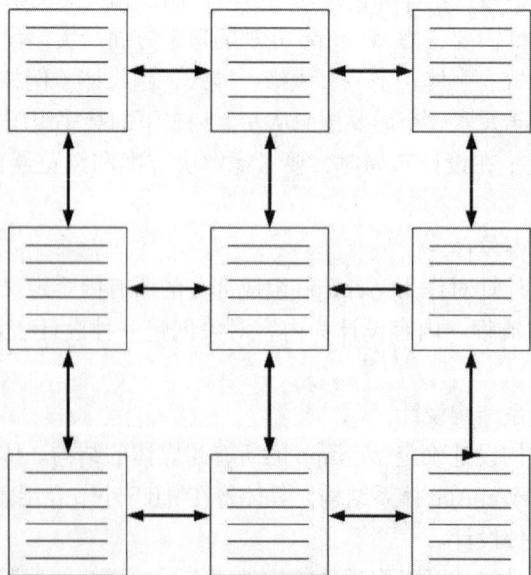

（3）分层结构。

分层结构是很常见的 WebApp 内容体系结构，如图 9.15 所示。分层结构可以设计成使控制流水平地穿过垂直分支的方式，最左边展示的内容通过超链接与中间或者右边分支的内容相连。

（4）网络结构。

网络结构在形状上呈网状，如图 9.16 所示。对网络结构构件（此处为网页）进行设计，可使这些构件（如超链接）能够将控制传递到系统的其他各个构件。

在进行 WebApp 内容体系结构设计时，可以将以上 4 种结构组合，形成复合结构。

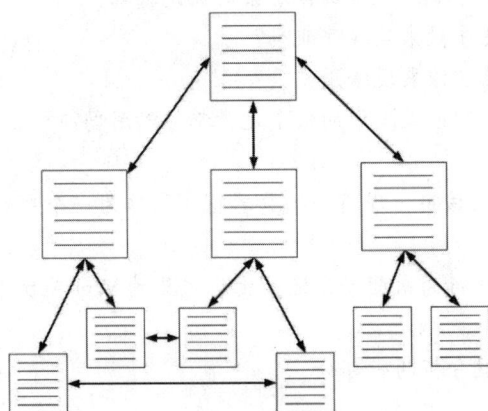

图 9.15　分层结构　　　　　　　　　图 9.16　网络结构

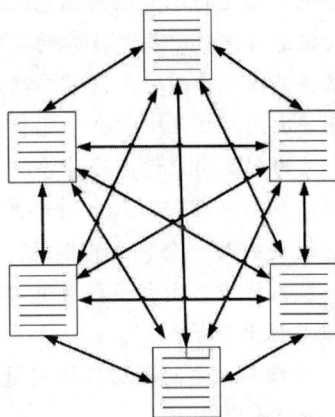

2. WebApp 体系结构

WebApp 体系结构描述系统以什么样的组织方式来管理用户交互、实现导航及展示内容，描述使 WebApp 达到业务目标的基础结构。本书在 9.5 节介绍了一些设计模式，目前很多人采用三层设计结构，设计模式采用 MVC 模式居多。

9.6.6　WebApp 导航设计

为了使用户可以访问 WebApp 的内容和功能，设计人员要分析导航，为网站的不同用户确定导航语义，同时定义实现导航的机制（语法）。

1. 导航分析

在 WebApp 中，每个体系结构的元素都有可能与所有其他体系结构的元素相链接，随着链接数目的增加，WebApp 导航的复杂性也增加。A.Reina 和 J.Torres 提出，"导航不仅仅是从一页跳到另一页的行为，还是在信息空间移动的思想"。关于导航分析，RNA（Relation-Navigation Analysis）提供了一系列分析步骤，用以确定元素之间的关系，这些元素是在创建分析模型时发现的，也是分析模型的一部分。RNA 可以分为下述 5 个步骤。

（1）共利益者分析：确定不同的用户种类，并建立适当的共利益者层次。

（2）元素分析：确定内容对象和最终用户感兴趣的功能元素。

（3）关系分析：描述 WebApp 元素之间的关系。

（4）导航分析：检查用户怎样访问单个元素和成组元素。

（5）评估分析：考虑实现早期定义的关系的实际问题。

在 RNA 的 5 个步骤中，关系分析是最关键的。关系分析确定了在分析模型中所定义的内容元素和功能元素之间的关系，并且建立了在整个系统中定义导航链接的需求。这时要考虑：此元素必须满足的前置条件和后置条件是什么？此元素一出现，总是跟着出现的另外元素是什么？有特殊的用户使用该元素吗？不同的用户使用该元素的方式有什么不同？这些问题都是在设计 WebApp 元素之间的关系时必须要考虑的。

一旦建立了分析模型内定义的元素间的关系，开发人员必须考虑导航需求，提出并回答下列问题。

- 为了使用户在自己的方向上导航，应该强调某些元素吗？
- 应该怎样处理导航错误？
- 导航到相关的元素组的优先级应该高于导航到某个具体元素的优先级吗？
- 应该通过链接、基于搜索的访问或其他手段来实现导航吗？
- 根据前面的导航行为，某些确定的元素应该展现给用户吗？
- 在一次用户交互中，一个完整的导航地图或菜单中的每个元素都可以用吗？
- 应该为哪类用户设计最佳导航？
- 应该如何处理 WebApp 外部的链接？应该覆盖现有的浏览器窗口，作为一个新的浏览器窗口，还是作为一个独立的框架？
- 导航设计应该由大多数普遍期望的用户行为来驱动，还是由已定义的 WebApp 元素可感知的重要性来驱动？

提出并回答上述问题及其他问题，是导航分析的一部分。

2. 导航语义

在进行导航设计时，首先考虑用户层次和为每一类用户（角色）创建相关用例。每一类角色使用 WebApp 的方式都会有所不同，因而会有不同的导航要求。为每一类角色设计的用例定义一组类，这组类包含一个或多个内容对象，或者包含 WebApp 的某些功能，即每一组用例访问不同的信息及 WebApp 功能。

3. 导航机制

在进行 WebApp 导航设计时，需要定义导航机制，常用的导航机制如下。

（1）单独的导航链接：基于文本的链接、图标、按钮、开关等。

（2）水平（或垂直）导航条：在包含合适链接的工具条中列出重要的内容或功能类别。

（3）标签：代表内容或功能类别，在需要链接时作为标签页选中。

（4）网站地图：向包含在 WebApp 中的所有内容对象和功能提供完整的导航内容表格。

除了导航机制外，设计人员还应该建立合适的导航习惯，根据分析模型中所定义的内容元素和功能元素之间的关系，建立合适的导航链接；另外还应该考虑设计听觉和视觉反馈，提示用户导航选项已被选择；对于基于文本的导航，可以用颜色来显示导航链接，并给出链接已经被访问的提示。

9.7 WebApp 测试

随着 Web 技术和移动互联网的发展，越来越多的应用被迁移到了云端，这也使得用户可以随时随地使用它们。目前，大量的优质应用逐渐提升了用户的品位，也降低了用户的容忍度，如果你的 WebApp 无法使用户满意，那么用户很快就会选择其他 WebApp。对于设计人员来说，建立良好的用户口碑是最有意义的事情之一。在完成了 WebApp 的设计和开发工作后，并不意味着就可以直接发布了，还需要从各方面来对其进行测试，以便让用户在使用过程中不会遇到各种各样的问题，比如性能问题、使用体验问题、安全问题等。

9.7.1　WebApp 测试过程概述

在对 WebApp 进行测试时，首先测试最终用户能够看到的内容和界面，再对体系结构及导航设计的各个方面进行测试，分为内容测试、界面测试、导航测试、配置测试、安全性测试、性能测试几个部分。

（1）内容测试试图发现内容方面的错误，如静态内容的错误，包括排字错误、语法错误、内容一致性错误、图形表示错误、交叉引用错误等，还有数据库系统所维护的数据中导出的动态内容的错误。

（2）界面测试验证用户界面的交互机制及美学方面的设计，目的是发现由于错误的交互机制而产生的错误，或者由于粗心而产生的遗漏、不一致或歧义性错误。

（3）导航测试时，对照导航设计检查每一个使用场景，识别并改正用例完成时产生的错误。

（4）配置测试可发现特定的客户端或服务器环境中的错误，例如所应用的操作系统、浏览器、硬件平台及通信协议等可能的配置错误。

（5）安全性测试，考虑 WebApp 及其环境中的弱点，测试是否有可能产生影响安全性的破坏。

（6）性能测试，考虑 WebApp 是否在各种环境下均能顺利运行。

9.7.2　WebApp 内容测试

1．内容测试

WebApp 内容测试主要有如下 3 个方面。

（1）发现基于文本的文档、图形表示和其他媒体中的语法错误。

（2）发现导航的语义错误，即信息的精确性和完备性方面的错误。

（3）发现展示给用户的内容、组织、结构方面的错误。

在内容测试期间，要对内容体系的结构及组织进行测试，以确保将所需要的内容以合适的顺序和关系展现给最终的用户。

2．数据库测试

在移动互联网系统和应用中，很多数据库管理系统比较复杂，并且构建动态的内容对象。基于移动互联网的特殊性，客户端请求的原始信息很少能以可被输入数据库管理系统中的形式表示出来。数据库可能离装载 WebApp 的服务器很远，而且从数据库中获取的原始数据一定要传递给 WebApp 服务器，这些原始数据要被正确地格式化，然后才能传递给客户端，并且动态内容对象要以能显示给最终用户的形式传递给客户端。

数据库测试应该保证以下 4 点。

（1）有效信息通过界面层在客户端与服务器端之间传递。

（2）WebApp 正确地处理脚本，并且正确地抽取或格式化用户数据。

（3）用户数据被正确地传递给服务器端的数据转换功能。

（4）查询被传递到数据管理层，数据管理层与数据访问程序通信必须正确。

9.7.3　WebApp 界面测试

1.　交互测试

当用户与 WebApp 交互时，通过一种或多种界面机制发生交互。以下是做界面测试时要检查的内容。

（1）表单：无论是反馈调查、创建任务计划，还是订阅新闻，都需要用到表单。需要检查提交操作是否正常、是否能够提交链接并提交到数据中、所有字段是否能够接收输入的内容。

（2）文件操作和计算：这其中涉及图像和文档的上传、编辑、计算功能和正确的输出值。首先，要预判会有多少用户使用应用，并尽可能地调试。另外，要考虑如何使 WebApp 更有效地计算并显示出结果，给用户提供更加流畅的使用体验。

（3）搜索：要保证 WebApp 系统的搜索引擎能够检索相关信息，并定期更新，以便能够让用户实现快速查找，并根据查找条件快速显示相关结果。

（4）媒体播放组件：测试音频、视频、动画和互动媒体播放组件（如游戏和图形工具）的时候，这些组件应该如预期那样，在加载和运行的时候不影响（暂停或减缓）其他应用的运行。

（5）脚本和类库：确保 WebApp 系统的脚本（比如图像显示或 AJAX 页面加载）在各种浏览器之间是相互兼容的，因为不同的用户可能会使用不同的浏览器访问系统应用；同时可以测试不同浏览器的加载时间来进行性能优化。如果系统的脚本只能和某些浏览器相互兼容，那么要确保应用中的其他组件有更好的性能，使所有的用户都能得到最好的应用体验。

2.　元素测试

为了使页面显示更加流畅，还需要检测视觉和文本元素方面的问题，在 WebApp 发布之前，应尽可能地测试这些元素，以确保它们正确而有效地显示。

（1）导航：主页面上的导航链接以及返回主页面的链接都应该明显地突出，并指向正确的目标页面。

（2）可访问性：尽最大可能确保 WebApp 易于操作、使用，特别是对那些有视力障碍或行为障碍的人来说，简易的 WebApp 是比较受欢迎的。

（3）跨浏览器测试：用户很有可能会通过多种浏览器和操作系统访问你的站点，为了在不同的环境下显示同样的效果，需要尽可能多地测试这些浏览器和操作系统组合，以确保 WebApp 能够按照计划运行，为用户提供一致的体验。

（4）错误消息和警告消息：在很多情况下，WebApp 会出错，当用户遇到问题时，要确保应用程序中显示的提示消息是描述性的，这些提示消息对于解决问题来说是很有帮助的。

（5）帮助和文档：并不是所有用户在使用 WebApp 时都能感觉很顺畅，有些用户在刚开始使用时可能需要帮助或者在使用过程中会遇到一些问题，应该在设计 WebApp 时确保在任何模块或页面中都有渠道让用户快速获得帮助信息。

（6）布局：测试 WebApp 以确保它能够在尽可能多的浏览器和不同分辨率的屏幕中正确、一致地显示。

（7）其他：动画和交互操作（例如拖曳放特性）、字体（尤其是 Web 字体）等都要被测试，以保证系统的正确性。

9.7.4　WebApp 导航测试

导航测试的第一个阶段在界面测试期间就开始了，对每一个导航应该在如下各方面进行测试。

（1）导航链接：WebApp 的内部链接、外部链接及网页中的锚都应该被测试，确保选择链接时，能够获得正确的内容和功能。

（2）重定向：当用户请求一个不存在的 URL，或者选择一个已经被移走的目标地址链接时，系统应该给用户显示一条提示信息，并且将导航重定向到另一页。

（3）书签：确保创建的书签正常。

（4）框架和框架集：每一个框架包含特定的网页内容，一个框架集包含多个框架，应测试是否能够同时显示多个网页。同时选择合适的布局和大小，并进行下载性能和浏览器性能方面的测试。

（5）站点地图：对入口进行测试，确保链接引导用户找到合适的内容和功能。

（6）内部搜索引擎：确认搜索的精确性，还要注意测试复合索引的搜索。

导航测试应尽可能让不同用户进行，早期测试可以由 Web 工程师进行，后期测试应该由独立的测试团队进行，最后还要由非技术用户进行测试，目的是彻底检查 WebApp 导航。

9.7.5　WebApp 配置测试

硬件、操作系统、浏览器、存储容量、网络的通信速率和其他客户端等因素都难以预料，这些都可能会导致 WebApp 运行失败。配置测试的工作不是检查每一个可能的客户端配置，而是测试一组可能的客户端和服务器配置，确认 WebApp 在所有配置中的运行情况。

1. 服务器端

在服务器端，设计配置测试用例来验证所计划的服务器配置（包括 WebApp 服务器、数据库服务器、操作系统、防火墙软件、并发应用系统）是否都能支持 WebApp，并且不会发生错误；验证 WebApp 与服务器操作系统是否兼容；验证 WebApp 是否与数据库软件进行适当的集成，是否支持不同版本的数据库；验证服务器端的 WebApp 脚本运行是否正常等。

2. 客户端

在客户端，不同的硬件（包括 CPU、内存、存储器、打印设备）、操作系统、浏览器软件、用户界面构件、插件等，都有可能会影响 WebApp 的运行，应该对不同类的用户预测构件组合，预测用户可能遇到的配置，然后对每一类用户进行评估，测试 WebApp 的运行。

9.7.6　WebApp 安全性测试

大多数 WebApp 会从用户那里获取并存储数据，包括用户的个人信息、计费信息和工作及个人文件，这些数据都是用户在信任 WebApp 的应用安全性的基础上才会输入的，所以 WebApp 应该做到如下几点安全性要求。

- 对私人数据进行加密。
- 在授予访问权限之前坚持进行身份验证，并对数据访问进行限制。
- 确保数据完整性，尊重用户的要求。

网络攻击者可能在任何时间、任何地方攻击系统，因此 WebApp 要预防被攻击。通常攻击 Web 站点和应用的方法包括如下 3 种。

● 跨站脚本：当一个网站以被诱骗的方式接受了恶意代码，它就会向用户传播这个恶意代码。

● SQL 注入：如果攻击者通过一个用户输入漏洞运行一段 SQL 命令，可能导致用户数据遭到损坏或被窃取。通常这些情况发生的原因是 WebApp 允许在 SQL 命令或系统命令中使用特殊元素。

● 分布式拒绝服务（Distributed Denial of Service，DDoS）攻击：很多拒绝服务（Denial of Service，DoS）攻击源一起攻击某台服务器就组成了 DDoS 攻击。当一个 WebApp 无法呈现给用户的时候，通常它会向服务器发出大量请求，而 DDoS 会向受害主机发送大量看似合法的网络包，从而造成网络阻塞或服务器资源耗尽，导致拒绝服务。DDoS 攻击一旦被实施，攻击网络包就会如洪水般涌向受害主机，把合法用户的网络包淹没，导致合法用户无法正常访问服务器的网络资源，并且会逐渐拖慢服务器，最终导致无法响应。

基于安全性要求，要对常见的、容易引起安全漏洞的编程错误进行测试，常见的编程错误包括缺少认证检查、没有加密敏感数据、没有锁定 Web 服务器目录访问等。这些错误可能会让 WebApp 存在潜在的危险。

9.7.7 WebApp 性能测试

随着同时访问 WebApp 的用户数量增加，其运行速度会变慢。在加载测试环节，需要测试 WebApp 和服务器环境，以确保不管有多少用户登录，产品都能够顺利运行。通过性能测试可以发现性能问题，这些问题可能的产生原因包括服务器端资源缺乏、不合适的网络带宽、不适当的数据库容量、不完善或不牢固的操作系统能力、设计的 WebApp 功能不好以及可能导致服务器性能下降的其他硬件或软件问题。

性能测试通常会检查如下系统性能。

● 服务器响应时间是否降低到不可接受的程度？

● 从用户、事务、数据负载等方面，观察系统在什么情况下性能会降低到不可接受的程度。

● 在多种负载条件下，系统对用户的平均响应时间是多少？

● 性能下降是否影响系统的安全性？

● 当系统的负载增加时，WebApp 的可靠性和精确性是否会受影响？

● 当负载大于服务器容量的最大值时，会发生什么情况？

软件工程测试时会进行两种不同的性能测试，即负载测试和压力测试。负载测试是指在多种负载级别和多种负载组合下，在真实的环境中对 WebApp 进行测试。压力测试是指将负载增加到极限，测试 WebApp 能够承受的最大负载容量。

本章小结

本章介绍了 WebApp 的概况、特点以及网络系统的层次结构；介绍了客户端和服务器端常用的技术，客户端使用 HTML、脚本语言、Applet、AJAX，服务器端采用 Servlet 和 JSP 技术。目前基于 Web 的系统采用三层或三层以上 C/S 结构，包括 Web 客户端、Web 服务器和数据库服务器，很多结构中会有应用服务器。

WebApp 的设计模式包括观察者模式、组合模式、工厂方法模式、策略模式、MVC 模式、装饰者模式。

本章描述了 WebApp 的特点，介绍了分析模型的重要性。

WebApp 需求分析的活动一般也可以分为需求获取、需求分析（建立模型）、需求文档编写、需求确认、需求跟踪与复用 5 个阶段。软件需求规格说明书是软件分析的最终结果，用来描述系统应该具有的行为，即描述设计决策，它是用来和开发团队中其他人员交流系统决策的有力工具。

WebApp 设计首先进行策划活动，然后通过对软件系统的高层分解确定其总体结构，从而为后续的每个软件模块的详细设计奠定基础。WebApp 设计通常包括设计策划、体系结构设计、人机交互设计、详细设计、设计整合与验证、总结等阶段。

WebApp 设计步骤有界面设计、美学设计、内容设计、体系结构设计、构件设计及导航设计。WebApp 有 4 种不同的内容体系结构，即线性结构、网格结构、分层结构、网络结构，设计中也可以将这几种结构进行组合，形成复合结构。

本章还介绍了 WebApp 的测试，通常有内容测试、界面测试、导航测试、配置测试、安全性测试及性能测试等。WebApp 的测试是为了发现可能导致错误的问题，应该对内容、功能、结构、可用性、导航、性能、兼容性、交互性、容量和安全性等方面进行测试，以确保系统运行正常。

习题 9

1. WebApp 有什么特点？
2. 网络系统有哪几种层次结构，请画图说明。比较 B/S 结构、二层 C/S 结构和三层 C/S 结构，指出各自的优点和缺点。
3. 说明三层 C/S 结构的数据处理流程。
4. 在多层 Web 系统中，Web 服务器的作用是什么？
5. Web 服务器和客户端分别使用哪些技术？
6. 简述工厂方法模式和策略模式的异同点。
7. 说明 MVC 模式的 3 个组成部分，并简述其工作流程。
8. 区分 WebApp 和传统软件，并举例说明。
9. WebApp 需求分析的活动可分为哪几个阶段？
10. WebApp 有哪 4 种内容体系结构？
11. WebApp 需要进行哪些方面的测试？

第 10 章
软件重用和再工程

软件重用（Reuse）也称为软件再用或软件复用，是指对软件构件不做修改或稍加修改就多次重复使用。软件重用的目的是降低软件开发和维护的成本，提高软件生产率和软件的质量。

10.1 可重用的软件成分

软件重用是在软件开发过程中重复使用相同或相似的软件元素的过程。这些软件元素包括应用领域知识、开发经验、设计经验、体系结构、需求分析文档、设计文档、程序代码及测试用例等。对于新的软件开发项目而言，它们是构成整个软件系统的部件，或者在软件开发过程中可发挥某种作用。通常把这些软件元素称为软件构件。

一般情况下，在软件开发中采用重用软件构件，较从头开发这个软件更加容易。软件重用的目的是能更快、更好、成本更低地生产软件产品。

软件的重用可划分为 3 个层次，即知识重用、方法和标准的重用以及软件成分的重用。

1. 知识重用

知识重用是多方面的，例如软件工程知识、开发经验、设计经验、应用领域知识等的重用。

2. 方法和标准的重用

方法和标准的重用包括传统软件工程方法、面向对象方法、有关软件开发的国家标准和国际标准等的重用。标准函数库是一种典型的、原始的重用机制，各种软件开发过程都能使用它。不同应用领域中的软件元素也可重用，例如数据结构、分类算法、人机界面构件等。

3. 软件成分的重用

（1）重用级别。

软件成分的重用可分为 3 个级别，即源代码重用、设计结果重用和分析结果重用。

① 源代码重用。

源代码重用可以采用下列几种形式。

• 源代码的剪贴。这种重用存在软件配置管理问题，无法跟踪代码块的修改重用过程。

• 源代码包含（Include）。许多程序设计语言都提供源代码包含机制，所包含的程序库要经过重新编译才能运行。

• 继承。利用继承机制重用类库中的类时，不必修改已有代码，就可以扩充类，或找到需要的类。

② 设计结果重用。

设计结果重用包括体系结构重用。设计结果重用有助于把应用软件系统移植到不同的软件或硬件平台上。

③ 分析结果重用。

分析结果重用特别适用于用户需求没有改变，但是系统体系结构发生变化的场合。

（2）可重用的软件成分。

具体来讲，可重用的软件成分主要有以下几种。

① 项目计划：软件项目计划的基本结构和许多内容是可以重用的。这样可以减少制定计划的时间，降低建立进度表、进行风险分析等活动的不确定性。

② 成本估计：不同的项目中经常含有类似的功能，在进行成本估计时，重用部分的成本也可重用。

③ 体系结构：很多情况下，体系结构有相似或相同之处，可以创建一组体系结构模板，作为重用的设计框架。

④ 需求模型和规格说明：类和对象的模型及规格说明、数据流图等可以重用。

⑤ 设计：系统和对象设计可以重用，用传统方法开发的体系结构、接口、设计过程等可以重用。

⑥ 源代码：经过验证的程序构件可以重用。

⑦ 用户文档和技术文档：经常可以重用这些文档的大部分内容。

⑧ 用户界面：很多情况下用户界面可以重用。

⑨ 数据。

⑩ 测试用例：一旦设计或代码构件被重用，相关的测试用例也可以重用。

10.2　软件重用过程

通常先分析软件的功能需求，根据需求开发可重用的软件构件，并对其进行标识、构造、分类和存储，以便在特定的应用领域中重用这些软件构件。在开发软件时，根据软件需求检索软件构件，对软件构件进行补充、修改、组装，再进行系统测试、调试工作，直到完成软件工程。

10.2.1　软件重用过程的模型

软件重用过程有 3 种模型，分别为组装模型、类重用模型和软件重用过程模型。

1. 组装模型

最简单的软件重用过程是，先将以往软件工程项目中建立的软件构件存储在构件库中，然后通过对构件库进行查询，提取可以重用的软件构件；接着，为了适应新系统对它们进行一些修改，

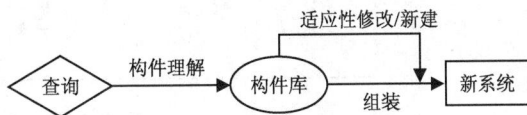

图 10.1　软件重用的组装模型

并建造新系统需要的其他构件（这些构件也可保存到构件库中，以便今后重用）；最后对新系统需要的所有构件进行组装。图 10.1 描述了软件重用的组装模型。

2. 类重用模型

利用面向对象技术，可以比较方便、有效地实现软件重用。面向对象技术中的类是比较理想的可重用软件构件，不妨称之为类构件。

类构件的重用方式有以下 3 种。

（1）实例重用。

按照需要创建类的实例，向该实例发送适当的消息，启动相应的服务，完成所需要的工作。

（2）继承重用。

利用面向对象方法的继承机制，子类可以继承父类已经定义的所有数据和操作，子类也可以定义新的数据和操作。

为了增强继承重用的效果，可以设计一个合理的、具有一定深度的类构件的层次结构。这样可以降低类构件的接口复杂性，提高类的可理解性，为软件开发人员提供更多的可重用构件。

（3）多态重用。

多态重用方式根据接收消息的对象类型不同，在响应一个一般化的消息时，由多态性机制启动正确的方法，执行不同的操作。

3. 软件重用过程模型

为了实现软件重用，已经出现了许多过程模型，这些模型都强调领域工程和软件工程同时进行。

图 10.2 描述了软件重用过程模型。领域工程在特定的领域中创建应用领域的模型，设计软件体系结构模型，开发可重用软件构件，建立可重用软件构件库。显然，软件构件库应当不断积累、不断完善。

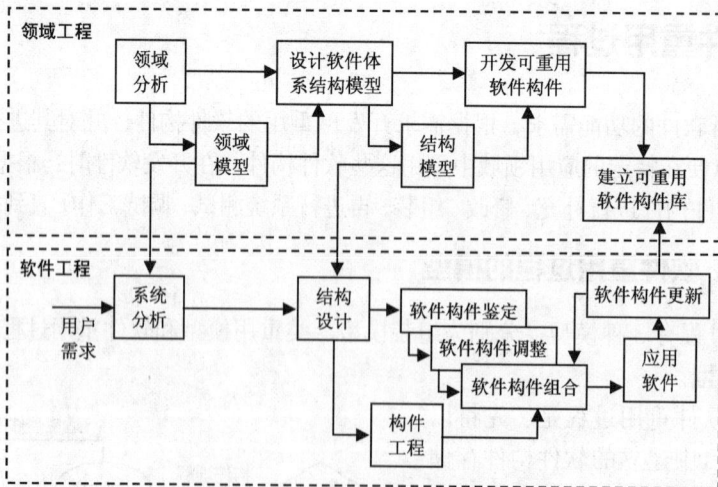

图 10.2　软件重用过程模型

基于软件构件的软件工程，根据用户的实际需求，参照领域工程的领域模型进行系统分析，使用领域工程的结构模型进行结构设计；从可重用软件构件库中查找所需要的软件构件，对软件构件进行鉴定、调整，构造新的软件构件；再对软件构件进行组合，开发应用软件，软件构件不断更新，并补充到可重用软件构件库中。

10.2.2　开发可重用的软件构件

开发可重用的软件构件的过程就是领域工程。所谓"领域"，是指具有相似或相近的软件需求的应用系统所覆盖的一组功能区域。可以根据领域的特性及相似性预测软件构件的可重用性。一旦确认了软件构件的重用价值，对这样的软件构件进行设计和构造，形成可重用的软件构件，进而建立软件构件库的过程，就是领域工程。领域工程的目的是标识、构造、分类和传播软件构件，以便在特定的应用领域中重用这些软件构件。

领域工程包括分析过程、开发可重用的软件构件和传播软件构件3个主要的活动。

1. 分析过程

领域工程的分析过程中，标识可重用的软件构件是一项重要工作。以下一些内容可作为标识可重用构件的指南。

- 构件的功能在未来的工作中需要吗？
- 构件的功能通用性强吗？
- 构件是否依赖于硬件？
- 构件的设计是否足够优化？
- 构件在重用时需要做大的修改吗？
- 能否将一个不可重用的构件分解成一组可重用的构件？

2. 开发可重用的软件构件

为了开发可重用的软件构件，应该考虑以下3个问题。

（1）标准的数据结构。例如文件结构或数据库结构，所有构件都使用这些标准的数据结构。

（2）标准的接口协议。建立模块内部接口、外部接口和人机交互界面3个层次的接口协议。

（3）程序模板。可用结构模型作为程序体系结构设计的模板。例如报警系统软件，可用于医疗监护、家庭安全、工业过程监控等各种系统，它的程序模板含有如下构件。

① 人机交互界面。
② 安全范围设置。
③ 与监控传感器通信的管理机制。
④ 响应机制。
⑤ 控制机制。

建立了上述程序模板后，在设计具体的应用软件时，只要根据系统的实际要求稍加修改就可实现重用。

3. 传播软件构件

传播软件构件的目的就是让用户能在成千上万的软件构件中找到自己所需要的构件，这需要很好地描述构件。构件的描述包括构件的功能、使用条件、接口、实现等。对于构件的实现方法，只有准备修改构件的人需要知道，其他人只需了解构件的功能、使用条件和接口等。

10.2.3　分类和检索软件构件

随着软件构件的不断丰富，软件构件库的规模不断扩大，软件构件库的组织结构将直接影响软件构件的检索效率。软件构件库结构的设计和检索方法的选用，应当尽量保证用户容易理解、易于使用。

对可重用软件构件进行分类，可便于用户的检索使用。构件分类有枚举分类、刻面分类和属性值分类3种典型模式。

1. 枚举分类

枚举分类（Enumerated Classification）模式通过层次结构来描述构件，在该结构中定义软件构件的类以及子类的不同层次。实际构件放在枚举层次的适当路径的最底层。

枚举分类模式的层次结构容易理解和使用，但在建立层次之前必须完成领域工程，使层次中的项具有足够的信息。

2. 刻面分类

刻面分类（Faceted Classification）模式在对复杂的刻面描述表进行构造时，比枚举分类模式的灵活性更强、更易于扩充和修改，具体分析过程如下。

（1）分析应用领域并标识出一组基本的描述特征，这些描述特征称为刻面。

（2）描述一个构件的刻面的集合称为刻面描述表。

（3）根据重要性确定刻面的优先次序，并把它们与构件联系起来。

（4）刻面可以描述构件所完成的功能、加工的数据、应用构件的操作、实现方法等特征。

（5）通常，刻面描述不超过8个。

（6）把关键词的值赋给软件构件库中每个构件的刻面集。

（7）使用自动工具完成同义词词典功能，从而可以根据关键词或关键词的同义词，在软件构件库中查找所需要的构件。

3. 属性值分类

属性值分类（Attribute-Value Classification）模式为一个领域中的所有构件定义一组属性，然后给这些属性赋值。

属性值分类模式与刻面分类模式相似，只是有以下区别。

（1）对可重用的属性个数没有限制。

（2）属性没有优先级。

（3）不使用同义词词典功能。

上述几种软件构件库的构件分类模式，在查找效果方面大致相同。

10.2.4　软件重用环境

软件构件的重用必须由相应的环境来支持，环境应包含下列元素。

（1）软件构件库：存放软件构件和检索软件构件所需要的分类信息。

（2）软件构件库管理系统：管理对软件构件库的访问。

（3）软件构件库检索系统：用户应用系统通过检索系统检索构件、重用构件。

（4）CASE工具：帮助用户把重用的构件集成到新的设计中。

上述元素可以嵌入软件构件库中。软件构件库中存储各种各样的软件成分，例如规格说明、设计、代码、测试用例及用户指南等。软件构件库包括有关构件的数据库以及数据库的查询工具，构件分类模式是构件数据库查询的基础。

如果在初始查询时得到大量的候选软件构件，则应该对查询进一步求精，以减少候选的软件构件。在找到候选软件构件以后，要对软件构件的功能、使用条件、接口、实现方法等进行进一步了解，以便选取合适的软件构件。

10.3　软件逆向工程

1. 逆向工程概念

在工程技术人员的一般概念中，产品设计生产过程是一个从设计到完成产品的过程，即设计人员首先在大脑中构思产品的外形、性能和大致的技术参数等，然后在详细设计阶段完成各类数据模型，再将这个模型转入研发流程，最终完成产品的整个设计研发周期。这样的产品设计过程称为"正向设计"过程。

逆向工程（Reverse Engineering）是一种产品设计技术的再现过程，即对一项目标产品进行逆向分析及研究，从而演绎并得出该产品的处理流程、组织结构、功能特性及技术规格等设计要素，进而制作出功能相近但又不完全一样的产品。简单地说，逆向工程就是根据已有的产品，反向推出产品设计数据（包括各类设计图或数据模型）的过程。因此，逆向工程可以被认为是一个从产品到设计的过程。

由于法律对知识产权的保护，复制制造与别人完全一样的产品是不允许的。因此逆向工程可能会被误认为是对知识产权的严重侵害，但是在实际应用时，反而可能会保护知识产权所有者。例如在集成电路领域，如果怀疑某公司侵犯知识产权，可以用逆向工程技术来寻找证据。在 2007 年年初，我国相关的法律为逆向工程正名，承认了逆向工程技术用于学习、研究的合法性。

逆向工程又名反向工程，源于商业及军事领域的硬件制造业。相互竞争的公司为了解对方设计和制造工艺的机密，在得不到设计和制造说明书的情况下，通过拆解实物获得产品生产信息。软件的逆向工程基本类似，只不过通常拆解分析的不仅有竞争对手的程序，还有自己公司的软件。

软件的逆向工程是分析程序，力图在比源代码更高的抽象层次上建立程序的表示过程。它不仅是设计的恢复过程，还可以借助工具从已存在的程序中抽取数据结构、体系结构和程序设计信息。软件逆向工程也可被视作"开发周期的逆行"。对一个软件程序进行逆向工程，类似于逆行传统瀑布模型中的开发步骤，即根据实现阶段的输出（软件程序）还原出在设计阶段所做的构思。软件逆向工程仅仅是一种检测或分析的过程，它并不会更改目标系统。图10.3 描述了软件逆向工程的过程及可能恢复的信息。

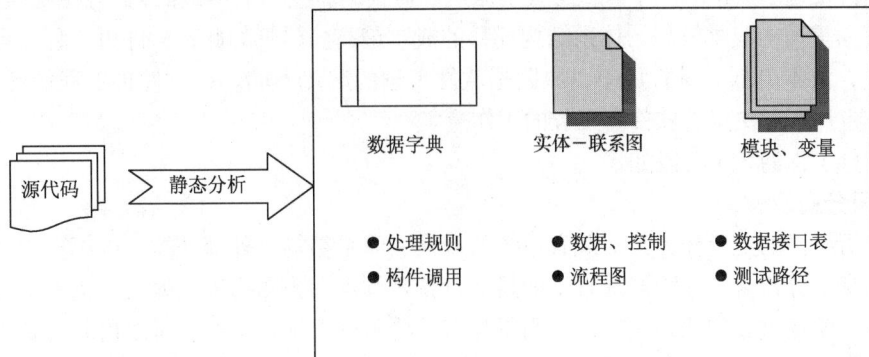

图 10.3　软件逆向工程的过程及可能恢复的信息

2. 逆向工程实现方法

软件逆向工程的实现方法主要有以下 3 种。

（1）分析通过信息交换所得的观察。

该方法常用于协议逆向工程，涉及使用总线分析器和数据包嗅探器。在接入计算机总线或网络连接，并成功截取通信数据后，可以对总线或网络行为进行分析，以制造出拥有相同行为的通信实现。该方法特别适用于设备驱动程序的逆向工程。

（2）反汇编。

使用反汇编器，把程序的原始机器码翻译成较便于阅读理解的汇编代码。这适用于任何计算机程序，对不熟悉机器码的人特别有用，流行的相关工具有 OllyDbg 和 IDA Pro。

（3）反编译。

使用反编译器，尝试通过程序的机器码或字节码重现高级语言形式的源代码。

随着计算机技术在各个领域的广泛应用，特别是软件开发技术的迅猛发展，基于某个软件，以反汇编阅读源代码的方式去推断其数据结构、体系结构和程序设计信息，已成为软件逆向工程技术关注的主要方向。目前应用的主流逆向工程软件有 Imageware、Geomagic Studio、CopyCAD、RapidForm、UG 等。

软件逆向工程技术的目的是研究和学习先进的技术，特别是当手里没有合适的文档资料，又很需要实现某个软件功能的时候。也正因为这样，很多软件为了垄断技术，在软件安装之前，会要求用户同意不去逆向研究。

10.4　软件再工程

软件再工程（Reengineering）是软件逆向工程的扩充。软件逆向工程提取需要的信息后，软件再工程基于对原系统的理解和转换，在不变更整个系统功能的前提下，生产新的软件源代码。软件再工程是指以软件工程方法学为指导，对既有对象系统进行调查，并将其重构为新形式代码的开发过程。

从软件重用方法学来说，如何开发可重用软件和如何构造采用可重用软件的系统体系结构是两个关键问题。不过对再工程来说，前者很大一部分内容是对既有系统中非可重用构件的改造。因此可以使用 CASE 工具（逆向工程和再工程工具）来帮助理解原有的设计。

软件再工程的成本取决于重做工程的难度。源代码转换的成本最低，程序结构重构次之，程序和数据重构的成本较高，体系结构迁移的成本最高。尽管如此，软件再工程与重新开发软件相比，成本更低、风险更小，原因是软件工程的起点不同。在软件再工程的各个阶段，软件的可重用程度决定着软件再工程的工作量。

软件再工程的 3 个阶段如下。

1.　再分析阶段

再分析阶段的主要任务是对既有系统的规模、体系结构、外部功能、内部算法、复杂度等进行调查、分析。这一阶段最直接的目的，就是调查和预测再工程涉及的范围。重用是软件工程经济学最重要的原则之一，重用得越多，再工程成本就越低。所以再分析阶段最重要的目的是寻找可重用的对象和重用策略，最终确定再工程任务和工作量，也将决定可重用对象范围和重用策略。再工程分析者最终提出的重用范围和重用策略将成为决定再工程成败以及再工程产品系统可维护性高低的关键因素。

2. 再编码阶段

根据再分析阶段做成的再工程设计书，再编码阶段将在系统整体再分析基础上对代码做进一步分析。如果说再分析阶段的产品是再工程设计书，那么再编码阶段就要产生类似详细设计书的编码设计书。不过，再工程是一个整体，无法将再分析、再设计、再编码截然分开，因此瀑布模型不适用再工程。

3. 再测试阶段

一般来说，再测试阶段是再工程过程中工作量最大的一个阶段。如果能够重用原有的测试用例及运行结果，将能大大降低再工程成本。对于可重用的部分，特别是可重用的局部系统，还可以免除测试，这也正是重用技术被再工程高度重视的关键原因之一。当然，再工程后的系统总有变动和增加的部分，对受其影响的整个范围都要毫无遗漏地进行测试。

由于软件规模庞大、种类很多，因此不是每个软件都需要进行再工程。大多数情况下，那些决定要移植，或要重新设计，或为复用而需验证其正确性的程序才被选择实施再工程。目前再工程主要应用于人们理解深刻、相对稳定的一些领域，如信息系统领域等。

本章小结

软件重用是指在软件开发过程中重复使用相同或相似的软件构件的过程。这些软件构件包括应用领域知识、开发经验、设计经验、体系结构、需求分析文档、设计文档、程序代码及测试用例等。

软件重用包括领域工程和软件工程。

领域工程的目的是在特定的领域中标识、构造、分类和传播软件构件，以便在特定的应用领域中重用这些软件构件。

软件工程在开发新系统时，可从软件构件库中选取适当的构件，新建的构件可放入软件构件库备用。

软件重用是降低软件开发和维护成本、提高软件生产率和软件质量的合理而有效的途径。

为了开发可重用的软件构件，应该为每个应用领域建立标准的数据结构、标准的接口协议和程序模板。

可重用软件构件库的构件分类有 3 种典型模式：枚举分类、刻面分类和属性值分类。

在软件维护时，目前常采用软件重用技术、软件逆向工程和软件再工程。

习题 10

1. 可重用的软件成分包括哪些？如何重用这些成分？
2. 简述类构件的 3 种重用方式。
3. 简述构件分类的 3 种模式。
4. 为学生信息处理领域建立一个简单的结构模型，叙述其有哪些主要构件，并选用适当的分类模式对构件进行分类。

第 **11** 章

软件工程管理

软件工程学的主要内容是软件开发技术和软件工程管理。本章将集中介绍与软件工程管理有关的知识。

软件工程管理是通过软件开发成本控制、人员组织安排、软件工程开发计划制定、软件配置管理、软件质量保证、软件开发风险管理等一系列活动，合理地配置和使用各种资源，以保证软件质量的过程。软件工程管理在项目的任何技术活动开展之前就要进行，并且贯穿于整个软件生命周期。

11.1 软件工程管理概述

由于软件产品具有独特性，软件工程管理对软件产品质量的保证具有极为重要的意义。

1. 软件产品的特点

软件产品是知识密集型的逻辑思维产品，它具有如下特性。

（1）软件是逻辑产品，具有高度的抽象性。

（2）具有同一功能的软件可以有多样性。

（3）软件生产过程复杂，具有易错性。

（4）软件开发和维护主要是根据用户需求"定制"的，其过程具有复杂性和易变性。

（5）软件的开发和运行经常受到计算机系统环境的限制，因而软件需要有安全性和可移植性等。

（6）软件生产有许多新技术需要软件工程师进一步研究和实践，如软件复用、自动生成代码等新的软件开发工具或新的软件开发环境等。

2. 软件工程管理的重要性

基于软件本身的复杂性，软件工程将软件开发划分为若干个阶段，每个阶段完成不同的任务、采取不同的方法。为此，软件工程管理需要有相应的管理策略。

软件工程管理涉及很多学科，例如系统工程学、管理学、逻辑学、数学等。同时，随着软件规模的不断增大，软件开发人员日益增加，软件开发时间不断增长，软件工程管理的难度逐步增加。如果软件开发管理不善，造成的后果会很严重。因此软件工程管理非常重要。

3. 软件工程管理的内容

软件工程管理的内容包括对软件开发成本、软件开发控制、开发人员、组织机构、用户、软件开发文档、软件质量等方面的管理。

　　软件开发成本的管理主要是对软件规模进行估算，从而估算软件开发所需要的时间、人员和经费。

　　软件开发控制包括进度控制、人员控制、经费控制和质量控制。由于软件产品的特殊性和软件工程技术的不成熟，制定软件工程进度计划比较困难。通常把一个大的开发任务分为若干期工程，例如分为一期工程、二期工程等，然后制订各期工程的具体计划，这样才能保证计划实际可行，便于控制。在制定计划时，要适当留有余地。软件工程进度计划的制定方法已在第 2 章介绍，此处不赘述。

　　软件工程管理很大程度上是通过管理文档资料来实现的，因此，要为开发过程中的初步设计、中间过程和最后结果建立一套完整的文档资料。文档标准化是文档管理的一个重要方面。

　　软件质量保证是软件开发人员在整个软件工程的生命周期中都应十分重视的问题。

　　软件开发开始之前就应启动风险管理活动：标识潜在的风险，预测风险出现的概率和影响，并按重要性对风险进行排序；然后制订计划来管理风险。

11.2　软件开发成本估算

　　在计算机技术发展的早期，软件的成本只占计算机系统总成本很小的比例。因此，在估算软件成本时，即使误差较大也无关紧要。现在，软件已成为整个计算机系统中的成本较高的部分，若软件开发成本的估算出现较大的误差，可能会使盈利变为亏损。由于软件成本涉及的因素较多，对其做出准确的估算并不容易。

　　软件项目开始之前，要估算软件开发所需要的工作量和时间，首先需要估算软件的规模。我们可以使用多种不同的方法进行软件开发成本的估算，对估算结果进行比较，这样有助于暴露不同方法之间不一致的地方，从而更准确地估算出软件成本。

　　下面介绍几种用于估算软件开发成本的方法，包括软件开发成本估算方法、代码行技术和任务估算技术、COCOMO2 模型、程序环行复杂度的度量。

11.2.1　软件开发成本估算方法

　　为了使开发项目能在规定的时间内不超过预算的情况下完成，较准确的成本预算和严格的管理控制是关键。一个项目是否开发，经济上是否可行，主要取决于对成本的估算。对于一个大型的软件项目，由于项目的复杂性，开发成本的估算不是一件简单的事。

　　软件开发成本估算方法主要有自顶向下估算法、自底向上估算法、差别估算法、专家估算法、类推估算法、算式估算法等。

　　（1）自顶向下估算法。

　　估算人员参照以前完成的项目所耗费的总成本或总工作量来推算将要开发的软件的总成本或总工作量，然后把它们按阶段、步骤和工作单元进行分配，这种方法称为自顶向下估算法。

　　自顶向下估算法的主要优点是对系统级工作重视，不会遗漏系统级工作的成本估算，例如集成、制定用户手册和配置管理等工作；且估算工作量小、速度快。

　　它的缺点是往往不清楚较低层次工作的技术性困难，而这些困难往往会使成本增加。

（2）自底向上估算法。

这种方法是指将每一部分的估算工作交给负责该部分工作的人来做，优点是估算较为准确，缺点是往往会缺少对软件开发系统级工作量的估算。

最好采用自顶向下与自底向上相结合的方法来估算开发成本。

（3）差别估算法。

差别估算法是指将开发项目与一个或多个已完成的类似项目进行比较，找出与类似项目的若干不同之处，并估算每个不同之处对成本的影响，从而推导出开发项目的总成本。该方法的优点是可以提高估算的准确度，缺点是不容易明确"差别"的界限。

（4）专家估算法。

依靠一个或多个专家对所要求的项目进行估算，其精确性取决于专家对估算项目的定性参数的了解和他们的经验。

（5）类推估算法。

在自顶向下估算法中，将需要估算的项目与类似项目直接比较而得到结果。在自底向上估算法中，在具有相似条件的相同工作阶段之间进行比较，得到结果。

（6）算式估算法。

专家估算法和类推估算法的缺点在于，它们对项目进行估算时依靠带有一定盲目性的主观猜测。算式估算法企图避免主观因素的影响，用于估算的方法有两种基本类型——由理论导出和由经验得出。

11.2.2　代码行技术和任务估算技术

1. 代码行技术

代码行技术是一个相对简单的定量估算软件规模的方法。该方法先根据以往经验及历史数据估算出将要编写的软件的源代码行数，然后以每行的平均成本乘估计的总行数，估算出总的成本。

代码行技术的优缺点如下。

（1）优点。

- 代码行是所有软件开发项目都有的"产品"，很容易计算。
- 已有大量的基于代码行的文献资料和数据。

（2）缺点。

- 用不同语言实现同一软件产品时所需要的代码行数并不相同。
- 代码行技术不适用于非过程性语言。

表 11.1 所示是用代码行技术估算软件成本的一个例子，软件各项功能需要的代码行数和开发成本分别估算，程序较小时，估算单位是代码行数（Line of Code，LOC）；程序较大时，估算单位是千行代码数（KLOC）。每行成本与开发工作的复杂性和工资水平有关，核算后填入表中。

然后计算估计的工作量和软件成本。每项功能的工作量（单位为人·天）等于代码行数除每人每天设计的行数；每项功能的成本等于代码行数乘每行成本。

最后分别计算工作量的合计数和成本的合计数。

开发软件时要注意不断积累有关数据，以便今后的估算更准确。

表 11.1　代码行技术示例

功能	估计需要的 代码行数	按经验 （行/人·天）	每行成本 （元）	该项成本 （元）	估算工作量 （人·天）
获取实时数据	840	92			9.1
更新数据库	1212	122			9.93
脱机分析	600	134			4.4
生成报告	450	145			3.1
实时控制	1120	80			14
合计					40.53

2. 任务估算技术

先把开发任务分解成许多子任务，子任务又分解成下一层次子任务，直到每一任务单元的内容都足够明确为止。然后把每个任务单元的成本估算出来，汇总即得项目的总成本。

这种估算方法的优点是，由于各个任务单元的成本可交给该任务的开发人员去估计，因此估计结果比较准确。但这种估算方法也有缺点，由于具体工作人员往往只注意到自己职责范围内的工作，而对涉及全局的成本，如综合测试、质量管理、项目管理等的成本可能估计不足，因此可能造成对总体成本估计偏低。

表 11.2 列出了软件任务和工作量的分布，供参考。

表 11.2　软件任务和工作量的分布

任务	占总工作量的比例（%）
可行性研究	5
需求分析	10
概要设计、详细设计	25
程序设计	20
测试	40

11.2.3　COCOMO2 模型

COCOMO 是构造性成本模型（Constructive Cost Model）的英文缩写，是 Boehm 于 1981 年提出的一种软件开发工作量估算模型。它是一种层次结构的软件估算模型，是最精确、最易于使用的成本估算方法之一。1997 年 Boehm 等人提出 COCOMO2 模型，该模型是 COCOMO 的修订版。

COCOMO2 模型分为如下 3 个模型，在估算软件开发工作量时，对软件细节问题考虑的详尽程度逐渐增加。

（1）应用系统组成模型：用于估算构建原型的工作量，这种模型考虑到大量使用已有构件的情况。

（2）早期设计模型：用于软件结构设计阶段。

（3）后期设计模型：用于软件结构设计完成之后的软件开发阶段。

COCOMO2 模型把软件开发工作量表示成千行代码数（KLOC）的非线性函数，如式（11.1）

所示。

$$E = \alpha \times \text{KLOC}^b \times \prod_{i=1}^{17} f_i \tag{11.1}$$

其中，E 是开发工作量（以人·月为单位），α 是模型系数，KLOC 是估算的源代码行数（以千行为单位），b 是模型指数，f_i（$i = 1 \sim 17$）是软件成本因素。

每个软件成本因素都根据其重要程度和对工作量影响的大小被赋予一定的数值，称为工作量系数。这些软件成本因素对任何一个项目的开发工作都有影响，应该重视这些因素。

Boehm 把软件成本因素划分为产品因素、平台因素、人员因素和项目因素 4 类。软件成本因素及对应的工作量系数如表 11.3 所示。

表 11.3　软件成本因素及对应的工作量系数

类型	成本因素	级别					
		甚低	低	正常	高	甚高	特高
产品因素	1. 要求的可靠性	0.75	0.88	1.00	1.15	1.39	
	2. 数据库规模		0.93	1.00	1.09	1.19	
	3. 产品复杂程度	0.75	0.88	1.00	1.15	1.30	1.66
	4. 要求的可重用性		0.91	1.00	1.14	1.29	1.49
	5. 需要的文档量	0.89	0.95	1.00	1.06	1.13	
平台因素	6. 执行时间约束			1.00	1.11	1.31	1.67
	7. 主存约束			1.00	1.06	1.21	1.57
	8. 平台变动		0.87	1.00	1.15	1.30	
人员因素	9. 分析员能力	1.50	1.22	1.00	0.83	0.67	
	10. 程序员能力	1.37	1.16	1.00	0.87	0.74	
	11. 应用领域经验	1.22	1.10	1.00	0.89	0.81	
	12. 平台经验	1.24	1.10	1.00	0.92	0.84	
	13. 语言和工具经验	1.25	1.12	1.00	0.88	0.81	
	14. 人员连续性	1.24	1.10	1.00	0.92	0.84	
项目因素	15. 使用软件工具	1.24	1.12	1.00	0.86	0.72	
	16. 多地点开发	1.25	1.10	1.00	0.92	0.84	0.87
	17. 开发进度限制	1.29	1.10	1.00	1.00	1.00	

为了计算模型指数 b，COCOMO2 模型使用了 5 个分级因素 W_i（$1 \leqslant i \leqslant 5$），5 个分级因素分别是项目先例性、开发灵活性、风险排除度、项目组凝聚力和过程成熟度。

每个成本因素划分为 6 个级别，每个级别的分级因素取值：甚低 $W_i=5$，低 $W_i=4$，正常 $W_i=3$，高 $W_i=2$，甚高 $W_i=1$，特高 $W_i=0$。然后用式（11.2）计算 b 的值。

$$b = 1.01 + 0.01 \times \sum_{i=1}^{5} W_i \tag{11.2}$$

可得 b 的取值范围为 1.01 ~ 1.26。

估算工作量的方程中，模型系数 α 的典型值为 3.0，应根据经验数据确定本组织所开发的项目类型的数值。

11.2.4　程序环行复杂度的度量

目前许多定量度量软件程序复杂度的方法还处在研究之中，本节介绍比较成熟的、使用比较广泛的 McCabe 方法。

McCabe 方法根据程序控制流的复杂度定量度量程序复杂度，首先画出程序图，然后计算程序的环行复杂度。由于程序的环行复杂度决定了程序的独立路径个数，因此在进行路径测试前，可以先计算程序的环行复杂度。在估算软件规模时，也可先计算程序的环行复杂度，以此作为判断软件复杂度的参考依据之一。

1. 画出程序图

McCabe 方法首先画出程序图（也称流图），这是一种简化的流程图，把流程图中的每个框都画成一个圆圈，流程图中连接不同框的箭头变成程序图中的弧即得到程序图。例如前文【例 6.1】所对应的程序图如图 6.2 所示。

程序图仅描述程序内部的控制流程，完全不表现对数据的具体操作及分支或循环的具体条件。

2. 计算程序的环行复杂度

用 McCabe 方法度量得出的结果称为程序的环行复杂度，程序的环行复杂度的计算方法有以下 3 种。

（1）程序的环行复杂度计算公式如式（11.3）所示。

$$V(G) = m - n + 2 \tag{11.3}$$

其中，m 是程序图 G 中的弧数，n 是程序图 G 中的结点数，$V(G)$ 是程序的环行复杂度。

（2）如果 P 是程序图中判定结点的个数，则程序的环形复杂度计算公式如式（11.4）所示。

$$V(G) = P + 1 \tag{11.4}$$

源代码中，IF 语句及 WHILE、FOR 或 REPEAT 循环语句的判定结点数为 1；CASE 型等多分支语句的判定结点数等于可能的分支数减去 1。

（3）程序的环行复杂度等于强连通的程序图中线性无关的有向环的个数。

【例 11.1】 计算图 6.1 所示程序的环行复杂度

可以用如下 3 种方法进行计算。

① 按式（11.3）计算，如式（11.5）所示。

$$V(G) = m - n + 2 = 7 - 6 + 2 = 3 \tag{11.5}$$

② 按式（11.4）计算，在图 6.2 中，判定结点的个数是 2，因而环行复杂度计算如式（11.6）所示。

$$V(G) = P + 1 = 2 + 1 = 3 \tag{11.6}$$

③【例 6.1】所对应的程序图如图 6.2 所示，由于该程序图中的结束点和开始点没有连接，说明该程序图不是强连通的，需要增加一条线，将结束点和开始点连接后，整个程序图就是强连通的，因而线性无关的有向环的个数是 3，所以环形复杂度亦为 3。

所以，按以上几种方法计算的程序环行复杂度结果是相同的。

$V(G)$ 越大，标志该程序越复杂。McCabe 研究了大量程序后发现，$V(G)$ 越大，程序越容易出错，测试越难，维护也越难。实践证明，模块规模以 $V(G) \leqslant 10$ 为宜。

11.3　软件工程人员组织

对于一个软件工程来说，与之相关的人员主要有软件开发人员、组织机构和软件的用户。如何合理地组织软件开发人员，如何能在开发过程中得到用户的密切配合与支持，是关系到软件工程成败的重要问题。

1. 软件开发人员

软件开发人员一般分为项目负责人、系统分析员、高级程序员、程序员、初级程序员、资料员和其他辅助人员。这里系统分析员和高级程序员是高级技术人员，后面几种是一般技术人员。根据项目规模，有的人可能身兼数职，但职责必须明确。

软件开发人员要少而精，对担任不同职责的人，要求所具备的能力不同。

（1）项目负责人需要对项目的需求和团队人员有全面的了解，具有组织能力、判断能力和对重大问题做出决策的能力和权限。

（2）系统分析员需要有概括能力、分析能力和社交活动能力。

（3）程序员需要有熟练的编程能力等。项目比较大时，可以安排高级程序员指导程序员和初级程序员，开发人员相互配合共同完成任务。

（4）资料员和其他辅助人员负责及时登记软件工程每个阶段的文档等资料。

参与软件工程各阶段工作的人员，既有分工又互相联系。因此，要求各类人员既能胜任工作，又能很好地相互配合。没有一个和谐的工作环境，很难完成复杂的软件项目。项目的总体结构设计和人员分配，由项目负责人与系统分析员一起决定。

图 11.1 展示了各类人员在软件工程各阶段的参与程度。

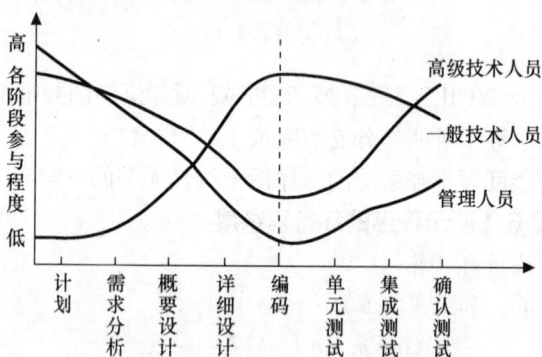

图 11.1　各类人员在软件工程各阶段的参与程度

2. 组织机构

软件开发团队不能只是一个简单的集合，要求具有良好的组织机构，要具有合理的人员分工和有效的通信，共同高效率地完成任务。软件开发的组织机构没有统一的模式，通常可采用以下 3 种组织机构的模式。

（1）按项目划分的模式。

（2）按职能划分的模式。

（3）矩阵型模式。

矩阵型模式将前两种模式结合起来，一方面按工作性质成立一些专门职能组，如开发组、业务组、测试组等；另一方面，每个项目组有负责人，每个人属于某个项目组，参加该项目的工作。

通常程序设计工作是按小组进行的，程序设计小组的组织形式可以有主程序员组、民主制程序员组及层次式组织 3 种。

（1）主程序员组。

如果程序设计小组的大多数软件开发人员是比较缺乏经验的人员，而程序设计过程中又有许多事务性工作（如大量信息的存储和更新），则可采取主程序员组的组织形式，也就是说，以经验多、能力强、技术好的程序员作为主程序员，其他人多做些事务性工作，为主程序员提供充分的支持，所有联络工作都通过一两个人来进行。

主程序员组的核心人员有主程序员、辅助程序员和程序管理员 3 个人。

① 主程序员：应由经验丰富、能力较强的高级程序员担任，全面负责系统的设计、编码、测试和安装工作。主程序员组的组织形式突出了主程序员的领导，责任集中在少数人身上，有利于提高软件质量。

② 辅助程序员：应由技术熟练、富有经验者担任，协助主程序员工作，设计测试方案，分析测试结果，以验证主程序员的工作。

③ 程序管理员：负责保管和维护所有软件文档资料，帮助收集软件的数据，并在研究、分析和评价文档资料的准备方面进行协助工作，如提交程序、保存运行记录、管理软件配置等。

另外，需配备一些临时或长期的工作人员，如项目管理员、工具员、文档编辑、语言和系统专家、测试员及后援程序员等。

使用主程序员组的组织形式，可提高生产率，减少总的工作量。

（2）民主制程序员组。

民主制程序员组的程序设计人员完全平等，享有充分的民主权利，通过协商做出技术决策，发现错误时，每个人都积极主动地想方设法攻克难关。很显然，这种组织形式对调动个人的积极性和创造性是很值得称道的。但是，这种组织形式也有缺点，如果小组有 n 个人，通信的信道有 $n(n-1)/2$ 条，如果小组人数较多，通信量会非常大；而且如果组织内有缺乏经验的新手或技术水平不高的成员时，可能难以完成任务。

（3）层次式组织。

层次式组织中，组长负责全组工作，直接领导 2 ～ 3 名高级程序员，每位高级程序员管理若干程序员。层次式组织比较适合完成具有层次结构的课题。

一般来讲，程序设计小组的成员以 2 ～ 8 名为宜。如果项目规模较大，一个小组不能在预定时间内完成任务，则可建立多个程序设计小组，每个小组在一定程度上独立自主地完成工程中的部分任务。这时，系统的概要设计工作特别重要，应保证各部分之间的接口定义良好，并且越简单越好。

层次式组织把主程序员组和民主制程序员组的优点结合起来，根据软件项目的规模，安排适当的程序设计小组的成员和人数，合理地、层次式地进行管理，有利于提高软件工程的质量和效率。

软件工程团队人员应遵循如下职业道德。

（1）诚实可信、恪尽职守、敬重法律、遵守道德。

（2）服从项目领导，严守国家机密，重视合同和协议。

（3）遵从知识产权的各项规则，不剽窃他人的研究成果。

（4）每位团队成员都为团队的共同目标、具体目标积极承担各自的责任，提高职业技能，努力创造高质量、高效益。

（5）遇到问题，擅于沟通、协调，共同完成所担负的工作。

3. 用户

软件是为用户开发的，在开发过程中必须自始至终得到用户的密切合作和支持。开发人员要特别注意与用户多沟通，了解用户的心理和动态，排除来自用户的各种干扰和阻力。其干扰和阻力主要有以下几种。

（1）不积极配合。

部分用户在行动上表现为消极、漠不关心或不配合。在需求分析阶段，做好这部分用户的工作是很重要的，通过他们中的业务骨干，可以真正了解到用户的需求。

（2）求快求全。

部分用户急切希望马上就能用上软件系统，应当让他们认识到开发一个软件项目不是一朝一夕就能完成的，软件工程不是靠人多就能加快速度的；同时要让他们认识到开发软件系统不能贪大求全。

（3）要求的不断变化。

在软件开发过程中，用户可能会不断提出新的要求或修改以前提出的要求。从软件工程的角度，并不希望有这种变化。但实际上，不允许用户变更所提出的要求是不可能的。因为每个人对事物的认识都有一个过程，不可能一下提出全面、正确的要求。对来自用户的这种变化要正确对待，要向用户解释软件工程的规律，并在可能的条件下，部分或有条件地满足用户的合理要求。

11.4　软件配置管理

在计算机软件开发过程中，软件变更是不可避免的。如果不能适当地控制和管理变更，势必造成混乱，并可能产生许多严重的错误。

软件配置（Software Configuration）是软件产品在开发和运行过程中产生的全部信息，这些信息随着软件开发运行工作的进展而不断变更。

软件过程产生的全部信息可分为3类，一是供技术人员或用户使用的软件工程文档，二是计算机程序源代码、可执行程序及存储在计算机内的数据库等，三是数据（程序内包含的数据或程序外的数据）。

软件工程文档包括软件定义阶段和开发阶段为软件开发人员内部使用而写的文档（如需求分析、软件工程进度计划、系统设计、数据结构、测试结果等）、开发阶段给用户写的技术资料或用户手册，还有供维护阶段使用的内部参考材料（如测试结果等）。

软件配置管理（Software Configuration Management, SCM）是在软件的整个生命周期内管理变更的一组活动。软件配置管理与软件维护不同，软件维护是在软件交付给用户使用以后，根据用户的需要修改软件；软件配置管理是在软件项目定义时就开始，一直到软件"退役"后才停止的控制活动。软件配置管理的目的是使软件变更所产生的错误达到最少，从而有效地提高软件生产率。

软件配置管理有 4 项任务，一是标识软件配置变更；二是控制软件配置的变更，即"控制变更"；三是软件配置变更的审计；四是软件配置状态报告。

1. 标识软件配置变更

软件配置是软件在某一具体时刻的瞬时写照。软件配置项（Software Configuration Item，SCI）是软件工程生命周期中不断产生的信息项，是软件配置管理的基本单位。随着软件工程的进展，软件配置在不断地变更，因而配置管理首先要标识这种变更。

标识软件配置变更的主要目标包括以可理解、可预见的方式确定一个有条理的文档结构，提供调节、修改的方法并协助追溯各种软件配置变更，对各种软件配置变更提供控制设施。

在软件工程中对软件配置管理有一个基本概念——基线，基线是通过了正式复审的软件配置。

IEEE 对基线的定义是已经通过了正式复审的规格说明或中间产品，它可以作为进一步开发的基础，并且只有通过正式的变更控制才能改变它。也就是说，在软件配置项变为基线之前，可以随时修改它；一旦建立了基线，必须应用特定的、正式的过程来评估、实现和验证每个变更（不能随意地修改基线）。

为便于在软件配置项各层次中进行追溯，应确定好全部文档的格式、内容及控制机构。要用同一种编号体制提供软件配置项的信息，以便对所有产品、文档和介质指定合适的标识号。注意：标识方式要有利于控制变更，要便于增删和修改。

如下软件配置项是软件配置管理的对象，并可形成基线。

（1）系统规格说明书。

（2）软件项目实施计划。

（3）软件需求规格说明书。

（4）设计规格说明书（包括数据设计、体系结构设计、模块设计）。

（5）源代码清单。

（6）测试计划和过程、测试用例和测试结果记录。

（7）操作和安装手册。

（8）可执行程序（包括可执行程序模块、连接模块）。

（9）数据库描述（包括模式和文件结构、初始内容）。

（10）用户手册。

（11）维护文档（包括软件问题报告、维护请求和工程变更次序）。

（12）软件工程标准。

（13）项目开发小结。

2. 控制软件配置的变更

在软件的生命周期中对软件配置项进行变更的评价及核准的机制称为配置变更控制。

实施文档变更控制的方法大致有以下 3 种。

（1）给全部软件配置建立一个专门的软件库。

（2）把全部软件文档以及每个配置的其他成分都看作已建成的文档库的组成部分。

（3）由可靠的计算机终端访问文档检索设备及文字处理设备支持的联机软件库。

上述 3 种方法均可很好地实施文档变更控制。无论采用何种方法进行文档变更控制，都应建立一个参考系统，每个文档都应有单独编号，包括单独的项目标识号、配置单元项标识号、修改级号、属性编号等。

一般来说，变更控制可以建立单项控制、管理控制及正式控制 3 种不同的类型。其中以正式控制最正规，管理控制次之。

实行配置管理意味着对配置的每一种变动都要有复查及批准手续。变更控制越正规，复查及批准手续就越麻烦。

变更控制包括建立控制点和建立报告与审查制度。对于一个大型软件来说，不加控制的变更很快就会引起混乱。因此变更控制是一项重要的软件配置管理任务。

变更控制的过程有存取控制和同步控制两个重要的要素。

存取控制（访问控制）管理各个用户存取和修改特定软件配置对象的权限。同步控制可用来确保由不同用户所执行的并发变更不会互相覆盖。

3. 软件配置变更的审计

软件配置变更审计工作的主要目的是保证基线在技术、管理上的完整性和正确性，保证对软件配置项所做的变更是符合需求和规定的。审计工作是软件配置变更控制人员批准软件配置项的先决条件。

软件配置变更的审计要采取正式的技术复审和软件配置复审两方面措施。

（1）正式的技术复审关注被修改后的配置对象的技术正确性。

（2）软件配置复审对技术复审进行补充，例如检查软件配置项的变更标识是否完整、正确、明显等。

在软件的生命周期内，必须不断地进行软件配置变更的审计工作，不要等到最后才进行。

4. 软件配置状态报告

软件配置状态报告主要回答"发生了什么情况""谁做的这件事""这一情况是什么时候发生的""它将影响哪些其他事物"等问题。软件配置状态报告从每个软件配置管理中获取信息并建立数据库而得。通过对软件配置变更的记录及报告的复查，便能确定何时做过何种变动、何种元素已被添加到已批准的基线以及在特定的时刻软件配置处于何种状态等。

例如，随着软件工程生命周期的推进，软件系统的版本不断更新，可对不断变更的版本进行编号，在某种版本的基础上做较小的改动时，就在这种版本号的后面加点号和序号；改动较大时，版本序号变大。如版本 1.0、版本 1.1、版本 1.1.1、版本 1.1.2；版本 1.2、版本 1.3、版本 1.4；版本 2.0、版本 2.1 等。每种版本是在哪种版本的基础上做了何种变动等都要详细记录。

综上所述，软件配置管理是对软件工程的定义、开发、维护阶段的一种重要补充。软件的生命周期中，某一阶段的任何变更都会引起软件配置的变更，对这种变更必须严格加以控制和管理，必须把精确、清晰的信息传递到软件过程的下一步骤。

11.5　软件质量保证

为保证软件充分满足用户要求而进行的有计划、有组织的活动称为软件质量保证（Software Quality Assurance，SQA），其目的是生产高质量的软件。

计算机软件质量是软件的一些内部特性的组合，质量不是在软件产品中被测试出来的，而是在软件开发和生产过程中形成的。

按国家标准《信息技术　软件工程术语》（GB/T 11457—2006）规定，软件质量（Software

Quality）的定义如下。

（1）软件产品中能满足给定需要的性质和特性的总体。

（2）软件具有所期望的各种属性的组合程度。

（3）顾客和用户觉得软件满足其综合期望的程度。

（4）确定软件在使用中将满足顾客预期要求的程度。

11.5.1　软件质量的特性

软件质量是指软件满足明确规定或隐含定义的需求的程度。软件质量的要点如下。

（1）软件功能必须满足用户规定的需求。

（2）软件应遵守规定标准所定义的一系列开发准则。

（3）软件应满足某些隐含的需求，例如可理解性、可维护性等。

评价软件质量的关键是要确定出评定质量的指标和评定优劣的标准。软件工程质量保证体系应遵循国家相关的法律、法规及标准，如我国国家标准《系统与软件工程　系统与软件质量要求和评价（SQuaRE）　第 51 部分：就绪可用软件产品（RUSP）的质量要求和测试细则》（GB/T 25000.51—2016）、国际标准 ISO 9000 等。

国际标准化组织和国际电工委员会（International Electrotechnical Commission，IEC）是世界性的标准化专门机构。国家标准《系统与软件工程　系统与软件质量要求和评价（SQuaRE）第 10 部分：系统与软件质量模型》（GB/T 25000.10—2016）规定软件质量模型由质量特性、质量子特性等组成。

1. 质量特性

软件质量特性由下述 6 个方面来衡量。

（1）功能性。

软件的功能达到它的设计规范和能满足用户需求的程度，例如软件产品的准确性（包括计算的精度）、两个或两个以上系统可相互操作的能力和安全性等。

（2）可靠性。

在规定的时间和规定的条件下，软件能够实现所要求的功能的能力以及不引起系统失效的概率。

（3）易使用性。

用户学习、操作、准备输入和理解输出的难易程度。

（4）效率。

软件实现某种功能所需计算机资源的多少及执行其功能时使用资源的持续时间的多少。

（5）可维护性。

进行必要修改的难易程度。

（6）可移植性。

软件从一个计算机环境转移到另一个计算机环境的运行能力。

2. 质量子特性

上述各个软件质量特性分别包含的质量子特性如下。

（1）功能性：适合性、准确性、互用性、安全性。

（2）可靠性：成熟性、容错性、易恢复性。

（3）易使用性：易理解性、易学性、易操作性。

（4）效率：资源效率、时间效率。

（5）可维护性：易分析性、易改变性、稳定性、易测试性。

（6）可移植性：适应性、易安装性、一致性、易替换性。

11.5.2　软件质量保证措施

软件质量保证是一个复杂的系统，它采用一定的技术、方法和工具，以确保软件产品达到或超过在该产品的开发过程中所规定的标准。若软件没有规定具体的标准，应保证产品满足或超过工业或经济上能接受的水平。

软件质量保证是软件工程管理的重要内容，软件质量保证包括以下措施。

（1）应用好的技术、方法和工具。

软件质量保证活动要自始至终贯穿于软件开发过程，软件开发人员应该依靠适当的技术、方法和工具，形成高质量的规格说明和高质量的设计，还要选择合适的软件开发环境来进行软件开发。

（2）软件测试。

软件测试是软件质量保证的重要手段，通过测试可以发现软件中潜在的大多数错误。应当采用多种测试策略，设计高效地检测错误的测试用例进行软件测试。但是软件测试并不能保证发现所有错误。

（3）进行正式的技术评审。

在软件开发的每个阶段结束时，都要组织正式的技术评审，由技术人员按照规格说明和设计对软件产品进行严格的评审、审查。多数情况下，审查能有效地发现软件中的缺陷和错误。国家标准要求开发人员必须采用审查、文档评审、设计评审、审计和测试等具体手段来控制质量。

（4）软件质量标准的实施。

软件开发人员和用户可以根据需要，参照国家标准、国际标准或行业标准，制定软件工程实施的规范。一旦形成软件质量标准，就必须确保遵循它们。在进行技术审查时，应评估软件是否与所制定的标准一致。

（5）控制软件配置变更。

在软件开发或维护阶段，对软件的每次变更都有可能引入错误。例如修改代码可能引入潜在的错误、修改数据结构可能使软件设计与数据不相符、修改软件时文档没有准确及时地反映出来等都是维护的副作用，因而必须严格控制软件的修改和变更。

控制软件配置变更是通过对软件配置变更的正式申请、评价变更的特征和控制变更的影响等直接提高软件质量的。

（6）程序正确性证明。

程序正确性证明的准则是，证明程序能完成预定的功能。

（7）记录、保存和报告软件过程信息。

在软件开发过程中，要跟踪程序变动对软件质量的影响程度。记录、保存和报告软件过程的全部信息，是为软件质量保证收集信息和传播信息。评审、检查、控制变更、测试和其他软件质量保证活动的结果必须记录并报告给开发人员，并保存为项目历史记录的一部分。

只有在软件开发的全过程中始终重视软件质量问题，采取正确的质量保证措施，才能开发出满足用户需求的高质量的软件。

11.6　软件开发风险管理

软件开发总会存在一些风险，应对风险应该采取主动的策略。也就是说，早在技术工作开始之前就应该启动风险管理活动，标识出潜在的风险，评估它们出现的概率和影响，并且按重要性对风险进行排序，然后制定相应的计划来管理风险。

风险管理的主要目标是预防风险，但是并非所有风险都能预防，因此软件项目组还必须制定处理意外事件的计划，以便一旦出现风险，能够以可控的和有效的方式做出反应。

软件开发风险有两个显著特点——产生风险的不确定性和风险产生的损失。

● 产生风险的不确定性：风险可能发生也可能不发生，也就是说，没有100%发生的风险（100%发生的风险是施加在软件项目上的约束，已经加以考虑）。

● 风险产生的损失：风险一旦变成现实，就会造成不良后果或损失。

11.6.1　软件开发风险的分类

在分析软件开发的风险时，重要的是要量化产生风险的不确定性以及与每个风险相关的损失程度。软件开发时，各种不同类型的风险，其不确定性是不一样的，可能产生的损失程度也不相同。为此，必须考虑风险的类型。

1. 按照风险的影响范围分类

（1）项目风险。

项目风险是指预算、进度、人力、资源、用户及需求等方面的潜在问题和它们对软件项目的影响。这类风险威胁项目计划，也就是说，如果发生这类风险，可能会拖延项目进度并且增加项目成本。项目的复杂程度、规模以及结构不确定性也是造成项目风险的因素。

（2）技术风险。

技术风险是指设计、实现、接口、验证和维护等方面的潜在问题。此外，规格说明的歧义性、技术的不确定性、技术陈旧和前沿技术也是技术风险因素。一般来说，存在技术风险是因为问题比设想的更难解决。这类风险威胁软件产品的质量和交付时间。如果发生技术风险，开发工作可能变得很困难或者根本不可能继续开发。

（3）商业风险。

主要的商业风险有如下5类。

● 市场风险：开发了一个没有人真正需要的优良产品或系统。

● 策略风险：开发的产品不符合公司的整体商业策略。

● 销售风险：开发了一个销售部门不知道如何去卖的产品。

● 管理风险：由于重点转移或人员变动而失去了高级管理层的支持。

● 预算风险：没有获得预算或人力上的保证。

这类风险威胁软件产品的生存力，也往往危及项目或产品。

2. 按照风险的可预测性分类

（1）已知风险。

这类风险是通过仔细评估项目计划、开发项目的商业和技术环境及其他可靠的信息来源（例如不现实的交付时间、没有需求文档和描述软件范围的文档、恶劣的开发环境），可以发现的那些风险。

（2）可预测的风险。

这类风险可以从过去项目的经验中推测出来，例如人员变动、与用户之间缺少沟通、由于正在进行维护而使开发人员精力分散等。

（3）不可预测的风险。

这类风险可能真的会出现，但是很难事先加以识别。

值得注意的是，以上所述只是对风险的简单分类，某些风险根本无法事先预测，也许会超出我们的知识和经验范围，只有在实践中不断摸索，逐渐认清事物。

11.6.2　软件开发风险的识别

通过识别已知的和可预测的风险，项目管理者首先要做的就是在可能时避免这些风险，在必要时控制这些风险。

风险又可分成一般性风险和特定产品的风险两种类型。一般性风险对每个软件项目都是潜在的威胁。特定产品的风险只有那些对当前项目的技术、人员、环境非常了解的人才能识别出来。为了识别出特定产品的风险，必须检查项目计划和软件范围说明，搞明白"本项目有什么特殊的性质可能会威胁我们的项目计划"。

采用建立风险条目检查表（简称风险表）的方法，可以帮助人们有效地识别风险，该表主要用来识别下列已知的和可预测的风险。

（1）产品规模：与要开发或要修改的软件总体规模相关的风险。

（2）商业影响：与管理或市场所施加的约束相关的风险。

（3）用户特性：与用户素质以及开发人员和用户定期沟通的能力相关的风险。

（4）过程定义：与软件过程定义的程度以及软件开发组织遵守软件过程的程度相关的风险。

（5）开发环境：与用来开发产品的工具的可用性以及质量相关的风险。

（6）开发技术：与待开发系统的复杂性及系统所包含的技术的"新奇性"相关的风险。

（7）人员能力与经验：与软件工程师的总体技术水平及项目经验相关的风险。

风险条目检查表可以采用不同的方式来组织，例如可以列出与上述每个风险类型相关的问题，针对一个具体的软件项目来回答。有了问题的答案，项目管理者就可以估计风险产生的影响。还有一种方法是仅仅列出与每一种风险类型相关的特性，最终给出风险因素和它们发生的概率。总之，项目管理者要通过查看风险条目检查表来初步判断一个软件项目是否处于风险之中。

11.6.3　软件开发风险的预测

风险预测也称为风险估计，设计人员可以从两个方面来评估每个风险，一是风险发生的可能性或概率，二是当风险变成现实时所造成的后果。

项目计划人员、其他管理人员以及技术人员都要进行4步风险预测活动：第1步，建立一个尺度，以反映风险发生的可能性；第2步，描述风险产生的后果；第3步，估计风险对项目及产品的影响；第4步，标明风险预测的整体精确度，以免产生误解。

按此步骤进行风险预测，目的是可以按照优先级来考虑风险。任何软件团队都不可能以同样的严格程度来为每个可能的风险分配资源，通过将风险按优先级排序，软件团队可以把资源更多地分配给那些具有最大影响的风险。

1. 建立风险表

建立风险表是一种简单的风险预测技术。图 11.2 所示是排序前的风险表示例。

影响等级：　1—灾难性的　　　风险类型：PS—产品规模

　　　　　　2—严重的　　　　　　　　　BU—商业影响

　　　　　　3—轻微的　　　　　　　　　CU—用户特性

　　　　　　4—可忽略的　　　　　　　　TE—开发技术

　　　　　　　　　　　　　　　　　　　DE—开发环境

　　　　　　　　　　　　　　　　　　　ST—人员能力与经验

图 11.2　排序前的风险表示例

一旦填好了风险表的风险列、风险类型列、概率列和影响等级列，就应该根据概率和影响等级来排序。高概率、影响大的风险放在表的上方，低概率、影响小的风险放在表的下方，这样就完成了第一次风险排序。

项目管理者研究排好序的风险表，并确定一条中止线。该中止线是经过表中某一点的水平直线，它的含义是，只有位于线的上方的那些风险才会得到进一步的关注。对处于线的下方的风险要再次评估，以完成第二次风险排序。

从管理的角度看，风险影响和风险概率的作用是不同的。对一个影响大但发生概率很低的风险因素，不应该花费太多管理时间；而影响大且发生概率为中到高的风险，以及影响小且发生概率高的风险，应该首先列入随后的风险分析步骤中。

2. 评估风险后果

如果风险真的发生了，建议从性能、成本、支持和进度等 4 个方面评估风险的后果。上述 4 个方面也称为 4 个风险因素，定义如下。

（1）性能风险——产品能满足需求且符合其使用目的的不确定程度。

（2）成本风险——能够维持项目预算的不确定程度。

（3）支持风险——软件易于改错、适应和增强的不确定程度。

（4）进度风险——能够实现项目进度计划且产品能按时交付的不确定程度。

根据风险发生时上述 4 个风险因素受影响的严重程度，可以把风险后果划分成可忽略的、轻微的、严重的和灾难性的 4 个等级。在实际项目中可以参考风险表中描述的特点与实际后果相吻合的程度，把风险后果划分为 4 个等级中的某一个。

以上所述风险预测与分析方法可以在软件项目过程中反复运用。项目团队应该定期复查风险表，重新评估每个风险，以确定新情况下是否引起风险发生的概率和影响产生变化。作为这项活动的结果，可能在风险表中添加了一些新风险，而删除了一些不再有影响的风险，或者改变了风险表中某些风险的相对位置。

11.6.4　处理软件开发风险的策略

对于绝大多数软件项目来说，性能、成本、支持和进度 4 个风险因素都有一个临界值，超过临界值就会导致项目被迫终止。也就是说，如果性能下降、成本超支、支持困难或进度延迟（或这 4 个风险因素的部分组合）超过了预先定义的限度，则将因风险过大而使项目被迫终止。

如果风险还没有严重到迫使项目终止的程度，则项目组应该制定一个处理风险的策略。

一个处理风险的有效策略应该包括风险缓解（或避免）、风险监控、风险管理和制订意外事件处理计划3方面内容。

1. 风险缓解

如果软件项目组采用主动的策略来处理风险，则避免风险总是最好的策略，为此可以建立风险缓解计划。

例如，假设人员频繁流动被标识为一个项目风险，基于历史和管理经验，估计人员频繁流动的概率是0.7，也就是70%，相当高，预测该风险发生时将对项目成本和进度有严重影响。为了缓解这个风险，项目管理者必须制定一个策略来减少人员流动，可能采取的措施如下。

（1）与现有人员一起探讨人员变动的原因，例如工作条件恶劣、报酬低、劳动力市场竞争激烈等。

（2）在项目开始之前采取行动，减少不能控制的风险。

（3）项目启动之后，假设会发生人员变动，当人员离开时，使用开发技术来保证工作的连续性。

（4）组织项目团队，使每一个开发活动的信息能被广泛传播和交流。

（5）制定编写文档的标准，并建立相应机制以确保及时创建文档。

（6）所有开发工作都经过其他人员的复审，从而让不止一个人熟悉该项工作。

（7）为每个关键的技术人员都指定一个后备人员。

2. 风险监控

随着项目的进展，风险监控活动也就开始了。项目管理者监控某些能反映风险概率正在变高还是变低的因素。以上述人员频繁流动的风险为例，可以监控下述因素。

（1）团队成员对于项目压力的态度。

（2）团队的凝聚力。

（3）团队成员彼此之间的关系。

（4）与工资和奖金相关的潜在问题。

（5）在公司内和公司外工作的可能性。

除了监控上述因素之外，项目管理者还应该监测风险缓解措施的作用。例如"制定编写文档的标准，并建立相应机制以确保及时创建文档"，如果关键技术人员离开该项目，这就是一个保证工作连续性的机制。项目管理者应该仔细监测这些文档，以保证每份文档确实都按时编写完成，而且当新员工加入该项目时，能够从文档中得到必要的信息。

3. 风险管理和制订意外事件处理计划

假定项目正在进行之中，突然有人宣布要离开，如果已经执行了风险缓解措施，则有后备人员可用，必要的信息也已经写成了文档，有关知识已经在团队中进行了广泛交流。此外，对那些人员充足的岗位，项目管理者还可以暂时调整资源配置，或者重新调整进度，使新加入的人员能够"赶上进度"。同时，要求那些将要离开的人停止所有工作，在离开前的几星期进入"知识交接模式"，比如基于视频的知识获取、建立"注释文档"、与仍留在项目组的成员进行交流等。

值得注意的是，风险缓解、监控和管理将增加额外的项目成本，例如备份项目的每个关键部件是要花费成本的。因此风险管理的另一个任务，就是评估在什么情况下，风险缓解、监控和管理措施所产生的效益高于实施这些措施所花费的成本。通常，项目计划者要做一次

常规的成本 / 效益分析。一般来说，如果采取某项风险缓解措施所增加的成本大于其产生的效益，则项目管理者很可能决定不采取这项措施。

大型项目可能产生若干风险，如果为每一个风险都制定风险缓解措施，那么风险管理本身就变成一个"大项目"，因此，要将 Pareto 的 80/20 法则应用于软件风险管理上。经验表明，整个项目风险的 80%（可能导致项目失败的 80% 的潜在因素）能够由 20% 已经识别的风险来说明。早期风险分析步骤中所做的工作有助于确定哪些风险在这 20% 中，从而可以让设计人员将精力集中在最高级别的风险上，并为其采取相应的缓解措施。

11.7　软件工程标准与软件工程文档

软件工程标准化就是指对软件生命周期内的所有开发、维护和管理工作都逐步建立起标准。软件工程标准可分为国际标准、国家标准、行业标准、企业规范及项目（课题）规范 5 个等级。

软件工程文档提供软件开发、运行、维护的有关资料，用于提高软件开发的效率，作为软件开发阶段的结束标志等。本节归纳总结软件生命周期内各阶段应该编写的文档，供读者参考。

11.7.1　软件工程标准

1. 软件工程标准化的定义

在社会生活中，为了便于信息交流，有语言标准（如普通话）、文字标准（如汉字书写规范）等。同样，在软件工程项目中，为了便于项目内部不同人员之间交流信息，也要制定相应的标准来规范软件开发过程和产品。

随着软件工程学的发展，软件开发工作的范围从只使用程序设计语言编写程序，扩展到整个软件生命周期，包括软件需求分析、设计、实现、测试、安装和检验、运行和维护，直到软件被淘汰。软件工程还有许多管理工作，如过程管理、产品管理和资源管理，确认与验证工作，软件开发风险管理等。所有这些工作都应当逐步建立其标准或规范。由于计算机技术发展迅速，在未形成标准之前，计算机行业中先使用一些约定，然后逐渐形成标准。

软件工程标准化给软件开发工作带来的好处如下。
- 提高软件的可靠性、可维护性和可移植性，进而提高软件产品的质量。
- 提高软件生产率。
- 提高软件工作人员的技术水平。
- 提高软件开发人员之间的通信效率，减少差错。
- 有利于软件工程的管理。
- 有利于降低软件成本并缩短软件开发周期。

2. 软件工程标准的分类

软件工程标准的类型是多方面的，它包括过程标准（如方法、技术及度量等）、产品标准（如需求、设计、部件、描述及计划报告等）、专业标准（如职别、道德准则、认证、特许及课程等）以及记法标准（如术语、表示法及语言等）。

软件工程标准主要有以下 3 类。

（1）FIPS 135，即美国国家标准局发布的《软件文档管理指南》（National Bureau of Standards，Guideline for Software Documentation Management，FIPS PUB 135，June 1984）。

（2）NSAC-39，即美国核子安全分析中心发布的《安全参数显示系统的验证与确认》（Nuclear Safety Analysis Center，Verification and Validation for Safety Parameter Display Systems，NSAC-39，December 1981）。

（3）ISO 5807:1985，即国际标准化组织公布的《信息处理—数据流程图、程序流程图、系统流程图程序网络图和系统资源图的文件编制符号及约定》，现已演化为中华人民共和国国家标准 GB/T 1526—1989。

GB/T 1526—1989 规定了图表的使用，而且对软件工程标准的制定具有指导作用，可启发人们去制定新的标准。本书 5.1.1 小节已对该标准做介绍，此处不赘述。

3. 软件工程标准的层次

根据软件工程标准的制定机构与适用范围，软件工程标准可分为国际标准、国家标准、行业标准、企业规范及项目（课题）规范 5 个等级。

（1）国际标准。

由国际标准化组织制定和公布，供世界各国参考的标准。该组织所公布的标准有很大权威性。如 ISO 9000 是质量管理和质量保证标准。

（2）国家标准。

由政府或国家级的机构制定或批准，适用于全国范围的标准，主要有以下几种。

① GB：中华人民共和国国家质量技术监督局是中国的最高标准化机构，它所公布实施的标准简称为国标。如《信息技术 软件生存周期过程》（GB/T 8566—2007）、《计算机软件测试规范》（GB/T 15532—2008）等。

② ANSI（American National Standards Institute）：美国国家标准协会。这是美国一些民间标准化组织的领导机构，具有一定的权威性。

③ BSI（British Standards Institution）：英国国家标准。

④ DIN（Deutsches Institut für Normung）：德国标准协会（德国标准化组织）。

⑤ JIS（Japanese Industrial Standards）：日本工业标准。

（3）行业标准。

由行业机构、学术团体或国防机构制定的适合某个行业的标准，主要有如下几种。

① IEEE：美国电气与电子工程师学会。

② GJB：中华人民共和国国家军用标准。

③ DOD-STD（Department of Defense-Standards）：美国国防部标准。

④ MIL-S（Military-Standards）：美国军用标准。

（4）企业规范。

大型企业或公司所制定的适用于本单位的规范。

（5）项目（课题）规范。

某一项目组织为该项目制定的专用的软件工程规范。

11.7.2 软件工程文档的编写

软件工程文档的作用是提高软件开发过程的能见度，提高开发效率，作为开发人员阶段工作成果和结束标志，记录开发过程的有关信息，便于使用与维护；提供软件运行、维护和指导用户操作的有关资料，便于用户了解软件功能、性能等。

软件生命周期内各阶段应书写的文档如表 11.4 所示。

表 11.4 软件生命周期内各阶段应书写的文档

序号	文档	阶段					
		可行性研究	需求分析	设计阶段	系统实现	测试阶段	运行与维护
1	可行性分析研究（报告）	√					
2	软件开发计划	√	√				
3	软件需求规格说明		√				
4	数据需求说明		√				
5	软件测试计划		√				
6	软件（结构）设计说明			√			
7	数据库（顶层）设计说明			√			
8	软件用户手册		√	√	√	√	√
9	计算机操作手册			√	√	√	√
10	软件测试报告					√	
11	开发进度月报	√	√	√	√	√	
12	项目开发总结报告						√
13	维护记录						√

在表 11.4 中，前 12 种文档是国家标准《计算机软件文档编制规范》（GB/T 8567—2006）所建议的。本书在相关的章节，已对上述文档的编写要求做了简要的介绍。

软件工程文档与软件项目管理人员、开发人员、维护人员以及用户等各类人员的关系如表 11.5 所示。

表 11.5 软件工程文档与各类人员的关系

序号	文档	人员			
		管理人员	开发人员	维护人员	用户
1	可行性研究报告	√	√		
2	项目开发计划	√	√		
3	软件需求规格说明书		√		
4	数据要求说明书		√		
5	测试计划		√		
6	概要设计说明书		√	√	
7	详细设计说明书		√	√	
8	数据库设计说明书		√	√	
9	模块开发卷宗		√	√	
10	用户手册		√	√	√

续表

序号	文档	人员			
		管理人员	开发人员	维护人员	用户
11	操作手册		√	√	√
12	测试分析报告		√	√	
13	开发进度月报	√			
14	项目开发总结	√			
15	维护记录	√		√	

本章小结

与软件管理技术有关的内容包括软件开发成本估算、人员组织、软件配置管理、软件质量保证、软件开发风险管理及软件研发文档管理等。

软件开发组织可以采用主程序员组、民主制程序员组或层次式组织的形式。

主程序员组形式的程序设计小组的核心人员有主程序员、辅助程序员和程序管理员 3 个人。

软件开发的管理也可采用层次式组织，但管理组织的层次不宜过多。

软件开发风险管理的主要目标是预防风险，一旦风险发生，需要缓解和监控，及时采取有效的措施。

为了提高软件文档的可读性、可用性，实现文档规范化十分重要。

软件配置管理是对软件工程的定义、开发、维护阶段的一种重要补充。在软件生命周期内，必须不断地进行软件配置审计工作，要保证基线在技术、管理上的完整性和正确性，保证对软件配置项的变动是符合需求和规定的。

习题 11

1. 软件工程管理包括哪些内容？
2. 软件项目计划包含哪些内容？
3. 什么是软件配置管理？软件配置管理有哪些任务？什么是基线？
4. 什么是软件质量？应采取哪些软件质量保证措施？
5. 软件工程标准化的意义是什么？有哪些软件工程标准？
6. 软件开发各阶段分别应编写哪些文档？
7. 对软件开发风险应如何预测和处理？

第 **12** 章

实例——网上商品竞拍系统

本章通过一个软件开发实例——网上商品竞拍系统，介绍用软件工程的原理、方法来开发软件的全过程。该系统通过网站完成网上商品的竞拍流程，要求对竞拍商品的信息发布、查询都能在线进行，而且参与竞拍的用户能够在线出价。系统设计分为前台功能设计和后台功能设计两部分。管理员可以通过本系统随时掌握商品的竞拍情况；拍卖者可以发布拍卖商品的信息；竞拍者可以搜索、查看被拍卖商品的信息，对于感兴趣的商品，可以参加竞拍。系统按照竞拍时间拍卖商品，最后由出价最高者拍得商品。

本章内容按网上商品竞拍系统的开发全过程，分以下几部分进行介绍：问题定义和可行性研究、需求分析和概要设计、模块设计、软件测试等。

本章重点：初步掌握用软件工程的原理、方法来开发软件的全过程。

12.1 问题定义和可行性研究

在设计网上商品竞拍系统之前，首先要进行问题定义及可行性研究。

12.1.1 问题定义

在网络时代，人们在网上或者到线下店铺购买各种各样的商品。有时人们由于各种原因需要将购买的新商品或者是已用过的商品转卖，急需互联网提供一个网上商品竞拍系统，实现二手商品的交易。

本系统的目标是构建一个基于 JSP 的网上商品竞拍系统，为拍卖者和竞拍者提供一个在线交易平台。拍卖者将商品的信息上传至网站；竞拍者可以搜索、查看被拍卖的商品信息，对于感兴趣的商品，可以参加竞拍。系统按照竞拍时间拍卖商品，最后由出价最高者拍得商品。网站是一个在线拍卖平台，同时是一个公正的第三方平台。网站的管理员负责审核拍卖的商品和用户的拍卖资格或竞拍资格，还负责处理交易纠纷、投诉以及评价，管理拍卖者和竞拍者的信用。商品拍卖成功后，竞拍者将交易金暂存于网站的账户中，当竞拍者收到商品并确认之后，网站才将交易款付给拍卖者。

12.1.2 可行性研究

可行性研究阶段结束时应提供的文档有：问题定义可行的论证报告及项目开发计划任务书或应终止开发的论证报告。

网上商品竞拍系统的可行性研究报告如下。

1. 技术可行性

网上商品竞拍系统设计要求如下：在进入商品竞拍网站时，用户打开系统首页，首先以游客的身份来浏览网站，当成功注册为网站正式会员之后，通过输入用户名和密码就能以某种会员角色进行商品竞拍。会员根据其身份与竞拍次数具有了一定的权限，可以在对应的功能模块界面参与相应的活动。另外系统要有后台登录界面，管理员输入用户名与密码，验证正确之后，就可以完成相应的后台管理功能。

竞拍商品的发布、查询都能在线进行，而且用户对竞拍商品能够在线出价。由于竞拍是一种公开的投标方式，管理员可以随时掌握商品的竞拍情况，也可预料竞价情况，根据竞拍、竞价情况可以管理竞拍商品的状态。

合理建立网络数据库、开发网络数据库管理系统来实现网上商品竞拍在技术上是可行的。如果开发该软件的时间要求比较短，应安排经验较丰富的系统分析人员和编程能力较强的程序员来开发软件，以保证软件开发任务按时完成。在系统试运行阶段及第一次正式运行时，开发者都要全程在场，以便能及时发现问题、解决问题。

2. 经济可行性

从分析系统的经济效益出发，除了开发、维护软件和购买硬件需要成本，基本上不需要其他的投资成本。开发者应该对本系统所需要的技术完全掌握并且有一定的软件开发经验。本系统对服务器的要求比较高。

可行性分析结论：网上商品竞拍系统从技术可行性和经济可行性来分析，是可行的。

12.2 需求分析和概要设计

通过向系统用户做深入的调查研究，可以得出软件系统应当完成的工作流程、功能及限制等，这就是系统的需求分析。拍卖者将商品的照片、说明以及参数等信息上传至网站，网站为拍卖者和竞拍者创建一个在线拍卖平台。竞拍者可以搜索、查看被拍卖商品的信息，对于感兴趣的商品，可以参加竞拍。系统按照竞拍时间拍卖商品，最后出价最高者拍得商品。

根据网上商品竞拍系统的需求分析，本节介绍该系统的概要设计：系统所含的4种不同角色的功能设计、数据库设计、系统结构设计、网络设计。

12.2.1 系统角色的功能设计

系统的拍卖流程采用英式拍卖，即出价逐升式拍卖，出价人给出一个比前一个出价更高的出价，直到在规定时间内，没人给出更高的出价为止。这时，拍卖者就宣布，这件商品按最后一个出价卖给出价最高的竞拍者。拍卖开始后，将从当前时间至拍卖结束时间进行倒计时，竞拍者可以在拍卖结束前的任何时刻出价。

从拍卖的流程来看，本系统有4种用户角色，即系统管理员、拍卖者、竞拍者、拍卖管理员，各个角色具有不同的功能。

1. 系统管理员的功能

发布竞拍商品：发布竞拍商品信息，推荐商品或置顶操作。

制定竞拍规则：设定起拍价格、价格递升阶梯以及竞拍时段。

竞拍者资格管理：只有注册成功后，并且拥有竞拍点数的用户才具有竞拍资格。

竞拍订单管理：竞拍结束以后，系统根据本次竞拍的相关信息自动生成竞拍订单。

竞拍公告管理：对近期竞拍成功的商品信息在网站首页进行公示，吸引更多的用户加入。

调查问卷管理：对商品类别、需求程度进行统计。

2．拍卖者的功能

输入拍卖者基本资料；

输入拍卖者银行账户信息；

发布拍卖商品和拍卖相关信息；

查看拍卖商品竞价记录；

查看竞拍者信息；

拍卖结算。

3．竞拍者的功能

输入竞拍者基本资料；

管理竞拍者银行账户；

查看站内短消息；

搜索和查看拍卖商品信息；

查看竞价记录；

查看拍卖者信息；

拍卖结算。

4．拍卖管理员的功能

管理拍卖者、竞拍者的基本信息；

管理站内短消息；

审核拍卖者和拍卖商品；

审核竞拍者及其竞拍资格；

查看拍卖者信息；

查看竞拍者信息；

查看竞价记录；

搜索和查看竞拍商品信息；

处理投诉；

处理纠纷；

管理拍卖者和竞拍者信用（如冻结存在不良记录的用户账号，可随时撤掉拍卖者上传的劣质商品，可以对数据库内的数据进行添加、修改及删除，可以对用户进行权限设置）；

实时监控竞拍信息，根据实际情况对竞拍进程进行调整。

根据 4 种角色的功能画出网上商品竞拍系统的数据流图，如图 12.1 所示。

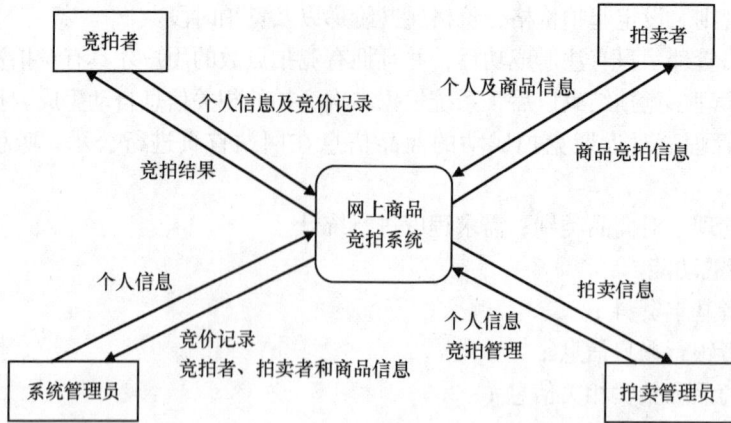

图 12.1　网上商品竞拍系统的数据流图

12.2.2　数据库设计

数据库设计对于系统的顺利实施具有重要作用。一个合理、完整的数据库将为数据库功能的实现提供很好的数据信息。数据库结构的合理设计可以有效地避免存储效率低和数据的不一致性等问题，有利于系统的实施。本系统建立的数据库共含有 11 个数据表，各数据表所含的字段如下。

1. 用户信息表

用户 ID、用户名、密码、手机号码、电子邮箱、地址、邮编、姓名、身份证号码、性别、职业、学历、国家、城市、用户类型、用户创建时间、创建用户 IP。

2. 拍卖者信息表

用户 ID、银行名称、银行账号、银行卡持有人姓名、交易密码、资质等级、信用等级、保证金。

3. 拍卖商品信息表

拍卖商品 ID、用户 ID、底价、当前价、拍卖商品上传时间、是否拍卖中、是否已售出、是否流拍。

4. 拍卖交易表

交易单 ID、拍卖商品 ID、拍卖者 ID、竞拍成功者 ID、竞拍成功时间、竞拍是否付款、竞拍付款金额、竞拍是否发货、竞拍者是否收货、竞拍者是否付款给拍卖者、付给拍卖者的金额。

5. 竞拍者信息表

用户 ID、银行名称、银行账号、银行卡持卡人姓名、交易密码、资质等级、信用值、保证金。

6. 竞拍商品出价表

商品 ID、竞拍者 ID、出价金额、出价时间、是否为最高出价。

7. 竞拍商品基本信息表

商品 ID、所有者 ID、商品名称、商品描述、拍卖商品种类、底价、当前价、加价幅度、预设成交价、商品照片、是否鉴定、鉴定文件、是否审核、拍卖管理员 ID、拍卖开始时间、拍卖结束时间、拍卖类型（未拍卖、拍卖中、拍成功、流拍）。

8. 投诉信息表

投诉编号、投诉人 ID、被投诉人 ID、投诉内容、投诉时间、是否已经处理、处理人 ID、处理结果、投诉人是否满意。

9. 纠纷表

纠纷编号、当事人 1 的 ID、当事人 2 的 ID、纠纷内容、纠纷事件、是否处理、处理人 ID、处理结果、当事人 1 是否满意、当事人 2 是否满意。

10. 拍卖公告表

公告编号、公告内容、发布公告时间、发布人 ID、点击量。

11. 站内信息表

站内信息编号、发送者 ID、接收者 ID、发送时间、发送内容、是否已读、是否为系统消息。

12.2.3　系统结构设计

对于大型软件系统，通常先进行结构设计，然后进行详细设计。在结构设计阶段确定软件系统由哪些模块组成，并确定模块之间的相互关系；在详细设计阶段确定每个模块的处理过程。

为进行结构设计，首先把复杂的功能分解为比较简单的功能，通常一个模块完成一个适当的功能。系统分析员应把模块组织成层次结构，顶层模块调用它的下一层模块，下一层模块再调用其下一层模块，依次向下调用，最下层的模块能完成某个功能。软件的结构可用层次图或结构图来描述。

层次图适合描述软件的层次结构，特别适合在自顶向下设计时使用。在层次图里除顶层之外，每个方框里都加编号。编号的规律是，每个下层处理的编号是在上层编号后加"."及序号。序号可用数字，也可用英文字母。像这样带编号的层次图称为 HIPO 图。

网上商品竞拍系统的 HIPO 图如图 12.2 所示。本系统分为 6 个模块：注册登录模块、用户信息管理模块、拍卖商品管理模块、拍卖业务管理模块、外部接口管理模块、投诉纠纷管理模块。

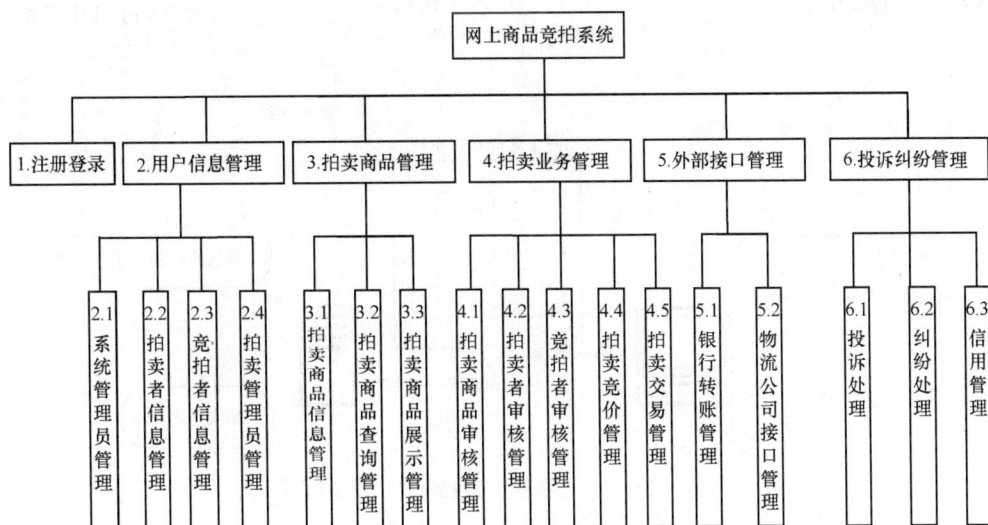

图 12.2　网上商品竞拍系统的 HIPO 图

1. 注册登录模块

负责新用户的注册以及用户的登录管理。

2. 用户信息管理模块

本系统有4类用户，即系统管理员、拍卖者、竞拍者和拍卖管理员。该模块管理4类用户的基本信息，以及拍卖者和竞拍者的银行账户信息等。

3. 拍卖商品管理模块

负责管理拍卖进行之前、拍卖进行之中以及拍卖结束之后不同类型的商品信息。拍卖商品的种类有很多，需要管理拍卖商品的信息、查询功能和展示功能等。

4. 拍卖业务管理模块

负责处理系统最核心的业务，即"拍卖"，包括拍卖商品审核、竞拍者和拍卖者审核、出价审核和信用审核等，还包括实时显示拍卖过程、接收和处理出价等。

5. 外部接口管理模块

负责本系统与银行、物流公司等对接，通过相应的接口接收相应的信息，并进行审核处理。

6. 投诉纠纷管理模块

负责处理竞拍者投诉和拍卖者及竞拍者双方的纠纷。交易过程可能会出现欺诈、劣品等问题，需要相应的拍卖管理者来进行处理，这是网站正规化和得到用户信任的重要基础。

12.2.4 网络设计

本系统采用"Web技术 + 三层结构 +Java网络编程"，主体结构应用B/S结构。网上商品竞拍系统的网络结构为三层结构，如图12.3所示。

由以上分析，可得网上商品竞拍系统的网络设计方案，如图12.4所示。

本系统采用B/S结构，主要由前台页面、后台服务器组成，接口是用户通过IE用TCP/IP和HTTP来连接的。

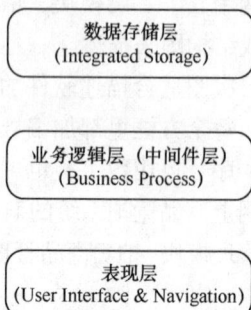

图 12.3　网上商品竞拍系统的网络结构

图 12.4　网上商品竞拍系统的网络设计方案

12.3　模块设计

本节介绍网上商品竞拍系统的注册登录、用户信息管理、拍卖商品管理、拍卖业务管理模块的功能设计。

12.3.1　注册登录

注册登录模块的主要功能是用户注册、登录功能。这部分主要完成信息的输入及验证。

用户如果是首次登录网站，可以通过单击"注册"按钮，输入用户的基本信息，如用户的姓名、性别、手机号码，当用户输入手机号码时，系统必须验证手机号码的真实性。验证信息完毕后就可注册为网站会员，每个用户有独立的会员名称和密码，便于交易。同时，会员注册后，可享受会员的相关优惠，也可有积分和相应的信用积累。注册的程序流程图如图 12.5 所示。

用户单击"登录"按钮会打开登录界面，用户输入自己的会员名称和相应的密码，就可以登录网站，进行相关操作。登录的程序流程图如图 12.6 所示。当输入的用户名和密码与系统数据库中的一致时，允许用户登录，否则不允许登录。如果密码出错 5 次，则锁定用户，必须回答系统中的问题找回密码，或者通过客服处理找回密码。

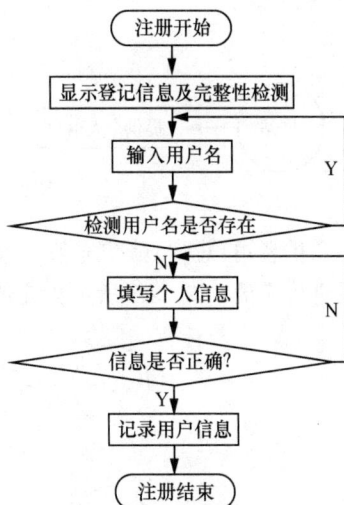

图 12.5　注册的程序流程图

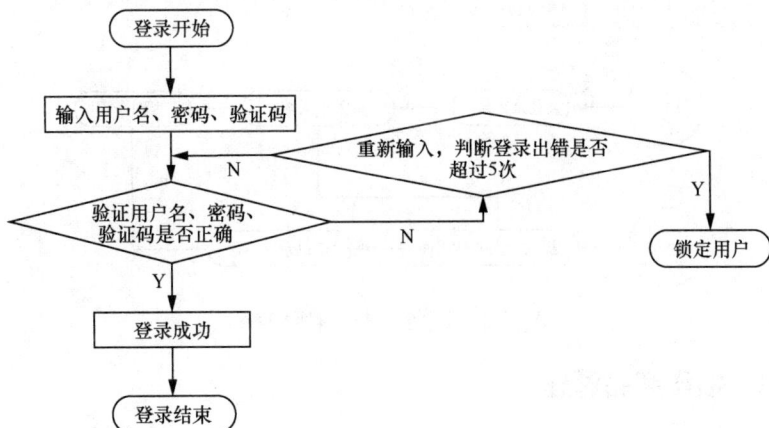

图 12.6　登录的程序流程图

12.3.2　用户信息管理

用户信息管理模块主要管理系统的 4 类用户，即系统管理员、拍卖者、竞拍者和拍卖管理员的信息。要想在系统中实现竞拍，必须完善个人信息，并通过外部接口验证用户的电子邮箱、身份证号码的真实性。竞拍者和拍卖者可通过系统实现信息的输入、查询以及修改本人的信息。系统管理员可登录后台系统，拥有网站的最高权限，具有删除或添加拍卖管理员、发布网站信息等权限，也可统计信息，并对拍卖项目和整个网站进行管理。拍卖管理者可登录后台系统，具有审查拍卖资料并决定是否给用户竞拍的权限。

下面以密码修改为例画出事件流程图，如图 12.7 所示。

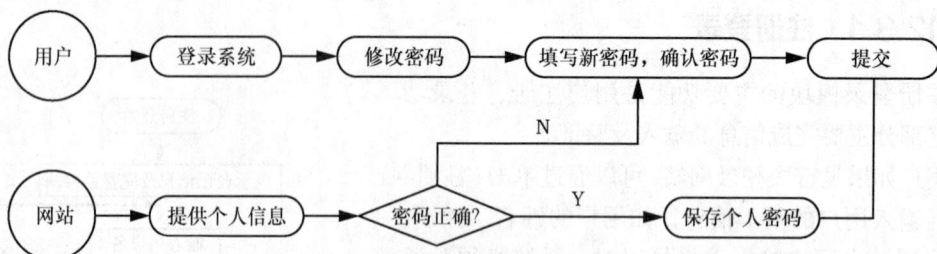

图 12.7　密码修改事件流程图

竞拍者可以进行账户充值、余额查询等操作。充值时输入金额，网站确认，核对银行卡之后进行充值。图 12.8 所示为充值事件流程图。

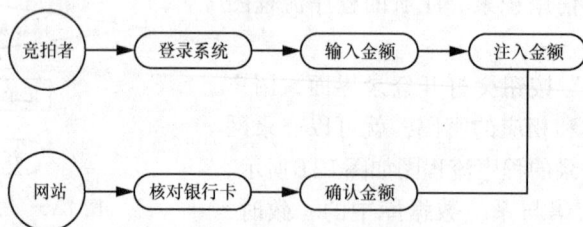

图 12.8　充值事件流程图

账户余额主要是为了让用户及时了解目前账户金额信息，以便用户决定如何处理。图 12.9 所示为账户余额查询事件流程图。

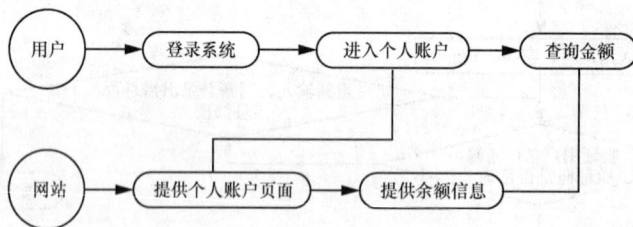

图 12.9　账户余额查询事件流程图

12.3.3　拍卖商品管理

拍卖商品管理模块包括管理拍卖商品的基本信息，搜索、查询商品的功能和商品展示功能。

下面主要讨论商品查询的功能。商品查询是为竞拍者和拍卖者提供的，竞拍者可以通过网站搜索想要竞拍的商品，查看该商品是否竞拍；拍卖者可查询类似商品作为参考，再决定自己的哪些商品参加拍卖。图 12.10 所示为用户搜索商品事件流程图。

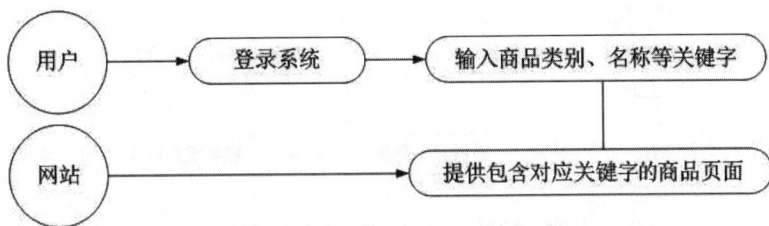

图 12.10 用户搜索商品事件流程图

12.3.4 拍卖业务管理

拍卖业务管理是系统的核心模块之一，负责具体处理拍卖业务，既包括拍卖过程的处理，也包括拍卖之前的审查和拍卖之后的后续处理等。该模块审核拍卖者是否有拍卖商品的资格、竞拍者是否有竞拍资格，还要对拍卖商品进行审核。

下面以竞拍者竞拍商品为例进行介绍。在竞拍规定的时间范围内，竞拍者输入自己对商品的估价金额和该商品的数量，单击"确定"按钮进行交易。如果输入金额和数量正确，则竞拍者竞价的金额和数量显示在网页中该商品的最新竞价下。如果输入的金额或者数量不符合要求，则在当前页面显示"输入有误，请重新输入"。如果竞拍的时间已经结束，则在当前页面显示"竞拍已经结束，欢迎下次光临"。竞拍者竞拍商品事件流程图如图 12.11 所示。

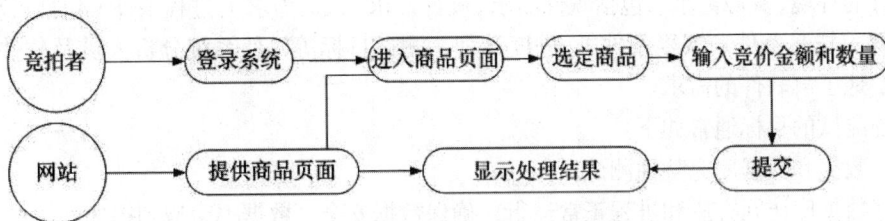

图 12.11 竞拍者竞拍商品事件流程图

竞拍者也可通过页面查询当前竞价记录，竞拍者单击竞拍商品竞价记录链接，将按照时间的顺序，把从竞拍开始到当前时间的该商品的所有竞价记录显示出来。当竞拍结束时，显示竞拍结果。图 12.12 所示为竞拍者查看竞价记录事件流程图。

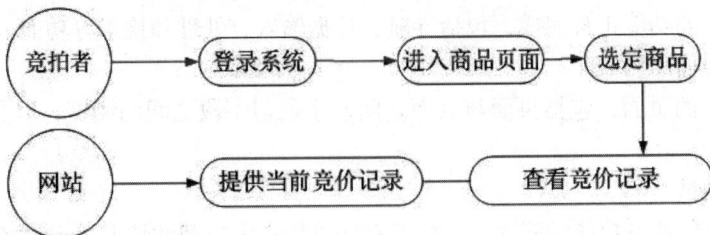

图 12.12 竞拍者查看竞价记录事件流程图

竞拍成功后竞拍者购买商品。图 12.13 所示为竞拍者购买商品事件流程图（本例省略了商品的售后取货过程）。

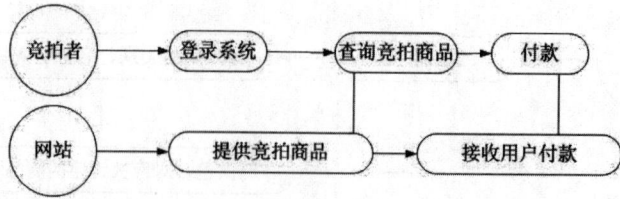

图 12.13　竞拍者购买商品事件流程图

12.4　软件测试

WebApp 的测试分为内容测试、界面测试、导航测试、配置测试、安全性测试、性能测试几个部分。下面将从制定软件测试计划书、功能测试、安全性测试和性能测试的角度来介绍软件的测试。

1. 制定软件测试计划书

编写适当的软件测试计划书，该测试计划书主要是为项目开发人员和项目经理提供的。在软件测试计划书中描述系统测试的过程、测试的进度、测试的目标，以保证系统的正常运行。

在软件测试计划书中描述网上商品竞拍系统开发过程中所遇到的各种问题，明确软件开发应具有的环境、资源需求（包括软件需求、硬件需求、人员需求）、过程条件（包括启动条件、约束条件、挂起条件、恢复条件）、进度计划、测试目标等，使系统分析人员及软件开发人员能清楚地了解软件的需求。

系统测试的目标通常如下。

（1）数据和数据库完整性测试。

确保数据库访问方法和进程正常运行，确保数据安全、数据不会遭到损坏。

（2）接口测试。

确保接口调用的正确性。

（3）集成测试。

检测需求分析所要求的业务流程及数据的正确性。

（4）功能测试。

确保所测试的功能正常完成，包括导航、数据输入、处理和检索等功能。

（5）用户界面的测试。

测试所浏览的页面，包括页面与页面之间、字段与字段之间的浏览，以及各种访问所得的结果。

（6）性能测试。

核实所制定的业务功能的实现，并注意在网络用户大负载的情况下本系统运行的情况。

2. 功能测试

功能测试要验证每个模块单元的功能，验证数据的精确度、数据类型、业务逻辑功能等的正确性，核实所有功能均已正常实现。

本系统主要分为 6 个模块，因此测试分 6 个部分进行。

（1）注册登录。

（2）用户信息管理。

本系统的用户分为 4 种，即系统管理员、拍卖者、竞拍者和拍卖管理员。在用户信息管理模块，主要测试用户的信息是否正确，注意要验证用户的手机号码、电子邮箱、身份证号码，并且在用户信息的部分字段输入时要设置为"必须"，因为系统涉及交易的资金，系统的用户信息要尽可能准确。

拍卖者和竞拍者要输入银行卡信息，必须注意测试银行卡的安全性，这也是系统的关键。

（3）拍卖商品管理。

在这个模块，首先要测试拍卖商品信息是否有问题，由于拍卖商品是二手商品，商品的新旧程度、性能好坏都是成交与否的关键，在这里要求提供商品的展示功能。另外要测试系统的查询、搜索功能是否正确，系统是否提供完整的检索功能，是否能够按照拍卖商品的时间、拍卖商品的名称、拍卖商品的种类进行查询，同时注意检查复合查询功能的完成情况。

（4）拍卖业务管理。

拍卖业务管理是系统的核心模块，负责具体处理拍卖业务，既包括拍卖过程的处理，也包括拍卖之前的审查和拍卖之后的后续处理等。该模块审核拍卖者是否有拍卖商品的资格、竞拍者是否有竞拍资格，还要对拍卖商品进行审核。

拍卖竞价管理是核心的子模块，负责处理竞拍者的出价，出价有递增幅度限制，每次出价要审核竞拍者是否有资格，拍卖时间终止时自动确定竞拍成功者，并发信息通知双方，如果流拍也要通知拍卖者。测试时检查是否能够实现这些功能。

拍卖交易管理也是核心的子模块，负责处理拍卖成功之后双方付款和发货等问题，需要与银行和物流公司相连接，获取相关信息。测试时检查功能实现的情况。

（5）外部接口管理。

外部接口管理模块负责与银行、物流公司的接口连接，测试时检查、验证功能完成的情况。

（6）投诉纠纷管理。

验证投诉处理申请、查看投诉处理进度、投诉处理回执的实现，以及纠纷处理申请、查看纠纷处理进度、纠纷处理回执的实现。

3．安全性测试

为保证系统的数据安全性，进入本系统要输入用户名、密码；要检查数据接口是否正确；要对常见的、容易引起安全漏洞的编程错误进行测试，检查是否缺少认证，检查敏感数据是否加密，检查是否锁定 Web 服务器目录访问等。如果发生错误，可能会让 Web 系统存在潜在的危险。

4．性能测试

软件性能测试又分为负载测试和压力测试两部分。负载测试是指在多种负载级别和多种负载组合下，对真实的环境和负载进行测试。压力测试是指将负载增加到极限，测试 WebApp 能够承受的最大容量。在加载测试环节，需要测试 WebApp 和服务器环境，以确保在不管有多少用户登录的情况下本系统都能够顺利运行。

本章小结

本章以网上商品竞拍系统为例，从问题定义和可行性研究、需求分析和概要设计、模块设计、软件测试等几部分进行分析。本章所介绍的软件系统，可作为学生的课程实训题目，让学生掌握用软件工程的原理、方法来开发基于 Web 的软件的全过程。

习题 12

拟开发一个网上商品竞拍系统，为拍卖者和竞拍者提供一个在线交流平台。系统具体功能如下：拍卖者将拍卖商品的信息上传至网站；竞拍者可以搜索、查看被拍卖商品的信息，对于感兴趣的商品，可以参加竞拍；系统按照竞拍时间来拍卖商品，最后出价最高者拍得商品；商品拍卖成功后，竞拍者将交易金暂存于网站，当竞拍者收到商品并确认之后，网站才将交易金付款给拍卖者。

以软件工程的方法来完成系统分析和设计，要求提交如下报告：

（1）项目立项报告（包括项目的提出、性质、规模等）；

（2）软件项目计划（包括交付件、工作任务分解、项目 Gantt 图）；

（3）软件需求规格说明书（参考本书 3.6 节）；

（4）系统总体设计书；

（5）软件详细设计说明书；

（6）软件测试计划；

（7）软件测试设计及报告。

附录 A
部分习题参考答案

习题 1

9. ① A；② B；③ D；④ C；⑤ A。
10. ① B；② A. ③ D。

习题 3

5. 房产经营管理系统。

（1）数据字典。

规格 =[三室一厅 | 两室一厅 | 一室一厅]

单价 =[每月租金 | 每平方米价格]

房间 = 房产编号 + 层数 + 朝向 + 规格 + 面积 + 单价 + 总价 +[租 | 售]+[已 | 未]+ 备注

房产 ={ 房产地点 +{ 楼房名称 + 总层数 +{ 房间 }}}

客户 ={ 客户编号 + 姓名 + 性别 + 地址 + 电话 }

客户需求 ={ 客户编号 + 日期 +{ 房产编号 }}

交易情况 ={ 日期 + 客户编号 + 房产编号 + 金额 + 备注 + 经手人 }

（2）数据流图。

房产经营管理系统的数据流图如图附录 A.1 所示。

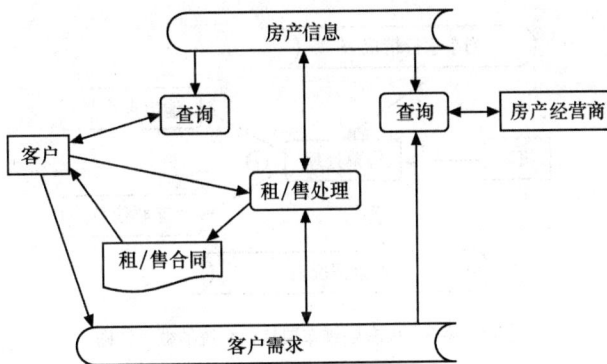

图附录 A.1　房产经营管理系统的数据流图

（3）IPO 图。

房产经营管理系统的 IPO 图如图附录 A.2 所示。

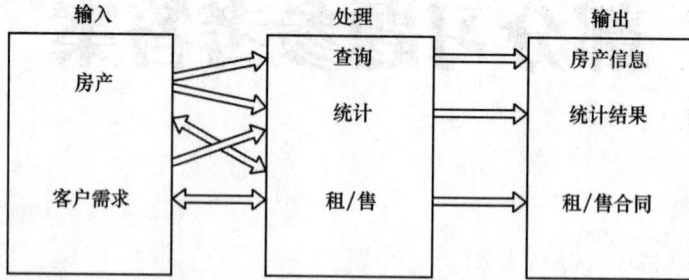

图附录 A.2　房产经营管理系统的 IPO 图

6. 火车卧铺车票售票系统。

（1）数据字典。

列车类型 =[普快 | 特快 | 快速]+[空调 | 非空调]

停靠站 = 站名 +（到达时间，发车时间）

车次 = 车次号 + 列车类型 +{ 停靠站 }

列车运行情况 ={ 车次 }

软卧 =[上铺 | 下铺]

硬卧 =[上铺 | 中铺 | 下铺]

铺位类型 =[软卧 | 硬卧]

车票号 = 车厢号 +{ 铺位号 }（如 5 车厢 8 号上铺）

售票情况 =1{ 日期 +{ 车次 +{ 车票号 +[已售 | 未售]}}} 5

票价 = 起始站 +{ 到达站 +{ 列车类型 +{ 铺位类型 + 价格 +[全 | 半]}}}

火车票 = 日期 + 车次 + 起始站 + 到达站 + 列车类型 + 铺位类型 + 价格 + 车票号 +[全 | 半]

（2）数据流图。

该系统的数据库可设计两张数据表，即列车运行情况表和售票情况表，旅客根据列车运行情况提出购票要求，系统根据旅客要求查询售票情况表，有票则输出火车票，并更改售票情况；无票则告诉旅客。该系统的数据流图如图附录 A.3 所示。

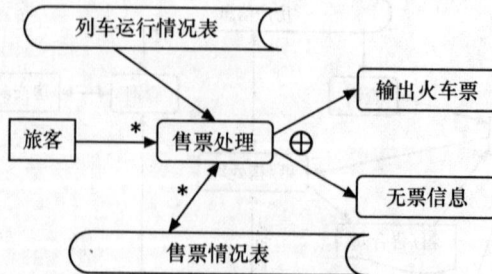

图附录 A.3　火车卧铺车票售票系统的数据流图

（3）IPO 图。

火车卧铺车票售票系统的 IPO 图如图附录 A.4 所示。

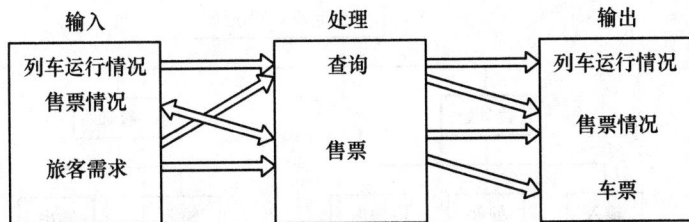

图附录 A.4　火车卧铺车票售票系统的 IPO 图

7. 银行储蓄管理系统的数据流图。

该系统的数据库可设计两张数据表，即利率表和储户文件，利率表存放各种类型的利率，储户文件存放储户的信息。

数据处理分为存款、取款和注销。存款时要根据利率表中的存款类型确定利率。取款和注销时要对储户文件进行处理。该系统的数据流图如图附录 A.5 所示。

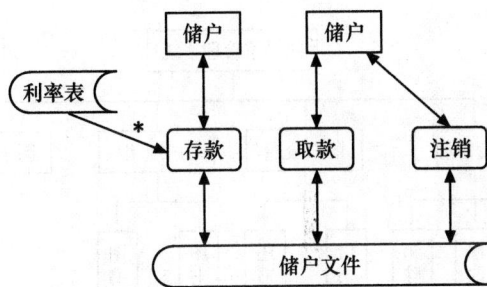

图附录 A.5　银行储蓄管理系统的数据流图

8. 传真机的状态转换图如图附录 A.6 所示。

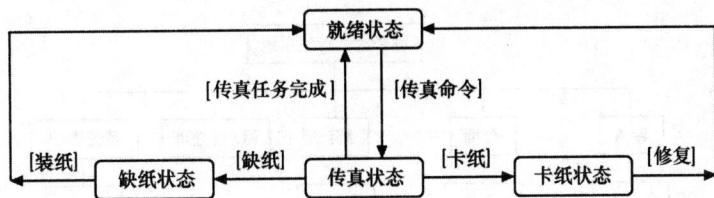

图附录 A.6　传真机的状态转换图

9. ①C；②C；③A；④B；⑤A。

习题 4

6. 学生成绩管理系统的 HIPO 图如图附录 A.7 所示。

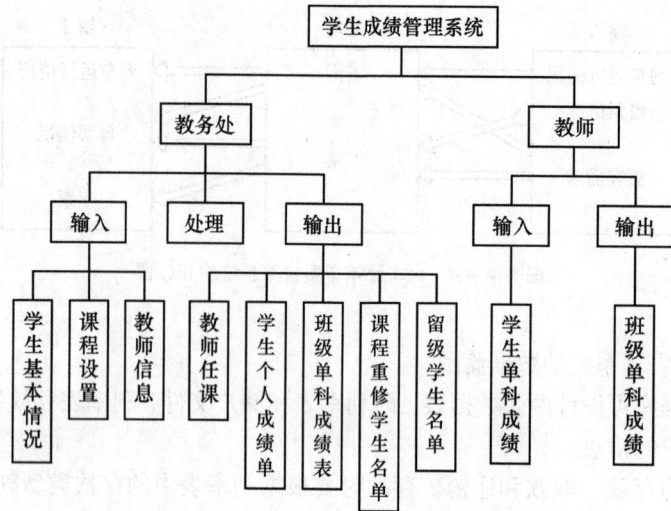

图附录 A.7 学生成绩管理系统的 HIPO 图

7. 图书馆管理系统的 HIPO 图如图附录 A.8 所示。

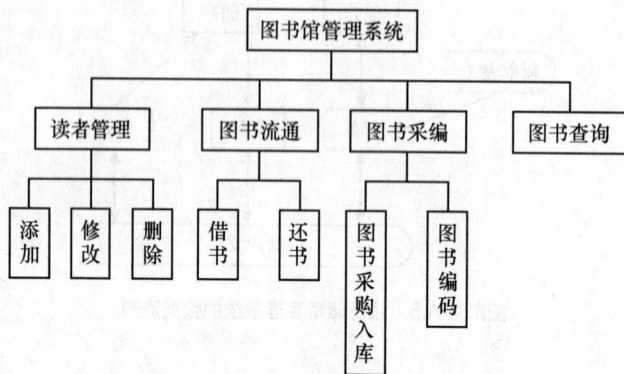

图附录 A.8 图书馆管理系统的 HIPO 图

8. 房产经营管理系统的 HIPO 图如图附录 A.9 所示。

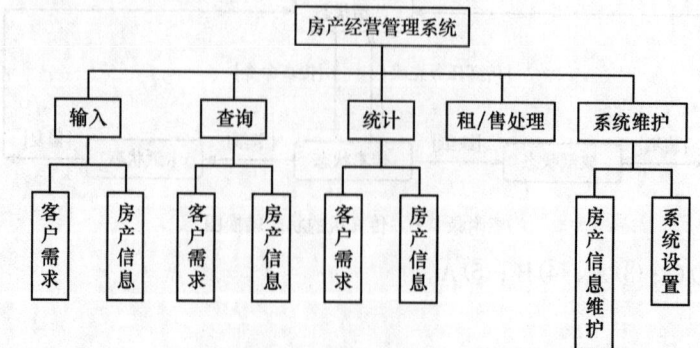

图附录 A.9 房产经营管理系统的 HIPO 图

9. ①C；②B；③A。
10. ①E；②G；③C；④B；⑤A。

习题 5

4.（1）教师课时津贴费判定表如图附录 A.10 所示。

教授	T	F	F	F	T	F	F	F
副教授	F	T	F	F	F	T	F	F
讲师	F	F	T	F	F	F	T	F
助教	F	F	F	T	F	F	F	T
专职	T	T	T	T	F	F	F	F

100					×			
90	×							
80						×		
70		×						
60							×	
50			×					×
40				×				

图附录 A.10　教师课时津贴费判定表

（2）用判定树表示各类教师的课时津贴费，可先按职称分类，再按专职、兼职分类，如图附录 A.11（a）所示；也可先按专职、兼职分类，再按职称分类，如图附录 A.11（b）所示。

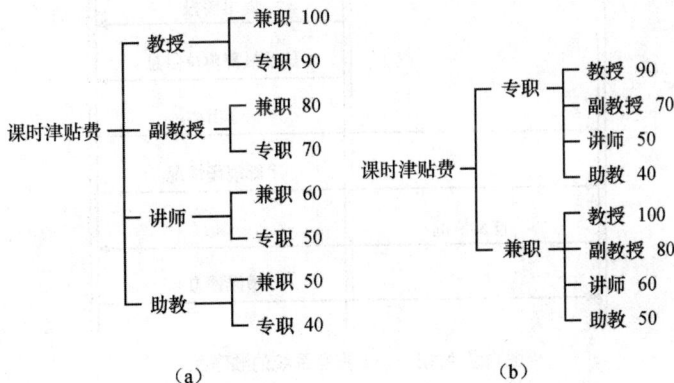

图附录 A.11　教师课时津贴费判定树

习题 6

3. ①、②、⑤。

4. ①、②、④、⑦。

9. ①B；②D；③D；④B；⑤A。

10. ①B；②D；③D；④A；⑤D；⑥D。

11. ①B；②E；③A；④B；⑤E。

12. ①B；②B；③C；④C；⑤B；⑥E；⑦D；⑧E；⑨A；⑩A。

13. ①B；②C。
14. ①× ②√ ③× ④× ⑤√ ⑥√ ⑦√ ⑧× ⑨√ ⑩√
15. 对的如下：②、④。
16. ①F；②B；③A；④H；⑤D。

习题 7

7. ①、③、⑤、⑥、⑦、⑧、⑩。
8. ①D；②C；③F；④E；⑤G。
9. ①A；②D；③A；④C。

习题 8

10. 该系统有事故发生单位、公安报警系统、公安局3个类，其顺序图如图附录A.12所示。

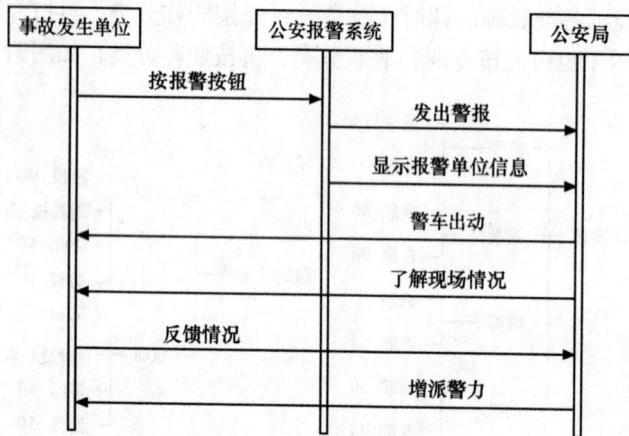

图附录 A.12　公安报警系统的顺序图

附录 B
试题类型举例

一、名词解释

1. 软件工程
2. 软件的黑盒法测试

二、选择题

1. 可用于表示软件的模块结构的图形是_____。

A. 实体－联系图   B. 数据流图

C. HIPO 图   D. IPO 图

2. 在结构化设计时，衡量模块结构质量的标准是模块间联系与模块内部联系的紧密情况，应当尽量做到_____。

A. 模块间联系紧密，模块内联系紧密   B. 模块间联系紧密，模块内联系松散

C. 模块间联系松散，模块内联系紧密   D. 模块间联系松散，模块内联系松散

三、填空题

1. 在过程设计阶段，可使用的图形工具有流程图、_____、_____、_____。

2. 瀑布模型将软件工程分为以下几个阶段依次进行：问题定义、可行性研究、_____、_____、_____、_____、_____、软件维护。

四、简答题

1. 如何提高软件的可维护性？
2. 简述 UML 的使用准则。

五、应用题

1. 下面是用 PDL 写出的程序，请画出对应的盒图。

```
While  C  do
If  A>0  then  A1  else  A2  endif
If  B>0  then
      B1
      If  C>0  then  C1  else  C2  endif
  Else  B2
Endif
B3
 Endwhile
```

2. 某图书馆管理系统有若干功能，例如图书查询功能，可以按书名、作者名、出版社等方式对图书进行查询；读者的添加、删除或修改功能；图书的采购入库、编码功能；借书功能，每位读者所借的书不能超过 10 本；还书功能，每位读者每本书可以借 30 天，对于逾期不还书的读者，图书馆要催还并罚款等。请设计该系统的模块结构，画出 HIPO 图。

参考文献

[1] 张海藩. 软件工程导论 [M]. 4 版. 北京：清华大学出版社，2003.

[2] 陆惠恩，张成姝. 实用软件工程 [M]. 2 版. 北京：清华大学出版社，2009.

[3] 陆惠恩. 软件工程实践教程 [M]. 北京：机械工业出版社，2006.

[4] 陆惠恩. 软件工程 [M]. 上海：上海交通大学出版社，2016.

[5] BOGGS W，BOGGS M. UML with Rational Rose 从入门到精通 [M]. 邱仲潘，等，译. 北京：电子工业出版社，2000.

[6] 周苏，王文. 软件工程学教程 [M]. 北京：科学出版社，2002.

[7] 陈明. 软件工程学教程 [M]. 北京：科学出版社，2002.

[8] 陈松乔，任胜兵，王国军. 现代软件工程 [M]. 北京：北方交通大学出版社，2002.

[9] 孙涌，等. 现代软件工程 [M]. 北京：北京希望电子出版社，2002.

[10] 陆丽娜. 软件工程 [M]. 全国高等教育自学考试指导委员会. 北京：经济科学出版社，2000.

[11] 王少锋. 面向对象技术 UML 教程 [M]. 北京：清华大学出版社，2004.

[12] 计算机软件工程规范国家标准汇编 2003[M]. 北京：中国标准出版社，2003.

[13] 吴洁明. 软件工程基础实践教程 [M]. 北京：清华大学出版社，2007.

[14] PRESSMAN R S. 软件工程：实践者的研究方法 [M]. 郑人杰，马素霞，白晓颖，等，译. 北京：机械工业出版社，2008.

[15] 邓良松，刘海岩，陆丽娜. 软件工程 [M]. 2 版. 西安：西安电子科技大学出版社，2004.